工业给水排水工程

刘静晓　代学民　主　编
牛　勇　吴　熙　张月红　副主编

中国建筑工业出版社

图书在版编目（CIP）数据

工业给水排水工程 / 刘静晓，代学民主编；牛勇，
吴熙，张月红副主编. — 北京：中国建筑工业出版社，
2021.12

ISBN 978-7-112-26692-0

Ⅰ. ①工… Ⅱ. ①刘… ②代… ③牛… ④吴… ⑤张
… Ⅲ. ①工业用水-给水工程-工程设计②工业建筑-排
水工程-工程设计 Ⅳ. ①TU991.4②TU992

中国版本图书馆 CIP 数据核字（2021）第 209032 号

本书是产学研相结合的成果，作者由企业工程技术人员和高校教师组成，作者
们根据多年工程实践经验和多年教学体会编写而成的。

本书共分6章：第1章主要讲述水及工业给水排水；第2章主要讲述工业给水
系统；第3章主要讲述工业给水处理工程；第4章主要讲述工业排水工程；第5章
主要讲述工业给水排水工程中的设施与材料；第6章主要讲述管理、运行及维护。

本书理论联系实际，内容丰富，针对适用，具有系统性、科学性和实践性，可
供从事工业水处理的工程技术人员的使用，也可供高等院校给排水科学与工程和环
境工程等专业教学使用。

责任编辑：王美玲 于 莉
责任校对：赵听雨

工业给水排水工程

刘静晓 代学民 主 编

牛 勇 吴 熙 张月红 副主编

*

中国建筑工业出版社出版、发行（北京海淀三里河路9号）

各地新华书店、建筑书店经销

北京鸿文瀚海文化传媒有限公司制版

北京建筑工业印刷厂印刷

*

开本：787毫米×1092毫米 1/16 印张：15 字数：371千字

2022年4月第一版 2022年4月第一次印刷

定价：**65.00**元

ISBN 978-7-112-26692-0

（38505）

前　言

改革开放以来，我国的工业生产取得长足的发展，已成为全世界唯一拥有联合国产业分类中所列全部工业门类的国家。按照联合国产业分类目录，我国拥有该目录中全部 41 个工业大类、191 个中类、525 个小类工业门类，能够生产从服装鞋袜到航空航天、从原料矿产到工业母机的一切工业产品。一言蔽之，我国建立了全世界最完整的现代工业体系，工业经济规模跃居全球首位。我国工业增加值从 1952 年的 120 亿元增加到 2018 年的 30 多万亿元，按不变价计算增长约 971 倍，年均增长 11%。

世界银行数据显示，2010 年我国制造业增加值超过美国，成为第一制造业大国。这标志着自 19 世纪中叶以来，经过一个半世纪后我国重新取得世界第一制造业大国的地位。以钢铁为例，1949 年我国钢产量只有 15.8 万 t，只占当年世界产钢量的 0.1%，2018 年我国钢产量已经超过 9 亿 t，增长 5799倍，长期占据世界钢铁产量的一半。

工业的发展带动了工业用水的需求量和工业排水的数量。工业用水是城市用水的大户，工业节水是缓解我国城市供水压力的有效措施。工业用水主要包括冷却用水、热力和工艺用水、洗涤用水。其中工业冷却用水占工业用水总水量的 80% 左右，取水量占工业取水总量的 30%~40%。火力发电、钢铁、石油、石化、化工、造纸、纺织、有色金属、食品与发酵等行业取水量约占全国工业总取水量的 60%（含火力发电直流冷却用水）。因此，我国的工业给水排水科技工作者面临的任务仍然是十分艰巨的。

本书从取水、水质处理、输配、利用、排放、处理和循环利用全系统、全过程地对工业、工厂的水系统进行讲解。主要内容包括：工业给水排水概论，工业给水系统，工业给水处理工程，工业排水工程，工业给水排水工程中的设施与材料，工业给水排水管理、运行及维护。

本书由闻庭（上海）工程技术有限公司刘静晓高级工程师和河北建筑工程学院代学民副教授主编，兰州生物制品研究所有限责任公司牛勇工程师、上海净邦建筑工程有限公司吴熙、农业农村部规划设计研究院张月红高级工程师副主编，参加编写的还有：卞广军、刁如军、耿育恒、李刚、刘知鸣、陆冠炎、缪永贤、石煜、王艳星、吴生明。本书第 1 章和第 6 章由刘静晓、代学民、张月红、卞广军、缪永贤、石煜、王艳星合写，第 2 章和第 5 章由刘静晓、代学民、刁如军、耿育恒、李刚、陆冠炎、吴生明合写，第 3 章和第 4 章由刘静晓、代学民、牛勇、吴熙合写，全书由刘静晓和代学民统稿。

本书编写过程中得到了各位领导、专家、同行的大力支持、帮助和指导，感谢本人的研究生导师北京化工大学的谭天伟院士对成书给予的助力，对于河北建筑工程学院、河北省水质工程与水资源综合利用重点实验室、闻庭（上海）工程技术有限公司、中国电子系统工程第四建设有限公司、河北哥非机电工程有限公司、农业农村部规划设计研究院、兰州生物制品研究所有限责任公司、上海净邦建筑工程有限公司等单位对本书提供的各方面的帮助，表示衷心的感谢。同时，本书得到了河北省高等教育学会高等教育科学研究课题（编号：GJXH2017-87）的支持，在此一并表示感谢。

由于作者水平有限，书中难免有不妥之处，敬请读者及同行专家批评指正。

刘静晓

2021 年 6 月

目　录

第 1 章　水及工业给水排水

1.1　水资源

1.1.1　水资源分布概况

水是自然界中分布最广的一种资源。它以气、液、固三种状态存在。自然界的水主要指海洋、河流、湖泊、地下水、冰川、积雪、土壤水和大气水分等水体，其总量约 $1.4 \times 10^{19} \mathrm{m}^3$，如果将其平铺在地球表面上，水层厚度约 3000m。但是绝大部分是咸的海水，加上内陆地表咸水湖、地下咸水，约占总水量的 98%。而冰川、积雪约占总水量的 1.7%，目前尚难以利用和开发。实际上可供开发利用的淡水只占总水量的 0.3%，约为 $4 \times 10^{16} \mathrm{m}^3$。因此，淡水是有限的宝贵资源。

我国河流、湖泊众多，水量充沛，根据一些特征，基本上可分为四个区：潮湿区、湿润区、过渡区和干旱区。

1. 潮湿区

潮湿区为我国东南沿海地区，水的浑浊度低，硬度也低，属软水。水中主要化学组成为碳酸氢钙和碳酸氢钠等。

2. 湿润区

湿润区为长江流域及其以南地区，黑龙江和松花江流域之间的地区也属湿润区。贵州、广西地区有石灰岩溶洞，水的硬度增大。在长江流域，水中主要化学组成为碳酸氢钙类，在东北地区有含碳酸氢钠类的。

3. 过渡区

过渡区为黄河流域及其以北地区，直到辽河流域。该区降水量较少，蒸发量较大。浑浊度较高。水的含盐量较高，因而矿化度和硬度都较高，水中主要组成为碳酸氢钙类，但也有相当多的地方为碳酸氢钠类，甚至出现硫酸盐或氯化物类。

4. 干旱区

干旱区为内蒙古和西北大片地区。该区降水量少而蒸发强烈，因此形成径流量很低的干旱地带。由于径流量小，土壤中可溶性盐含量高，所以水的含盐量和硬度都很高。水中主要组分是硫酸盐或氯化物类。

1.1.2　工业用水的各种水源及其特点

水是工业生产中重要的原料之一，没有合格的水源，任何工业都不能维持下去。工业用水的淡水水源主要为地表的江河水、湖泊水和水库水以及地下水（井水）。

1. 江河水

河流是降水经地面径流汇集而成的，流域面积十分广阔，又是敞开流动的水体，受地区、气候以及生物活动和人类活动的影响而有较大的变化。河水广泛接触岩石土壤，不同地区的矿物组成决定着河水的基本化学成分。此外，河流水总混有泥沙等悬浮物而呈现一定浑浊度，可从几十毫克/升到数百毫克/升。夏季河水上涨浑浊度会更高，冬季又可降到很低。

江河水中主要离子成分构成的含盐量，一般在 $100 \sim 200 mg/L$，不超过 $500 mg/L$，个别河流达 3 万 mg/L 以上。

2. 湖泊水和水库水

如果流入和排出的水量都较大，而湖水蒸发量较小，则湖水含盐量较低，形成淡水湖，其含盐量一般在 $300 mg/L$ 以下。通常淡水湖泊在湿润地区形成。

3. 地下水

水质组成稳定，水温变化很小，水质透明清澈，有机物和细菌的含量较少，但含盐量较高，硬度较大；随着地下水深度的增加，其主要离子组成从低矿化度的淡水型转化为高矿化度的咸水型。

1.2 天然水的化学特征及工业用水水质要求

1.2.1 天然水的化学特征

1. 天然水中碳酸化合物

天然水中普遍存在着各种形态的碳酸化合物，它们是决定水 pH 的重要因素并且对外加酸、碱有一定的缓冲能力，同时对水质和水处理工艺有着重要的影响。

天然水中碳酸化合物的来源有以下几个方面：首先是空气中二氧化碳的溶解，岩石、土壤中碳酸盐和重碳酸盐矿物的溶解；其次是水中动植物的新陈代谢作用，以及水中有机物的生物氧化等产生的二氧化碳；有时在水处理过程中也会加入或形成各种碳酸化合物。上述各种来源的碳酸化合物综合构成水中碳酸化合物的总量。

2. 天然水的酸度

水的酸度是指水中能与强碱发生中和作用的物质的总量。水的酸度通常由三类物质组成：一是强酸，如 HCl、HNO_3、H_2SO_4 等；二是弱酸，如 H_2CO_3、H_2S、H_4SiO_4 以及各种有机酸等；三是强酸弱碱盐等。这些物质在水中都会电离产生 H^+ 或经过水解产生 H^+ 而这些 H^+ 均能与 OH^- 发生中和反应。这些 H^+ 的总数叫作总酸度，用 $mmol/L$ 表示。总酸度与水中 pH 并不是一回事。

天然水受到强酸污染时，其 pH 均在 4 以下。而当水的 pH 高于 4 时，水的酸度一般都由弱酸构成；如果天然水未受到工业弱酸的污染，则弱酸主要指碳酸。

3. 天然水的碱度

水的碱度与酸度相反，是指水中能与强酸即 H^+ 发生中和作用的物质的总量。其组成通常也是三类物质：一是强碱，如 $NaOH$、$Ca(OH)_2$ 等；二是弱碱，如 NH_3、有机胺类；三是强碱弱酸盐，如各种碳酸盐、重碳酸盐、硅酸盐、硫化物等。

大多数天然水中，碱度由氢氧化物、碳酸盐和重碳酸盐组成，通常称之为总碱度，以 M 表示。

只有当天然水受到强碱物污染或人为地用石灰进行软化处理时，其 pH 才高于 10，这时水的总碱度常由氢氧化物和碳酸盐组成，如造纸厂、制革厂排出的废水及锅炉用水等。

如果天然水中有大量藻类繁殖，在繁殖过程中会吸收水中 CO_2，使水的 pH 迅速升高，这时水中总碱度主要由碳酸根组成。

水的碱度常影响到水质特性，因此水的总碱度是最常用的一个水质指标。

4. 天然水的硬度

通常以 Ca^{2+} 和 Mg^{2+} 的含量来计算水的硬度，并作为水质的一个指标。天然水都含有一定的硬度，地下水、咸水和海水的硬度较大。

按照阳离子组成，分为钙硬度和镁硬度；按阴离子组成，分为碳酸盐硬度和非碳酸盐硬度。

如果水的硬度是由碳酸氢钙或碳酸氢镁所引起的，这种硬度叫作暂时硬度，因为这种硬度在煮沸时很容易沉淀析出。

如果水的硬度是钙和镁的硫酸盐、氯化物等所引起的，称为非碳酸盐硬度。这种硬度用一般的煮沸方法不能从水中析出，故也称为永久硬度。

1.2.2　工业用水的水质要求

工业用水通常包括工艺用水、锅炉用水、洗涤用水以及冷却用水等。用途不同，要求也不相同，下面着重对锅炉用水和冷却用水的水质要求进行阐述：

1. 锅炉用水

锅炉是将水在一定的温度和压力下加热转化为蒸汽，用蒸汽作为传热和动力的介质。一般工矿企业常采用低压或中压锅炉产生蒸汽作热源或动力用，这种锅炉对水质要求稍低；而发电厂或热电站常采用高压锅炉产生蒸汽以推动汽轮机来发电，为保证蒸汽对汽轮机无腐蚀和结垢沉积，这种锅炉对水质要求非常高。因此，锅炉用水的水质要求根据锅炉的工作压力和温度的不同而不同，不论何种锅炉用水，它对水的硬度有较严格的限制。其他凡能导致锅炉、给水系统及其他热力设备腐蚀、结垢及引起汽水共腾现象，使离子交换树脂中毒的杂质如溶解氧、可溶性二氧化硅、铁以及余氯等应大部或全部除去。

2. 冷却用水

大多数工业生产中都是用水作为传热冷却介质的。原因是：①水的化学稳定性好，易分解；②它的热容量大，在常用温度范围内，不会产生明显的膨胀或压缩；③它的沸点较高，在通常使用条件下，在换热器中不致汽化；④水的来源较广泛；⑤流动性好，易于输送和分配；⑥相对来说价格也较低。目前在钢铁、冶金工业中用大量的水来冷却高炉、平炉、转炉、电炉等各种加热炉的炉体；在炼油、化肥、化工等生产中用大量的水来冷却半成品和产品；在发电厂、热电站用大量的水来冷凝汽轮机回流水；在纺织厂、化纤厂则用大量水来冷却空调系统及冷冻系统。

这些工业的冷却水用量平均约占工业用水总量的 67%，其中又以石油、化工和钢铁工业为用水量最大。作为冷却用水的水质虽然没有像工艺用水、锅炉用水那样对各种指标有严格的限制，但为了保证生产稳定，不损坏设备，能长周期运转，对冷却用水水质的要求还是相当高的。

冷却用水水质的要求：①水温要尽可能低一些；②水的浑浊度要低；③不易结垢；④对金属设备不易产生腐蚀；⑤不易滋生菌藻。

1.3　节约水资源和防治工业水污染的重要性

1.3.1　中国水资源特点及节约水资源的重要性

根据 2019 年《中国水资源公报》，我国水资源总量约 29041 万 m^3，人均占有量低，居世界第 109 位，是水资源十分紧缺的国家之一。我国水资源在时间和空间上的分布很不均匀，与土地资源在地区组合上不相匹配，水的供需矛盾十分突出。从我国水资源地理分布和时空分布上考虑，其有以下特点：

水资源总量较丰富，人均水量较少，中国的国土面积约 960 万 km^2，多年平均降雨量为 648mm，降水总量为 61900 亿 m^3，降水量中约有 56% 消耗于陆面蒸发，44% 转化为地表和地下水资源。

水是生命之源，是人类赖以生存和发展最重要的物质资源之一。我国是一个水资源贫乏的国家，人均水资源量只有世界人均占有量的 1/4。根据水利部发布的《2019 年中国水资源公报》，全国水资源总量 29041.0 亿 m^3。其中，地表水资源量 27993.3 亿 m^3，地下水资源量 8191.5 亿 m^3，地下水与地表水资源不重复量为 1047.7 亿 m^3。尽管我国水资源总量大，但可利用的淡水资源量少，扣除难以利用的洪水径流和散布在偏远地区的地下水资源后，仅为 11000 亿 m^3 左右，人均可利用水资源量约为 900m^3，且其分布极不均衡。南方地区约占 80%，北方地区约 20%，部分地区面临缺水困局。

但我国幅员辽阔，人口众多，以占世界陆地面积 7% 的土地养育着占世界 22% 的人口，因此人均和亩均占有的水量大大低于世界平均水平。人均占有水量为 2350m^3，仅为世界平均值的 1/4。可耕地均占有水量 27867m^3/100m^2，仅为世界平均值的 79%，由此可见，我国按人口和耕地平均拥有的水资源是十分紧缺的，水资源是我国十分珍贵的自然资源。

水资源时空分布不均匀。我国的降水具有年内、年际变化大，区域分布不均匀的特点。水资源的地区分布很不均匀，北方水资源贫乏，南方水资源丰富，南北差异悬殊。长江及其以南诸河流的流域面积占全国总面积的 36.5%，却拥有全国 80.9% 的水资源量；而长江以北河流的流域面积占全国总面积的 63.5%，却只拥有 19.1% 的水资源量，远远低于全国平均水平。水资源年际年内变化很大，最大与最小年径流量的比值，长江以南的河流小于 5，北方河流多在 10 以上。径流量的逐年变化存在明显的丰枯交替及连续数年为丰水段或枯水段的现象。径流量年际变化大与连续丰枯水段的出现，使我国经常发生旱、涝或连旱、连涝现象，加大了水资源开发利用的难度。

水资源危机另一个重要表现是水污染，即污染型缺水。工业化和城市化的迅速发展，使许多水域和河流受到污染。在污染物中，未处理的或部分处理的污水、农业和工业排放的污水占主要成分。这些污染物将严重影响水质。

目前我国 80% 的水域、45% 的地下水受到污染，主要湖泊的富营养化也日趋严重。

我国的水资源危机，不仅表现在水资源的日益短缺和匮乏，而且表现在污染性缺水、生态环境的恶化，以及水资源开发费用日益昂贵。保护水源，治理污染，合理开发利用水资源，节约用水等，是改变目前我国水资源危机的重要手段，也是发展循环经济，实现我国经济可持续发展的重要条件。

1.3.2 防治工业水污染的重要性

工业废水是对水体造成污染的最主要污染源。工业用水在生产使用完毕后，水中会含有各种各样的污染物，工业产品千差万别，水质也各不相同，不同的车间废水需要根据实际情况及时妥善地排出、处理后排放或利用，如不加以控制，任意直接排入水体（江、河、湖、海、地下水）或土壤，使水体或土壤受到污染，将破坏原有的自然环境，引起环境问题，甚至造成公害。因为污水中总是或多或少地含有某些有毒或者有机物质，毒物过多将毒死水中或土壤中原有的生物，破坏原有的生态系统，甚至使水体变成"死水"，使土壤变成"不毛之地"。而生态系统一旦遭到破坏，就会影响自然界生物与生物以及生物与环境之间的物质循环和能量转化，给自然界带来长期的、严重的危害。例如，1850年英国泰晤士河因河水水质污染造成水生生物绝迹后，曾采用了多种措施加以治理，直到1969年河水才开始恢复清洁状态，重新出现了鱼群，其间竟历经119年之久。污水中的有机物在水中或土壤中，由于微生物的作用而进行好氧分解，消耗其中的氧气。如果有机物过多，氧的消耗速度将超过其补充速度，使水体或者土壤中氧的含量逐渐降低，直至达到无氧状态。这不仅同样危害水体或者土壤中原有生物的生长，而且此时有机物将在无氧状态下进行厌氧分解，从而产生一些有毒和恶臭的气体，毒化周围环境。为保护环境，避免发生上述情况，现代工业需要建设一套完整的工程设施来收集、输送、处理和处置污（废）水，防治工业水污染，此工程设施称之为工业排水工程。因此，工业排水在我国社会主义现代化建设中有着十分重要的作用。

第一，从环境保护的角度来讲，完善配套的工业排水工程具有保护和改善环境、消除污水污染的危害的作用。而消除污染、保护环境，是进行经济建设必不可少的条件，是保障人民健康和造福子孙后代的大事。随着现代工业的迅速发展，污水量日益增加，成分也日趋复杂。目前，我国有些地方环境污染已十分严重，如"三河"（淮河、海河、辽河）、"三湖"（太湖、巢湖、滇池），同时，一些地区的地表水污染也有加剧的趋势，全国75%的湖泊出现了不同程度的富营养化。因此，必须随时注意经济发展过程中造成的环境污染，注意研究和解决好污水的治理问题。以确保环境不受污染。节能减排是工业排水治理工作者的重要任务。

第二，从卫生角度讲，工业排水工程的兴建对保障人民的健康具有深远的意义。联合国环境规划署（UNEP）2007年发布的《全球环境展望四》综合报告指出，从全球范围而言，污染的水源是人类致病、致死的最大单一原因。世界卫生组织（WHO）的一项调查显示，全世界80%的疾病是由于饮用被污染的水造成的。全世界50%的儿童死亡与饮用水被污染有关。通常，污水污染对人类健康的危害有两种方式：一种是污染后，水中含有致病微生物而引起的传染病的漫延，例如霍乱疾病，在历史上曾夺去千百万人的生命，现在虽已基本绝迹，但如果排水工程设施不完善、水质受到污染，就会有传染的危险。1970年，苏联伏尔加河口重镇阿斯特拉罕爆发的霍乱病，其主要原因就是伏尔加河水质受到污染。另一种是被污染的水中含有毒物质，从而引起人们急性或慢性中毒，甚至引起癌症或其他各种"公害病"。引起慢性中毒的毒物对人类的危害更大，因为它们常常通过食物链而逐渐在人体内富集，不仅危及当代人，而且影响子孙后代。兴建完善的排水工程，将污水进行妥善处理，对于预防和控制各种传染病、癌症或"公害病"有重要作用。

第三，从经济角度讲，工业排水工程意义重大。首先，水是非常宝贵的自然资源，它在国民经济各部门中都是不可缺少的。虽然地球表面的70%以上被水所覆盖，但是其中便于取用的淡水量仅为地球总水量的0.2%左右。许多河川的水都不同程度地被其上下游城市重复使用着。如果水体受到污染，势必降低淡水资源的使用价值。目前，一些国家和地区已经出现由于水源污染不能使用而引起的"水荒"，即所谓的"水质性缺水"，被迫付出高昂代价进行海水淡化，以取得足够数量的淡水。现代工业排水工程正是保护水体，防止公共水体水质污染，以充分发挥其经济效益的基本手段之一。同时，城市污水资源化，可重复利用于城市或工业，这是节约用水和解决淡水资源短缺的重要途径。污（废）水的妥善处置、及时排除与适当利用，是保证工农业生产正常运行的必要条件之一。污（废）水能否妥善处置，对工业生产新工艺的发展有重要影响，例如原子能工业，只有在含放射性物质的废水治理技术达到一定的生产水平之后，才能大规模地投入生产，充分发挥它的经济效益。此外，污（废）水的资源化利用本身也是有很大的经济价值的，例如有控制地利用污水灌溉农田，会提高产量，节约化肥，促进农业生产；工业废水中有价值原料的回收，不仅消除了污染，而且为国家创造了财富，降低了产品成本；将含有机物的污泥发酵，不仅能更好地利用污泥做农肥，而且可回收生物能源等。

总之，在实现现代化的过程中，工业排水工程作为国民经济的一个组成部分，对保护环境、促进工业农业生产和保障人民的健康，具有巨大的现实意义和深远的影响。作为从事工业排水工作的工程技术人员，应当充分发挥工业排水工程在社会主义建设中的积极作用，使经济建设、城乡建设与环境建设同步规划、同步实施、同步发展，以实现经济效益、社会效益和环境效益的统一。

1.4　工业给水排水工程的发展趋势与面临的任务

1. 应积极开展现有基础上的"提级达标"的研究

随着社会的发展，水源的污染已成为一个全球性问题，而我国前些年为了经济发展，在环境保护尤其是水源保护方面欠账很多，导致目前国内大部分水源都属于或接近Ⅲ类水体，有些甚至属Ⅳ、Ⅴ类水体，而工业发展对水质的要求又越发严格，例如制药行业中最常用的纯化水，其水质应符合《中华人民共和国国药典》（2015年版）所收载的纯化水标准。在制水工艺中采用在线检测纯化水的电阻率值的大小通常应大于等于$0.5M\Omega \cdot cm$（25℃），对于注射剂、滴眼液容器冲洗用的纯化水的电阻率应大于等于$1M\Omega \cdot cm$（25℃）。因此，在现有的水源条件下，采用何种工艺才能在不增加费用或者费用增加较少的情况下达到用水标准，是摆在每一个给水排水工作者面前的现实问题。

2. 应重视并加强污水和污泥的处理与处置的研究

工业废水排放量大，约占总排水量的50%～60%，所含杂质种类繁多，成分复杂，一般来说，悬浮物含量高，常有大量的漂浮物；色度高，多呈黄褐色，直接影响了水质感官指标；化学耗氧量（COD_{Cr}）或高锰酸钾指数（COD_{Mn}）较高，生化需氧量（BOD_5）有时较高；含有多种有毒有害成分，如重金属（Cd、Cr、As、Pb）、酚、染料、多环芳烃。此类水源距离取水点越近，污染越严重。现在针对不同的生产工艺，开发了不同的污水处理方法，但处理效果相差较多。不断实践，选择适合自己工艺的污水处理方法是每位给水排水工作者的责任。

人们对事物的认识总是有个过程的，提到排水，人们首先想到的是修建排水管网将污水排至处理厂，但由于工业生产工艺的不同，产生废水性质各异，将不符合排放标准的污水排至污水处理厂，不仅可能使管渠、污水处理构筑物及机械设备产生腐蚀或结垢，还会对污水的生物处理构成威胁。国家《污水综合排放标准》GB 8978—1996 按照污水排放去向，分年限规定了 69 种污染物最高允许排放浓度及部分行业最高允许排放量。该标准适用于现有单位污水排放管理，以及建设项目的环境影响评价、建设项目环境保护设施设计、竣工验收及其投产后的排放管理。

工业废水如洗矿、化工、制药、造纸、发酵等工业的废水含有较高的硫酸盐，污水中的硫化物则主要来源于硫化染料废水和人造纤维废水，硫化物属还原性物质，在污水中以硫化氢、硫氢化物与硫化物的形态存在。硫化物在污水中要消耗溶解氧，能形成黑色的金属硫化物。而某些工业废水中如果含有很高的氯化物，则对管道和设备有强烈的腐蚀作用，如果氯化钠浓度超过 4000mg/L，则对生物处理的微生物有抑制作用。氰化物在污水中的存在形态是氢氰酸、氰酸盐和有机氰化物（如丙烯腈），砷化物在污水中的存在形态是亚砷酸盐、砷酸盐及有机砷（如三甲基胂）。此类污染物会在人体内累积，属于致癌物质。采矿、冶炼企业是排放重金属的主要污染源。另外，电镀、陶瓷、玻璃、氯碱、电池、制革、照相器材、造纸、塑料及染料等工业废水，都含有各种不同的重金属离子。污水中含有的重金属，在污水处理过程中大约 60% 被转移到污泥中。

而产生的污泥，设计上往往是"经脱水后外运或送垃圾卫生填埋场填埋"。实践证明，由于活性污泥脱水后仍有 80% 左右的含水率，常造成垃圾填埋场运行上的困难，有些垃圾填埋场甚至拒收污水处理厂的脱水污泥。因此我国规定，进垃圾填埋场的污泥含水率应在 60% 以下，污泥质量应在垃圾质量的 8% 以下。目前国内大量的达不到标准的污泥如不进行妥善处置，将成为严重的"二次污染源"。因此高效、经济的污水、污泥处理和处置技术将是未来值得研究的重大课题。

3. 应重视车间小型处理设施的建设

随着排水标准的完善，对排入市政排水管道的水质要求越来越严格，对不符合标准的废水，要先进行处理后才能排放，工业废水处理方法一般可参考已有的相同或者相近工厂的工艺流程选择，如无资料可参考时，应通过试验确定。

对含有悬浮物较多的有机废水，可用滤纸过滤，测定滤液的 BOD_5、COD_{Cr}。若滤液中的 BOD_5、COD_{Cr} 均在要求值以下，这种废水可以采用物理处理法，在去除悬浮物的同时，也能将 BOD_5、COD_{Cr} 一并去除。

若滤液中的 BOD_5、COD_{Cr} 高于要求值，则需考虑采用生物处理方法。通过进行生物处理试验，确定能否将 BOD_5、COD_{Cr} 去除至达到相应的标准或要求。

好氧生物处理法去除废水中的 BOD_5、COD_{Cr}，由于工艺成熟，效率高且稳定，得到了十分广泛的应用，但由于需要供氧，故耗电较高。为了节能并回收沼气，也常采用厌氧法去除 BOD_5、COD_{Cr}，特别是处理高浓度（$BOD_5 > 1000mg/L$）废水时比较适用。但从厌氧法去除效率来看，BOD_5 去除率不一定高，而 COD 去除率反而高些。这是由于难降解的 COD 经厌氧处理后转化为容易生物降解的 COD，高分子有机物转化为低分子有机物。例如仅用好氧生物处理法处理焦化厂含酚废水，出水 COD 往往保持在 $400\sim500$mg/L，很难继续降低。如果采用厌氧作为第一级，再串以第二级好氧法，就可以使出水 COD 下降到 $100\sim150$mg/L。因此，厌氧法常用于含难降解 COD 工业废水的前处理。

若经生物处理后 COD 不能降低到排放标准时，则要考虑采用深度处理。

对含有悬浮物的无机废水，则需要进行沉淀试验。若在常规的静置时间内达到排放标准，这种废水可采用自然沉淀法处理；若在规定的净置时间内达不到要求值，则需要进行混凝沉淀处理。

当悬浮物去除后，废水中仍还有有害物质时，可考虑采用调节 pH、化学沉淀、氧化还原等化学方法。对上述方法仍不能去除的溶解性物质，为了进一步去除，可考虑采用吸附、离子交换等深度处理方法。对含油废水，首先做静置上浮分离除油试验，再进行分离乳化油的试验，通常采用隔油和气浮处理。

应当指出，厂区小型污水处理设施，不能照搬污水处理厂的处理方案，所以需要尽快探索符合我国国情、高效、节能、省地、技术先进、经济适用的小型污水处理技术和管理模式。

4. 应大力开展工业用水零排放和污水资源化研究

工业用水水质千差万别，有的用水水质要求很高，有的则稍做处理即能使用。在一个企业内部的不同工序，对水质的要求相差也很多，所以可以按照各用水点对水质要求的不同，将水顺序重复使用的供水系统，通常称为复用给水系统。例如，先将水源水送到某些车间，使用后或直接送到其他车间，或经冷却、沉淀等适当处理后，再送到其他车间使用，然后排放。

为了节约生产用水，在工厂车间与车间之间或工厂与工厂之间，都可考虑采用复用给水系统。循环给水系统是使用过的水经适当处理后再进行回用的给水系统，最适合于冷却水的供给。在冷却水的循环使用过程中会有蒸发、风吹、排污等水量损失，需从水源取水加以补充。

在工业用水给水系统中，生产用水重复利用，不仅可以缓解城市水资源缺乏问题，还可以减少污染水源的废水排放量。因此认为，生产用水重复率是节约用水的重要指标。生产用水重复利用率的定义是工业企业生产中直接重复利用的用水量在该企业的生产总用水量中所占的百分数。

污水资源化和工业零排放，在解决水污染的同时，也能解决某些缺水地区水资源不足的问题，这是开辟第二水源的重要途径。

5. 应大力加强水质监测新技术、操作管理自动化和水处理设备标准化的研究工作

国外在水质监测中已开始采用中子活化、激光、声雷达等新技术进行自动的监测，目前，我国在污水处理水质监测自动化管理以及水处理设备标准化和系统化方面，特别是在某些水处理专用机械、设备、仪器、仪表等方面，还没有标准化和系统化，与国外相比差距较大，还需要做大量工作。

6. 应着手进行区域系统的研究工作

20 世纪 70 年代以来，某些国家为保护和改善环境，创造综合效益，对污水处理已从

局部治理发展为区域治理。对于工业给水排水来说，应综合考虑区域管理、资源利用、能源改造和有害物质综合处理等多种因素，以求得到整体上的最优方案。区域系统是对区域河流水质进行综合利用的重要组成部分，是运用系统工程的理论和方法，从整个流域出发，将区域规划、水资源有效利用和污水治理等诸因素进行综合的系统分析，进行各种模拟实验，建立数学模型，以寻求水资源管理的最优方案。我国自 20 世纪 90 年代以来，已着手进行区域供水系统的研究和实践，如江苏南京、苏州、常州、无锡、镇江、扬州地区，已经出现了工业园区的区域供水，大大提高了供水安全的保障水平。但在区域排水系统方面，国内目前尚未见相关报道，这是未来工业给水排水系统建设中应当予以重视的研究和工作任务。

第2章 工业给水系统

2.1 工业给水系统概论

给水系统是由取水、输水、水质处理和配水等各关联设施所组成的总体，一般由原水取集、输送、处理、成品水输配和排泥水处理的给水工程中各个构筑物和输配水灌区系统组成。因此，大到跨区域的城市给水引水工程，小到居民楼房的给水设施，都可以纳入给水系统的范畴。

工业用水给水系统的构成和布置原则与城市给水系统基本相同。生产用水量不大的企业，常由城市管网直接供给，生产用水量较大的大型工业企业常专门设置自用的工业用水给水系统；工业企业集中的区域，如工业园区，有合适水源时，可设置工业用水给水系统。

由于工作环境和使用要求的变化，给水系统往往存在着多种形式。根据不同的描述角度，可以将给水系统按照一定的方式进行分类：

1. **按照取水水源的种类进行分类**

按照水源分为地表水给水系统和地下水给水系统，见表2-1。

取水水源分类给水系统表 表2-1

水源种类		给水系统	
地表水	江河 湖泊 水库 海洋	地表水源给水系统	江河水源给水系统 湖泊水源给水系统 水库水源给水系统 海洋水源给水系统
地下水	浅层地下水 深层地下水 泉水	地下水源给水系统	浅层地下水源给水系统 深层地下水源给水系统 泉水水源给水系统

2. **按照供水能量的提供方式进行分类**

按照供水能量的来源，可以把给水系统分为：自流式给水系统（又称重力给水系统）、水泵给水系统（又称压力给水系统）和混合给水系统（重力-压力结合给水系统）。

3. **按照供水使用的目的进行分类**

按照供水使用的目的，可以把给水系统分为生活给水系统、生产给水系统和消防给水系统，即工业给水工程。也可以供给多种使用目的，如生活-生产给水系统。本书重点讨论生产给水系统。

4. **按照水的使用方式进行分类**

按照水的使用方式，可以把给水系统分为：

（1）直流给水系统：供水使用以后废弃排放，或随产品带走或蒸发散失。

（2）循环给水系统：使用过的水经适当处理后再进行回用的给水系统，最适合于冷却水的供给。在冷却水的循环使用过程中会有蒸发、风吹、排污等水量损失，需从水源取水加以补充。

（3）复用给水系统：按照各用水点对水质要求的不同，将水顺序重复使用的供水系统，又称为循序给水系统。

5. 按照给水系统的供水方式进行分类

按照给水系统的供水方式，可以把给水系统分为：

（1）统一给水系统：采用同一个供水系统、以相同的水质供给用水区域内所有用户的各种用水，包括生活用水、生产用水、消防用水等。这种供水方式在一些老旧厂矿企业应用较多，目前新建厂房大多考虑尽量分开设置。

（2）分质给水系统：按照供水区域内不同用户各自的水质要求或同一个用户有不同的用水水质要求，实行不同供水水质分别供水的系统。尤其在工业给水系统中，不同的工艺对水质的要求千差万别，所以一般在厂区要设置动力车间，根据生产的不同需求，供给不同水质要求的水。分质给水系统可以是采用同一水源，但水处理流程和输配水子系统独立的供水，也可以是用完全相互独立的各个给水系统分别供给不同的水质。

（3）分压给水系统：根据地形高差或用户对管网水压要求不同，实行不同供水压力分系统供水的系统。供给用户不同的水压，可以是采用同一水源的给水系统，也可以是采用完全相互独立的给水系统分别供给不同的水压。

（4）分区给水系统：对不同区域实行相对独立供水的系统。当在城市的供水范围内有显著的区域性地形高差的时候，可以采用特殊设计的输配水系统把水分别供给不同地形高程的用户，既有利于输配水管网的建设，又有节能的作用。分区给水多用于城区给水，在工业系统中应用较少。

按照以上给水系统分类的不同方式，可以从多个角度上描述某一具体的给水系统。例如，某个水泵供水的城镇供水系统取自地表水源，可以称之为城镇地表水压力给水系统。必须指出，给水系统的分类体系不是很严格。很多类别之间的界限并不清晰。给水系统的分类概念主要是为了描述上的方便，以便对系统的水源、工作方式和服务目标等进行概略说明。

按照水从取用到最终使用，给水系统必须能完成以下功能：从水源取得符合一定质量标准和数量要求的水；按照用户的用水要求进行必要的水处理；将水输送到用水区域，按照用户所需的流量和压力向用户供水。因此，给水系统的组成大致分为取水工程、水处理工程和输配水工程三个部分。所组成的单元通常由以下工程设施构成：

1. 取水构筑物

取水构筑物是从水源地汲取原水而设置的构筑物的总称，用于从选定的水源和取水地点取水。所取水的水质必须符合有关水源水质的标准，取水水量必须满足供水对象的需要量。水源的水文条件、地质条件、环境因素和施工条件等直接影响取水工程的投资。取水构筑物有可能邻近水厂，也有可能远离水厂，需要独立进行运行管理。

2. 水处理构筑物

水处理构筑物是将取得的原水采用物理、化学和生物等方法进行经济有效处理，改善水质，使之满足用水水质要求的构筑物。目前一般厂区直接从市政给水管道取水，在厂区动力站将其处理为符合自己工艺需求的水，而大的开发区或者厂矿则有自己单独的取水以及水处理构筑物，处理构筑物是保证供水水质的设施。

3. 水泵站

水泵站是指安装水泵机组和附属设施用以提升水的构筑物以及配套设施的总称。其任务是将水提升到一定的压力或者高度，使之能满足水处理构筑物运行和向用户供水的需要。在市政给水中，按其功能，给水系统中使用的水泵站可以分为：

一级泵站，又称取水泵站、水源泵站或浑水泵站等。其任务是将取水构筑物取到的原水输送到给水厂中的水处理构筑物。

另有一些大型给水工程中设置了调蓄水库，通过水泵提升把江河水输入水库，再由水泵将水库水输送到水处理厂。通常称水库前的泵站为翻水泵站，水库后的泵站为输水泵站。

二级泵站又称送水泵站或清水泵站等。其任务是将水厂生产的清水提升到一定的压力或高度，通过管道系统输送给用户。二级泵站常设在水厂内，由水厂管理维护，二级泵站的供水量和供水压力按照管网调度中心的指令运行。

增压泵站是接力提升输水压力的泵站。按照具体要求，增压泵站可以设置在城市管网和各种长距离输水的管渠中间，输送的水可以是浑水，也可以是清水。设在城市管网中的增压泵站一般直接从城市管网中取水，按照管网调度中心的指令运行。

调蓄泵站又称水库泵站，是在配水系统中，设有调节水量的水池、提升水泵机组附属设施的泵站。

4. 输水管渠

输水管渠是将大量的水从一处输送到另一处的管道。一般指将原水从取水水源输送到水厂的输水管渠。显然，无论是取水构筑物距离水厂多远，原水输水管渠都是必需的。

当水厂距离供水区域有一段距离的时候，采用专用的输水管把水厂处理后的水输送到供水区域，一般称为清水输水管。有的城市水厂二级泵站与水厂分开建设，二级泵站和清水池建造在靠近用水点的一端，这种单独设置和运行管理的二级泵站和清水池接受管网调度中心的指挥运行，一般在用水需求量大的钢铁、洗煤等厂矿企业应用较多。

5. 管网

管网是建造在城市供水区域内的向用户配水的管道系统。其任务是将清水输送和分配到供水区域内的各个用户。

6. 调节构筑物

调节构筑物一般设计成各种类型的容积式储水构筑物，通常包括：

清水池：在供水系统流程中设置在水厂处理构筑物与二泵站之间，调节水厂制水量和供水量之间差额的水池。主要任务是调节水处理构筑物的储水流量和二级泵站供水流量之间的差额，储存供水区域的消防用水，有时还提供水处理工艺所需的一部分水厂自用水量。

水塔和高位水池：水塔可设置在城市供水管网之中，也可用在一些用水量不是很大，但对用水保证率要求较高的企业中，其高出地面一定高度，是有支撑设施的储水构筑物，目前应用已逐渐减少。主要任务是调节二级泵站供水流量和管网实际用水量之间的差异，并补充部分。高位水池是利用供水区域的地形条件，建筑在高程较高地面上的储水构筑物，和水塔具有相同的功能作用。

设置水塔或高位水池以后，管网中用户的供水水压能保持相对稳定，当水塔或高位水池向管网供水时，其功能也相当于一个供水水源。设置了水塔的管网扩建不便，因为管网扩建以后通常要提高水厂的供水压力，有可能造成管网中已建的水塔溢水，所以一般水塔或高位水池只用于发展有限的小型管网，例如一些用水量不是很大的工矿企业的管网系统。

工业用水水量较大，当这些用水量较大的工业企业相对集中，并且有合适水源可以利用时，经技术比较和经济分析后，可独立设置工业给水系统，即考虑按水质要求分系统分质给水。分系统给水可以是同一水源，经过不同的水处理过程和沉淀后，供工业生产用水；地下水经处理后供生活用水。

2.2 取水工程

取水是从水源地取集原水的过程，取水工程是给水工程的重要组成部分之一，它的任务是从水源取水，并送至水厂或用户。由于水源的种类和存在形式不同，其相应的取水工程设施对整个给水系统的组成、布局、投资、工作的经济效益和安全可靠性具有重要影响。

取水工程通常涉及给水水源和取水构筑物两方面的内容。给水水源方面需要研究的是各种水体的形成、存在形式及运动规律，作为给水水源的可能性，以及为供水的目的而进行的水源勘察、规划、调解治理与卫生防护等问题。取水构筑物指的是取集原水而设置的建（构）筑物的总称。设计包括各种水源的选择与利用，从各种水源取水的方法，各种取水构筑物的构造形式、设计计算、施工方法和运行维护管理等。

作为工业厂房来说，多数时候是从市政给水管道直接取水，但工业区和厂房多数设置在开发区，与市政水厂距离较远，所以有时候会有厂区自己取水或者工业区自己的水厂。

2.2.1 给水水源

城市和工厂用水的来源，通常取自地表水和地下水。为了水资源的合理利用，特别是天然水源水量不足时，用过的水经过适当处理后再用，也可作为水源。

地下水包括潜水（无压地下水）、自流水（承压地下水）和泉水。地表水包括江河、湖泊、水库、山区浅水河流和海水。

地下水和地表水由于其形成条件和存在的环境不同，具有各自不同的特点。

大部分地区的地下水受形成、埋藏和补给等条件的影响，具有水质清澈、水温稳定、分布面广等特点。尤其是承压地下水，其上覆盖不透水层，可防止来自地表污染物的渗透污染，具有较好的卫生条件。但地下水径流量较小，有的矿化度和硬度较高，部分地区可能出现矿化度很高或者其他物质如铁、锰、氯化物、硫酸盐、各种重金属或者硫化物的含量较高的情况。这对部分对矿物质要求较高的工业用水如印染、纺织等来说，影响尤其大。

采用地下水源具有以下优点：取水条件及取水构筑物结构简单，便于施工和运行维护；通常地下水水质较好，无须进行澄清处理，即使水质稍差，大多数情况下的处理工艺也比地表水要简单，所以处理构筑物投资和运行费用也相对较低；便于靠近用户建立水源，从而降低给水系统的投资，节省了输水运行的费用，同时也提高了给水系统的安全性和可靠性；便于分期修建；便于建立卫生防护区。但是，地下水源的勘探工作量大，对于较大规模的地下水取水工程需要较长的时间进行水文地质勘察。过量开采地下水常常引起地面下沉，威胁地面构筑物的安全。多数老旧厂矿企业都设有厂区自备井，这些自备井取用的就是地下水。需要注意的是，厂区自备井自备水源严禁与市政供水管道直接相连，即使有截断阀门和倒流防止器也不行。

大部分地区的地表水水源流量较大，由于受地面各种因素的影响通常表现出与地下水相反的特点。河水浑浊度较高，水温变幅大，有机物和细菌含量高，易受污染，有时还有较高的色度。但地表水一般具有径流量大，矿化度低，硬度较低，含铁、锰量较低的优点，地表水源水量充沛，常能满足大量用水的需要。因此工业企业常利用地表水作为给水水源，特别是需要工艺冷却水这样的用水量大、对矿物质含量要求较高的工业生产。

地表水的水质、水量随季节变化有明显的变化。此外，采用地表水水源时，需要同时考虑地形、地质、水文、卫生防护等方面的因素。

给水水源在选择前，必须进行水资源的勘察。根据供水对象对水质、水量的要求，对所在地区的水源状况进行认真勘察、研究。同时密切结合城市远近期规划和工业总体布局的要求，通过经济技术比较后综合考虑后确定。

给水水源选择的一般原则为：

（1）应选择在水体功能区划所规定的取水地段取水，目前我国大部分地表水源和地下水源都已划定功能区域及水质目标。因此，水源的选择宜以此为主要依据。

（2）水量充沛可靠，所选择的水源必须具有足够的可取用水量，除了保证当前生活、生产需水量外，还需要满足近期发展所必需的水量。当用地下水作为水源时，应有确切的水文地质资料，其取水量必须小于允许的开采量，严禁盲目开采。地下水开采后，不引起水位持续下降、水质恶化及地面沉降。当用地表水作为供水水源时，其设计库水量的保证率应根据工业用水大户的重要性选定，一般可采用90%～97%。

（3）原水水质符合水源水质的要求，水源水质也是水源选择的重要条件。水源水质应符合国家有关部门现行标准要求，工业企业生产用水的水源水质根据各种生产工艺的不同要求确定，不仅要考虑现状，还要考虑远期变化趋势。由于地下水具有水质清澈，且不易被污染、水温稳定、取水及处理构造物简单方便等特点，如果采用地下水，宜优先作为生活饮用水的水源，而对于工业企业生产用水来说，如果取水量不大或者不影响当地饮用水需要，也可用地下水源，否则应用地表水。

（4）具有施工条件，在选择水源时，应考虑是否具备建设取水设施所必需的施工条件。合理开采和利用水源至关重要。它对于所在地区的全面发展具有决定性的意义，水源利用应与农业、水利相结合进行综合利用，必须配合计划经济部门制定规划统筹安排，正确处理好与各个部门的关系。

综合开发利用水源采用的措施主要包括以下几个方面：当同时具有地表水源、地下水源时，工业用水宜采用地表水源；采用地下水源和地表水源相结合、集中与分散相结合的多水源供水及分质供水，不仅能够发挥各类水源的优势，而且对于降低给水系统的投资，提高供水可靠性具有重要意义；在工业给水系统中采用循环给水，提高水的重复利用率，减少水源取水量，以解决城市或工业大量用水的矛盾；人工回灌地下水是合理开采和利用地下水的措施之一。为了保持开采量与补给量的平衡，可进行人工回灌，即用地表水补充地下水，以丰水年补充缺水年，以用水少的冬季补充用水多的夏季；沿海地区采用海水作为某些工业的给水水源；在沿海城市的潮汐河流，采用"避咸蓄淡"的措施，建筑"避咸蓄淡"水库，充分利用潮汐河流淡水期间的水资源。

给水水源保护措施涉及的范围很广，它包括整个水源和流域范围，并涉及人类生活的各个领域，受各种自然因素的影响。广义上的水源保护涉及地表水和地下水水源水量与水质的保护两个方面，也就是通过行政的、法律的、经济的及技术的手段，合理开发、管理和利用水源，保护水源，防止水源污染和水源枯竭。作为工业用水，提高用水循环复用比率，减少污水排放量，是水源保护的一个重要手段。

2.2.2　取水构筑物

1. 地下水取水构筑物

地下水取水构筑物是指从地下含水层取集表层渗透水、潜水、承压水和泉水等地下水的构筑物。对于从倾斜的山坡或河谷流出的潜水泉，可用侧面进水的泉室。各种土壤和岩层有不同的透水性。卵石层、沙石和石灰岩等，组织松散，具有众多的相互连通的孔隙，透水性较好，水在其中流动属渗透过程，故这些岩层叫作透水层。黏土和花岗岩等紧密岩层，透水性极差甚至不透水，叫作不透水层。如果透水层下面有一层不透水层，则在这一透水层中就会积聚地下水，故透水层又叫作含水层。不透水层则称为隔水层。地层构造往往就是由透水层和不透水层彼此相间构成，它们的厚度和分布范围各地不同。

埋藏在地下第一个隔水层上的地下水叫作潜水。潜水有一个自由水面。潜水主要靠雨水和河流等地表水渗透而补给。地表水位高于潜水面时，地表水补给地下潜水，相反则潜水补给地表水。

两个不透水层间的水叫作层间水。如层间水存在自由水面，则称为无压含水层；如层间水有压力，则称为承压含水层。打井时，若承压含水层中的水喷出地面，叫作自流水。

在适当地形下，在某一出口处涌出的地下水叫作泉水。泉水分自流泉和潜水泉。自流泉由承压地下水补给，涌水量稳定，水质好。

地下水在松散岩层中流动称为地下径流。地下水的补给范围叫作补给区。抽取井水时，补给区的地下水都向水井方向流动。当地下水流向正在抽水的水井时，其流态可分为稳定流和非稳定流、平面流和空间流、层流与紊流或混合流等几种情况。

（1）地下水取水构筑物的形式和适用条件

从地下含水层取集表层渗透水、潜水、承压水和泉水等地下水的构筑物。有管井、大口井、辐射井、渗渠、泉室等类型，其中以管井、大口井最为常见。

地下水取水构筑物形式与含水层的岩性构造、厚度、埋深及其变化幅度有关，同时还与设备材料供应情况、施工条件和工期等因素有关。其形式选择，首先考虑的是含水层厚度和埋藏条件，通过技术经济比较确定。地下水取水构筑物位置选择应根据水文地质条件选择，并符合下列要求：

1）位于水质好、不易受污染的富水地段；

2）尽量靠近主要用水地区；

3）施工、运行和维护方便；

4）尽量避开地震区、地质灾害区和矿产采空区。

（2）各种地下水取水构筑物形式适用的地层条件

1）管井

管井是目前应用最广的形式。适用于埋藏较深、厚度较大的含水层。一般用钢管作井壁，在含水层部位设滤水管进水，防止沙砾进入井内。管井口径通常在 500mm 以下，深几十米至百余米，甚至几百米。单井出水量一般为每日数百至数千立方米。管井的提水设备一般为深井泵或深井潜水泵。管井常设在室内。

① 管井适用于含水层厚度大于 4m，底板埋藏深度大于 8m 的地域；

② 在深井泵性能允许的状况下，不受地下水埋深限制；

③ 适用于任何沙层、卵石层、砾石层、构造裂际、溶岩裂隙等含水层，应用范围最为广泛；

④ 管井取水时应设备用井，备用井的数量一般可按 10%～20%的设计水量所需井数确定，但不得少于 1 口井。

2）大口井

大口井也称宽井，适用于埋藏较浅的含水层。井的口径通常为 3～10m。井身用钢筋混凝土、砖、石等材料砌筑。取水泵房可以和井身合建，也可分建，也有几个大口井用虹吸管连通后合建一个泵房的。大口井由井壁进水或与井底共同进水，井壁上的进水孔和井底均应填铺一定级配的砂砾滤层，以防取水时进砂。单井出水量一般较管井为大。中国东北地区及铁路供水应用较多。

① 大口井适用于含水层厚度 5m 左右，底板埋藏深度小于 15m 的地域；

② 适用于砂、卵石、砾石层，地下水补给丰富，含水层透水性良好的地段；

③ 含水层厚度大于 10m 时应建成非完整井。非完整井由井壁和井底同时进水，不易堵塞，应尽可能采用；

④ 在水量丰富、含水层较深时，宜增加穿孔辐射管建成辐射井；

⑤ 比较适合中小企业、铁路及农村的地下水取水构筑物。

3）渗渠

渗渠适用于埋深较浅、补给和透水条件较好的含水层。是利用水平集水渠以取集浅层地下水或河床、水库底的渗透水的取水构筑物。

① 渗渠适用于含水层厚度小于 5m，渠底埋藏深度小于 6m 的地域；

② 适用于中砂、粗砂、砾石或卵石层；

③ 最适宜于开采河床渗透水。

4）泉室

取集泉水的构筑物。对于由下而上涌出地面的自流泉，可用底部进水的泉室，其构造类似大口井。对于从倾斜的山坡或河谷流出的潜水泉，可用侧面进水的泉室。泉室可用砖、石、钢筋混凝土结构，应设置溢水管、通气管和放空管，并应防止雨水的污染。

泉室适用于有泉水露头、流量稳定，且覆盖层厚度小于 5m 的地域。

（3）管井

管井是井径较小，井深较大，汲取深层或浅层地下水的取水建筑物。打入承压含水层的管井，如水头高出地面时，又称自流井。管井因其井壁和含水层中进水部分均为管状结构而得名。通常用凿井机开凿。按其过滤器是否贯穿整个含水层，可分为完整井和非完整井。

管井直径大多为 50～1000mm，井深可达 1000m 以上。常见的管井直径大多小于 500mm，井深在 200m 以内。随着凿井技术的发展和浅层地下水的枯竭与污染，直径在 1000mm 以上、井深在 1000m 以上的管井已有使用。

管井由井口、井壁管、滤水管和沉沙管等部分组成。管井的井口外围，用不透水材料封闭，自流井井口周围铺压碎石并浇灌混凝土。井壁可用钢管、铸铁管、钢筋混凝土管或塑料管等。钢管适用的井深范围较大；铸铁管一般适于井深不超过 250m；钢筋混凝土管一般用于井深 200～300m；塑料管可用于井深 200m 以上。井壁管与过滤器连成管柱，垂直安装在井孔当中。井壁管安装在非含水层处，过滤器安装在含水层的采水段。在管柱与孔壁间环状间隙中的含水层段填入经过筛选的砾石，在砾石上部非含水层段或计划封闭的含水层段，填入黏土、黏土球或水泥等止水物。

1）井室

井室是用以安装各种设备（水泵、控制柜等）、保持井口免受污染和进行维护管理的场所。为保证井室内设备正常运行，井室应有一定的采光、采暖、通风、防水和防潮设施；为防止井室积水流入井内，井口应高出井室地面 0.3～0.5m。

为了防止地层被污染，管井井口应加设套管，并填入优质黏土或水泥浆等不透水材料封闭，其封闭厚度应根据当地水文地质条件确定，一般应自地面算起向下不小于 5m。当井上直接有建筑物时，应自基础底向下算起。

2）井壁管

设置井壁管的主要目的是加固井壁、隔离水质不良或水头较低的含水层。井壁管应具有足够的强度，使其能够经受地层和人工填充物的侧压力，并且应尽可能不弯曲，内壁平滑、圆整以利于安装抽水设备和井的清洗、维修。井壁管可以是钢管、铸铁管、钢筋混凝土管、石棉水泥管、塑料管等。一般情况下，钢管适用的井深范围不受限制，但随着井深的增加应相应增大壁厚。铸铁管一般适用于井深小于 250m 的管井，它们均可用管箍、丝扣或法兰连接。钢筋混凝土管适用井深不大于 150m 的管井，常用管顶预埋钢板圈焊接连接。井壁管直径按水泵类型、吸水管外形尺寸等确定。当采用深井泵或潜水泵时，井壁管内径应大于水泵井下部分最大外径 100mm。

3）过滤器

过滤器安装于含水层中，用以集水和保持填砾与含水层的稳定。过滤器是管井最重要的组成部分。它的构造、材质、施工安装质量对管井的出水量、含沙量和工作年限有很大影响，所以过滤器构造形式和材质的选择非常重要。

对过滤器的基本要求是：应有足够的强度和抗腐蚀性能，具有良好的透水性能且能保持人工填砾和含水层的渗透稳定性。

常用的过滤器有钢筋骨架过滤器，管材加开圆孔、条孔过滤器，缠丝过滤器，包网过滤器，填砾过滤器等。

① 钢筋骨架过滤器

钢筋骨架过滤器每节长 4000～5000mm，由位于两端的短管、竖向钢筋、支撑环焊接而成。竖向钢筋直径 16mm，间距 30～40mm，支撑环是开有孔、槽的金属环片，是其他过滤器的骨架。钢筋骨架过滤器加工简单、孔隙率大、机械强度低、抗腐蚀能力低，不宜用于深度大于 200m 的管井和侵蚀性较强的含水层。具体如图 2-1 所示。

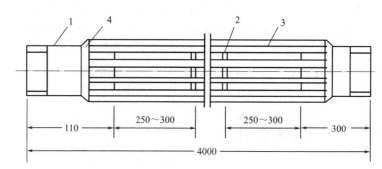

图 2-1　钢筋骨架过滤器
1—短管；2—支撑环；3—钢筋；4—加固环

② 管材加开圆孔、条孔过滤器

类似钢筋骨架过滤器的还有钢管、铸铁管材上开圆孔或条形孔的骨架过滤器。

圆孔直径不大于 21mm，条形孔宽度 $a \leqslant 10$mm，条形孔轴线间距 b 取宽度的 3～5 倍。条形孔垂直距离 $c = 10～20$mm。孔隙率为：钢管 30%～35%、铸铁管 18%～25%、钢筋混凝土管 10%～15%、塑料管 10%。依此确定条孔长度。

圆孔、条孔过滤器可作为其他过滤器的骨架以及砾石、卵石、砂岩、砾岩和裂隙含水层的过滤器。

③ 缠丝过滤器、包网过滤器

缠丝过滤器、包网过滤器以圆孔、条孔过滤器或以钢筋骨架过滤器为支撑骨架，在外面缠绕镀锌钢丝，或者包缠滤网。镀锌钢丝直径 2～3mm，间距和接触含水层砂粒径 d 有关，一般取 50% 质量砂粒径的 1.25～2 倍。包网过滤器的滤网由直径 0.2～1.0mm 的铜丝编制而成。网眼大小等于接触含水层中 50% 质量砂粒径的 1.5～2.5 倍。由于微小的铜丝滤网很容易因为电化学腐蚀所堵塞，也有用不锈钢丝或者尼龙网代替黄铜丝网的。

缠丝过滤器、包网过滤器适用于粗砂、砾石和卵石含水层。由于包网过滤器阻力大、易被细砂堵塞、易腐蚀，已逐渐被缠丝过滤器取代。

④ 填砾过滤器

当圆孔、条孔过滤器外侧为天然反滤层时，洗井冲走细砂后，形成天然粗砂反滤层过滤器。天然粗砂反滤层是含水层中的骨架颗粒迁移形成的，不能按照设计要求组成一定的粒度比例，不能发挥良好的过滤效果。因此，工程上常用人工填砾形成人工反滤层代替天然反滤层。以上述过滤器为骨架，围填与含水层颗粒组成有一定级配关系的砾石层，统称为填砾过滤器。

填砾过滤器适用于各类砂质含水层、砾石、卵石含水层。过滤器进水孔尺寸等于过滤器壁面所填砾石的平均粒径。通常设计占 50% 质量的填装砂、砾石粒径等于含水层中 50% 质量砂粒径的 6～8 倍。过滤器缠丝间距小于砾石粒径。填砾层厚度应根据含水层特征、填砾层数和施工条件确定，一般采用 75～150mm。考虑到管井运行后填砾层可能出现下沉现象，通常填砾层高出过滤器顶 8～10m。

4）沉淀管

沉淀管接在过滤器的下面，用以沉淀进入井内的细小砂粒和地下水中析出的沉淀物，其长度根据井深和含水层出砂可能性确定，一般为 2～10m。井深小于 20m，沉淀管长度取 2m；井深大于 90m，沉淀管长度取 10m。如果采用空气扬水装置，当管井深度不够时，也常用加长沉淀管的办法来提高空气扬水装置的效率。

根据不同井管、钻井设备而采用不同的安装方法。主要有：①钢丝绳悬吊下管法。适用于带丝扣的钢管、铸铁管，以及有特别接头的玻璃钢管、聚丙烯管及石棉水泥管，拉板焊接的无丝扣钢管，螺栓连接的无丝扣铸铁管，粘结的玻璃钢管，焊接的硬质聚氯乙烯管。②浮板下管法。适用于井管总重超过钻机起重设备负荷的钢管或超过井管本身所能承受拉力的带丝扣铸铁井管。③托盘下管法。适用于水泥井管，砾石胶结过滤器及采用铆焊接头的大直径铸铁井管。

维护直接关系到井的使用寿命。如使用维护不当，将使管井出水量减少、水质变坏，甚至使井报废。管井在使用期中应根据抽水试验资料，妥善选择管井的抽水设备。所选用水泵的最大出水量不能超过井的最大允许出水量。管井在生产期中，必须保证出水清、不含沙；对于出水含沙的井，应适当降低出水量。在生产期中还应建立管井使用档案，仔细记录使用期中出水量、水位、水温、水质及含沙量变化情况，借以随时检查、维护。如发现出水量突然减少，涌沙量增加或水质恶化等现象，应立即停止生产，进行详细检查修理后，再继续使用。一般每年测量一次井的深度，与检修水泵同时进行，如发现井底淤沙，应进行清理。季节性供水井，很容易造成过滤器堵塞而使出水量减少。因此在停用期间，应定期抽水，以避免过滤器堵塞。

（4）大口井

大口井适用于地下水埋藏较浅、含水层较薄且渗透性较强的地层取水，它具有就地取材、施工简便的优点。由于井径较大，故名大口井。

大口井按取水方式可分为完整井和非完整井。完整井井底不能进水，井壁进水容易堵塞；非完整井井底能够进水。完整式大口井的井筒贯穿整个含水层，仅以井壁进水，可用于颗粒粗、厚度薄（5～8m）、埋深浅的含水层；由于井壁进水孔易堵塞，影响进水效果，应用受到限制。非完整式大口井井筒未贯穿整个含水层，井壁、井底同时进水，进水范围大，集水效果好，应用较多。含水层厚度大于 10m 时，一般设计成非完整式大口井。

按几何形状可分为圆形和截头圆锥形两种。圆筒形大口井制作简单，下沉时受力均匀，不易发生倾斜，即使倾斜后也易校正。截头圆锥形大口井具有下沉时摩擦力小，易于下沉、但下沉后受力情况复杂，容易倾斜、倾斜后不易校正的特点。一般来说，在地层较稳定的地区，应尽量选用圆筒形大口井。

大口井主要由井筒、井口及进水部分组成，如图 2-2 所示。

1）井筒通常用钢筋混凝土浇筑、砖或块石等砌筑而成，用以加固井壁及隔离不良水质的含水层。

大口井外形通常为圆筒形，易于保证垂直下沉；受力条件好，节省材料；对周围地层扰动很小，利于进水。但圆筒形井筒紧贴土层，下沉摩擦力较大，深度较大的大口井常采用阶梯圆形井筒。此种井筒系变断面结构，结构合理，具有圆形井筒的优点，下沉时可减

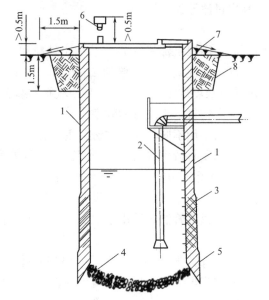

图 2-2　大口井的构造

1—井筒；2—吸水管；3—井壁透水孔；4—井底反滤层；5—刃脚；
6—通风管；7—散水坡；8—黏土层

少摩擦力。

2）井口为大口井露出地面的部分。为避免地表污水从井口或沿井壁侵入，污染地下水，井口应高出地面0.5m以上，并在井口周围修建宽度为1.5m的散水坡。如覆盖层系透水层，散水坡下面还应填以厚度不小于1.5m的夯实黏土层。

3）进水部分包括井壁进水孔（或透水井壁）和井底反渗层。

① 井底反滤层，除大颗粒岩层及裂隙含水层外，在一般含水层中都应铺设反滤层。

反滤层大多设计成凹弧形，滤料自下而上逐渐变粗，设3～4层，每层厚度为200～300mm，如图2-3所示。含水层为细、粉砂时，层数和厚度应相应增加。由于刃脚处渗透压力较大，易涌砂，靠刃脚处滤层厚度应加厚20%～30%。与含水层相邻一层反滤层滤料粒径d等于含水层中颗粒计算粒径d_i的6～8倍。含水层中的砂、砾颗粒粒径不同，其计算粒径d_i不同。相邻两层反滤层的滤料粒径之比取2～4为宜。

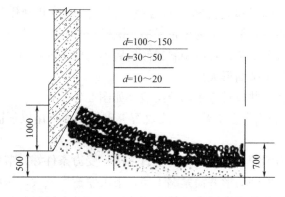

图 2-3　大口井井底反滤层

② 井壁进水孔有水平孔和斜形孔两种。

水平孔施工较容易，采用较多。井壁孔一般为直径 100～200mm 的圆孔或（100mm×150mm）～（200mm×250mm）矩形孔，交错排列于井壁，其孔隙率在 15% 左右。为保持含水层的渗透性，孔内装填一定级配的滤料层，孔的两侧设置不锈钢丝网，以防止滤料漏失。

斜形孔多为圆形，孔倾斜度不超过 45°，孔径 100～200mm，孔外侧设有格网。斜形孔滤料稳定，易于装填、更换，是一种较好的进水孔形式。

井壁进水孔反滤层一般分为两层填充，与含水层相邻一层反滤层滤料粒径 d 等于含水层中颗粒计算粒径 d_i 的 6～8 倍，相邻两层反滤层的滤料粒径之比可取 2～4。

③ 透水井壁：透水井壁由无砂混凝土预制而成。具有制作方便、结构简单、造价低的优势，但在细粉砂含水层和含铁地下水中容易堵塞。

大口井构造简单、取材容易，使用年限较长，取水量大，能兼起调节水量作用，在中小厂区、铁路、农村工厂供水采用较多。但由于其结构及安装上有些缺点，导致产水量衰减速度较快，影响了大口井的使用寿命。

（5）辐射井

辐射井是一种带有辐射横管的大井。井径 2～6m，在井底或井壁按辐射方向打进滤水管以增大井的出水量，一般效果较好。滤水管多者出水量能增加数倍，少的也能增加 1～2 倍。

按照集水井是否取水，辐射井分为两种形式：一是集水井井底和辐射管同时进水，适用于含水层厚度 5～10m 的地段；二是集水井井底封闭，仅由辐射管集水，适用于含水层厚度不大于 5m 的地段。

辐射井的集水井直径一般不小于 3.0m。辐射集水管管径一般 75～100mm，长 30m 以内，用以集取地下水、地表渗透水和河流渗透水。

辐射井适用于大口井不能开采的、厚度较薄的含水层，以及不能用渗渠开采的厚度薄、埋深大的含水层。

辐射井是一种进水面积大、出水量高、适应性较强的取水构筑物。单井出水量可达 10 万 m^3/d 以上。具有管理集中、占地面积小、便于卫生防护的优点，但辐射管施工难度较大。

（6）渗渠

渗渠一般指为拦截并收集重力流动的地下水而水平埋设在含水层中的集水管（渠道）。渗渠可用于集取浅层地下水，也可铺设在河流、水库等地表水体之下或旁边，集取河床地下水或地表渗透水。由于集水管是水平铺设的，也称水平式地下水取水构筑物。

渗渠的埋深一般为 4～7m，很少超过 10m。因此，渗渠通常适用于含水层厚度小于 5m，渠底埋深小于 6m 的地段。渗渠分为完整式和非完整式两种。

渗渠通常由水平集水管、集水井、检查井和泵站组成。

渗渠的规模和布置，应考虑在检修时仍能满足用水要求。集取河道表流渗透水的渗渠设计，应根据进水水质并结合使用年限等因素选用适当的阻塞系数。

① 位于河床及河漫滩的渗渠，其反滤层上部，应根据河道冲刷情况设置防护措施。

② 渗渠的端部、转角和断面变换处应设置检查井。直线部分检查井的间距，应视渗渠的长度和断面尺寸而定，一般可采用 50m。

③ 水流通过渗渠孔眼的流速，不应大于 0.01m/s。渗渠中管渠的断面尺寸，宜采用下列数据通过计算确定：水流速度为 0.5～0.8m/s，充满度为 0.4，内径或短边不小于 600mm。

集水管外需铺设人工滤层。铺设在河滩下和河床下渗渠反滤层构造分别如图 2-4（a）、（b）所示。反滤层的层数、厚度和滤料粒径计算，和大口井井底反滤层相同。最内层填料粒径应比进水孔略大。各层厚度可取 200～300mm。

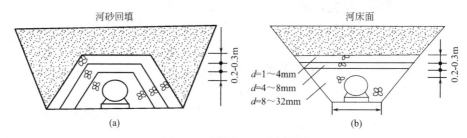

图 2-4　渗渠人工反滤层构造
(a) 铺设在河滩下的渠道；(b) 铺设在河床下的渠道

在集取河床潜流水时，渗渠位置的选择，不仅要考虑水文地质条件，还要考虑河流水文条件。一般原则为：

1）渗渠应选择在河床冲积层较厚、颗粒较粗的河段，并应避开不透水的夹层（如淤泥夹层之类）；

2）渗渠应选择在河流水力条件良好的河段，避免设在有壅水的河段和弯曲河段的凸岸，以防泥沙沉积，影响河床的渗透能力，但也要避开冲刷强烈的河岸，否则可能增加护岸工程费用。

3）渗渠应设在河床稳定的河岸。河床变迁，主流摆动不定，都会影响渗渠补给，导致出水量波动过大。

2. 地表水取水构筑物

地表水取水构筑物是给水工程中从江河、湖泊、水库及海洋等地表水中取水的设施。按取水构筑物的构造形式分为有固定式（岸边式、河床式、斗槽式）和活动式（浮船式、缆车式）两类。山区河流，则有带低坝的取水构筑物和底栏栅式取水构筑物两类。

工业用水用水量较大，大多自江河、水库取水，一般以江河作为水源为多。这里主要阐述江河的特征与取水构筑物的关系、取水构筑物位置的选择、取水构筑物的形式和构造、设计和计算等方面的问题。

（1）影响地表水取水构筑物设计的主要因素

地表水水源多数是江河，因此了解江河的特征，即江河的径流变化、泥沙运动、河床演变、漂浮物和冰冻等特征，以及这些特征与取水构筑物的关系，对取水构筑物的设计、施工和运行管理都是十分重要的。

1）江河的径流特征与取水构筑物的关系

江河径流特征主要是指水位、流量和流速等因素的变化特征。径流变化规律是取水构筑物设计的重要依据。

在设计地表水取水构筑物时，应注意收集以下有关河段的水位、流量和流速的资料：

① 河段历年的最高和最低水位、逐月平均水位和年常水位；

② 河段历年的最大流量和最小流量；

③ 河段取水点历年的最大流速、最小流速和平均流速。

取水构筑物的设计最高水位应按不低于百年一遇频率确定，并不低于城市防洪标准。设计枯水位的保证率，应根据水源情况、供水重要性选定，一般采用 90%～99%。用地表水作为城市供水水源时，设计枯水流量保证率应根据城市规模和工业大用户的重要性选定，一般采用 90%～97%；用地表水作为工业企业供水水源时，设计枯水流量保证率应按各有关部门的规定选取。

2）泥沙运动与河床演变及其对取水构筑物的影响

① 泥沙运动

江河中运动着的泥沙，主要来源于雨雪水对地表土壤的冲刷侵蚀，其次是水流对河床和河岸的冲刷。江河挟带泥沙的多少与流域特性、地面径流以及人类活动等因素有关。

江河中的泥沙，按运动状态可分为推移质和悬移质两大类。在水流的作用下，沿河床滚动、滑动或跳跃前进的泥沙，称为推移质（又称底沙）。这类泥沙一般粒径较粗，通常占江河总含沙量的 5%～10%。悬浮在水中，随水流前进的泥沙，称为悬移质（也称悬沙）。这类泥沙一般颗粒较细。在冲积平原河流中约占总含沙量的 90%～95%。

含沙量：单位体积河水内挟带泥沙的质量，以 kg/m³ 表示。江河横断面上各点的水流脉动强度不同，含沙量的分布也不均匀。一般来说，越靠近河床含沙量越大，泥沙粒径较大；越靠近水面含沙量越小，泥沙粒径较小；河心的含沙量高于两侧。

河床演变：水流与河床相互作用，使河床形态不断发生变化的过程，水流与河床的相互作用通过泥沙运动体现。

挟沙能力：水流能够挟带泥沙的饱和数量。水流条件改变时，挟沙能力也随之改变。如果上游来沙量与本河段水流挟沙能力相适应，河床既不外刷，也不淤积；如果来沙量与本河段水流挟沙能力不相适应，河床将发生冲刷或淤积。

对于推移质运动，与取水最为密切的问题是泥沙的起动和沙波运动。

在一定的水流作用下，静止的泥沙，由静止状态转变为运动状态，叫作"起动"，这时的水流速度称为起动流速。

当河水流速逐渐减小到泥沙的起动流速时，河床上运动着的泥沙并不会静止下来。当流速继续减到某个数值时，泥沙才停止运动。这时的水流平均流速，称为泥沙的止动流速。

在用自流管或虹吸管取水时，为避免水中的泥沙在管中沉积，设计流速应不低于不淤流速。不同颗粒的不淤流速可以参照其相应颗粒的止动流速。对于悬移质运动，与取水最为密切的问题是含沙量沿水深的分布和水流的挟沙能力。单位体积河水内挟带泥沙的质量，称为含沙量，以 kg/m³ 表示。为了取得含沙量较少的水，需要了解河流中含沙量的分布情况。

由于河流中各处水流脉动强度不同，河水含沙量的分布亦不均匀。一般说来，含沙量的分布是靠近河床底部大，越近水面越小；泥沙的粒径是靠河底较粗，越近水面越细。泥沙在水流横断面上的分布是不均匀的，一般泥沙沿断面横向分布比沿水深的变化为小，在横向分布上，河心的含沙量略高于河流的两侧含沙量。

② 河床演变

任何一条江河，其河床形态都在不断地发生变化，只是有的河段变形显著，有的河段变形缓慢，或者暂时趋于相对稳定状态。这种河床形态的变化，称为河床演变。为了保证取水安全，应着重研究河段的稳定性，探讨由于河床演变导致取水构筑物偏离河流主流的可能性。为此，必须了解河床演变的原因及演变的规律。

河床演变是水流与河床相互作用的结果。河床影响水流状态，水流促使河床变化，两者相互依存，相互制约。

影响河床演变的主要因素：

A. 河段的来水量。来水量大，河床冲刷；来水量小，河床淤积。

B. 河段的来沙量、来沙组成。来沙量大、沙粒粗，河床淤积；来沙量少、沙粒细，河床冲刷。

C. 河段的水面比降。水面比降小，河床淤积；水面比降增大，河床冲刷。

D. 河床地质情况。疏松土质河床容易冲刷变形，坚硬岩石河床不易变形。河床变形可分为单向变形和往复变形两种。单向变形是指在长时间内，河床缓慢地不间断地冲刷或不间断地淤积，不出现冲淤交错。往复变形是指河道周期性往复发展的演变现象。

3）江河中泥沙、漂浮物及冰冻情况对取水构筑物的影响

江河中的泥沙和漂浮物对取水工程的安全和水质有很大影响。泥沙及水草较多的江河上，常常由于泥沙和水草堵塞取水头部，严重影响取水，甚至造成停水事故。因此，在设计取水构筑物时，必须了解江河的最高、最低和平均含沙量，泥沙颗粒的组成及分布规律，漂浮物的种类、数量和分布，以便采取有效的防沙防草措施。

我国北方大多数河流在冬季均有冰冻现象，特别是水内冰、流冰和冰坝等，对取水的安全有很大影响。

冬季当河水温度降至0℃时，河流开始结冰。若河水流速较大时，由于水流的紊动作用，使河水过度冷却，水中出现细小的冰晶。冰晶结成海绵状的冰屑、冰絮，称为水内冰。在河底聚结的冰层、冰絮，称为底冰。悬浮在水中的冰屑、冰絮，称为浮冰。水内冰沿水深的分布与泥沙相反，越接近水面数量越多。水内冰极易黏附在进水口的格栅上，造成进水口堵塞，严重时甚至中断取水。

悬浮在水中的冰块顺流而下，形成流冰。流冰在河流急弯和浅滩处积聚起来，形成冰坝，使上游水位抬高。

河流封冻后，随着气温下降，冰盖逐渐变厚。气温越低，低温持续时间越长，则冰盖厚度越大。取水口需位于冰盖以下。

春季当气温上升到0℃以上时，冰盖融化、解体而成冰块，随水流漂动，称为春季流冰（或称春季消凌）。春季流冰冰块较大，流速较快，具有很大的冲击力，对河床中取水构筑物的稳定性有较大影响。

（2）江河取水构筑物位置的选择

正确选择取水构筑物位置是取水构筑物设置中一个十分重要的问题，应当深入现场，做好调查研究，全面掌握河流的特性，根据取水河段的水文、地形、地质、卫生等条件，全面分析，综合考虑，提出几个可能的取水位置方案，进行技术经济比较。在条件复杂时，尚需进行水工模型试验，从中选择最优的方案。

地表水取水构筑物位置的选择，应根据以下基本要求，通过技术经济比较确定。

1）位于水质良好的地点

为避免污染，取水构筑物宜位于城镇和工业企业上游的清洁河段，在污水排放口的上游 100～150m 以上处；取水构筑物应避开河流中的回流区和死水区，以减少进水中的泥沙和漂浮物；在沿海地区应考虑到咸潮的影响，尽量避免吸入咸水；污水灌溉农田、农作物施加杀虫剂等都可能污染水源，也应予以注意。

2）具有稳定的河岸和河床，靠近主流，有足够的水深，有良好的工程地质条件，在弯曲河段上，取水构筑物宜设在河流的凹岸。

河岸凸岸，岸坡平缓，容易淤积，深槽主流离岸较远，一般不宜设置取水构筑物。但是，如果在凸岸的起点，主流尚未偏离时；或在凸岸的起点或终点，主流虽已偏离，但离岸不远有不淤积的深槽时，仍可设置取水构筑物。

在顺直河段上，取水构筑物宜设在河床稳定、深槽主流近岸处，通常也就是河流较窄、流速较大，水深较大的地点。取水构筑物处的水深一般要求不小于 2.5m。

在有边滩、沙洲的河段上取水时，应注意了解边滩、沙洲形成的原因，移动的趋势和速度，取水构筑物不宜设在可能移动的边滩、沙洲的下游附近，以免日后被泥沙堵塞。

在有支流入口的河段上，由于干流和支流涨水的幅度和先后各不相同，容易形成壅水，产生大量的泥沙沉积。因此，取水构筑物应离开支流出口处上下游有足够的距离（图 2-5）。

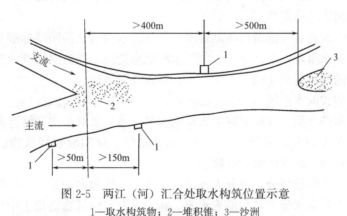

图 2-5 两江（河）汇合处取水构筑位置示意
1—取水构筑物；2—堆积锥；3—沙洲

取水构筑物应设在地质构造稳定、承载力高的地基上，不宜设在淤泥、流沙、滑坡、风化严重的和岩溶发育地段。在地震地区不宜将取水构筑物设在不稳定的陡坡或山脚下。取水构筑物也不宜设在有宽广河滩的地方，以免进水管过长。另外，选择取水构筑物时，要尽量考虑到施工条件，除要求交通运输方便，有足够的施工场地外，还要尽量减少土石方量，以节省投资，缩短工期。

3）尽量靠近主要用水地区

取水构筑物位置选择应与工业布局和城市规划相适应，全面考虑整个给水系统的合理布置。在保证取水安全的前提下，取水构筑物应尽可能靠近主要用水地区，以缩短输水管线的长度，减少输水管的投资和输水电费。此外，输水管的敷设应尽量减少穿过天然或人工障碍物。

4）应注意避开河流上的人工构筑物或天然障碍物

取水构筑物应避开桥前水流滞缓段和桥后冲刷、落淤段，一般设在桥前 0.5～1.0km 或桥后 1.0km 以外；取水构筑物与丁坝同岸时，应设在丁坝上游，与坝前浅滩起点相距一定距离处，也可设在丁坝的对岸；拦河坝上游流速减缓，泥沙易于淤积，闸坝泄洪或排沙时，下游产生冲刷泥沙增多，取水构筑物宜设在其影响范围以外的地段。

5）尽可能不受冰凌、冰絮等影响

在北方地区的河流上设置取水构筑物时，应避免冰凌的影响。取水构筑物应设在水内冰较少和不受流冰冲击的地点，而不宜设在易于产生水内冰的急流、冰穴、冰洞及支流出口下游，尽量避免取水构筑物设在流冰易于堆积的浅滩、沙洲、回流区和桥孔的上游附近。在水内冰较多的河段，取水构筑物不宜设在冰水混杂地段，而宜设在冰水分层地段，以便从冰层下取水。

6）不妨碍航运和排洪，并符合河道、湖泊、水库整治规划的要求

在选择取水构筑物位置时，应结合河流的综合利用，如航运、灌溉、排洪、水力发电等，全面考虑，统筹安排。在通航的河流上设置取水构筑物时，应不影响航船的通行，必要时应按照航道部门的要求设置航标；应注意了解河流上下游近远期内拟建设的各种水工构筑物（水坝、水库、水电站、丁坝等）和整治规划对取水构筑物可能产生的影响。

7）不影响河床稳定，不影响防洪

取水构筑物在河床上的布置及其形状选择，应考虑取水构筑物建成后不至于因水流情况的改变而影响河床的稳定性。

取水构筑物必须充分考虑城市防洪要求，江河取水构筑物的防洪标准不应低于城市防洪标准，其设计洪水重现期不低于 100 年。水库取水构筑物的防洪标准应与水库大坝等主要建（构）筑物的防洪标准相同，并采用设计和校核两级标准。

（3）江河固定式取水构筑物

由于地表水源的种类、性质和取水条件的差异，地表水取水构筑物有多种形式。

按地表水的种类划分，可分为：江河取水构筑物、湖泊取水构筑物、水库取水构筑物、山溪取水构筑物、海水取水构筑物。

按取水构筑物的构造划分，可分为固定式取水构筑物和移动式取水构筑物。固定式取水构筑物适用于各种取水量和各种地表水源。移动式取水构筑物适用于中小取水量，多用于江河、水库、湖泊取水。

固定式取水构筑物是使用最多、适用条件最广的一种类型。固定式取水构筑物主要分为岸边式、河床式和斗槽式三种。

1）岸边式取水构筑物

岸边式取水构筑物（riverside intake structure）指的是设在岸边取水的构筑物，一般由进水间、泵房两部分组成。适用于江河岸边较陡，主流近岸，岸边有足够水深，水质和地质条件较好，水位变幅不大的情况。

① 岸边式取水构筑物基本形式

按照进水间与泵房的建设方式，岸边式取水构筑物分为合建式和分建式两种基本形式。

A. 合建式岸边取水构筑物

合建式岸边取水构筑物是进水间与泵房合建在一起，设在岸边，如图 2-6 所示。河水经进水孔进入进水间的进水室，再经过格网进入吸水室，然后由水泵抽送至水厂或用户。在进水孔上设有格栅，用以拦截水中粗大的漂浮物。设在进水间中的格网用以拦截水中细小的漂浮物。

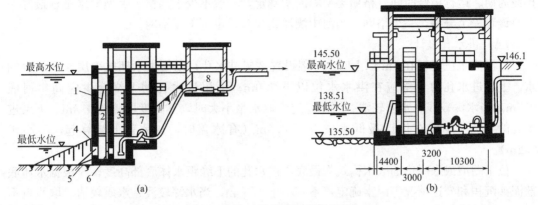

图 2-6　合建式岸边取水构筑物

（a）进水间与泵房基础呈阶梯式布置；（b）进水间与泵房基础呈水平式布置

1—进水间；2—进水室；3—吸水室；4—进水孔；5—格栅；6—格网；7—泵房；8—阀门井

合建式岸边取水构筑物的优点是布置紧凑，占地面积小，水泵吸水管路短，运行管理方便，因而采用较广泛，适用于岸边地质条件较好的情况。但合建式土建结构复杂，施工较困难。

当地基条件较好时，进水间与泵房的基础可以建在不同的标高上，呈阶梯式布置，如图 2-6（a）所示。这种布置可以利用水泵吸水高度以减少泵房深度，有利于施工和降低造价，但水泵启动时需要真空引水。

如果地基条件较差，为了避免产生不均匀沉降，或者由于供水安全性要求高，水泵需要自灌启动时，则宜将进水间与泵房的基础建在相同标高上，如图 2-6（b）所示。但是泵房较深，土建费用增加，通风及防潮条件差，操作管理不方便。

B. 分建式岸边取水构筑物

当岸边地质条件较差，进水间不宜与泵房合建时，或者分建对结构和施工有利时，则宜采用分建式。分建式岸边取水构筑物的进水间设于岸边，泵房则建在岸内地质条件较好的地点，但不宜距进水间太远，以免吸水管过长。进水间与泵房之间的交通大多采用引桥，有时也采用堤坝连接。分建时土建结构简单，施工较容易，但操作管理不便，吸水管路较长，增加了水头损失，运行安全性不如合建式。

② 岸边式取水构筑物的构造与设计

A. 进水间

进水间一般由进水室和吸水室两部分组成。进水间可与泵房分建或合建。分建时进水间的平面形状有圆形、矩形和椭圆形等。

岸边分建式进水间由纵向隔墙分为进水室和吸水室，两室之间设有平板格网或旋转格网。在进水室外壁上开有进水孔，孔侧设有格栅。进水孔一般为矩形。进水室的平面尺寸应根据进水孔、格网和闸板的尺寸，以及安装、检修和清洗等要求确定。吸水室用来安装水泵吸水管，其设计要求与泵房吸水井基本相同。吸水室的平面尺寸按水泵吸水管的直径、数目和布置要求确定。

为了工作可靠和便于清洗检修，进水间通常用横向隔墙分成几个能独立工作的分格。当分格数少时，设连通管互相连通。分格数应根据安全供水要求、水泵台数及容量、清洗排泥周期、运行检修时间、格栅类型等因素确定，一般不少于两格。大型取水工程最好一台泵设置一个分格，一个格网。当河中漂浮物少时，也可不设格网。

(A) 进水孔设计

当河流水位变幅在 6m 以上时，一般设置 2 层进水孔，以便洪水期取表层含沙量少的水。上层进水孔的上缘应在洪水水位以下 1.0m；下层进水孔的下缘至少应高出河底 0.5m，当水深较浅、水质较清、河床稳定、取水量不大时，其高度可减至 0.3m。下层进水孔的上缘至少应在设计最低水位以下 0.3m（有冰盖时，从冰盖下缘算起，不小于 0.2m）。

位于湖泊或水库边的取水构筑物最底层进水孔的下缘距水体底部高度，应根据水体底部泥沙沉积和变迁情况等因素确定，不宜小于 1.00m。当水深较浅、水质较清、取水量不大时，其高度可减至 0.5m。

进水孔的高宽比，宜尽量配合格栅和闸门的标准尺寸。进水间上部是操作平台，操作平台设有闸阀启闭设备和格网、格栅起吊设备，以及冲洗系统。

(B) 格栅

格栅设在取水头部或进水间的进水孔上，用来拦截水中粗大的漂浮物及鱼类。格栅由金属框架和栅条组成。

格栅框架外形与进水孔形状相同。栅条断面有矩形、圆形等，栅条厚度或直径一般采用 10mm，栅条净距视河中漂浮物情况而定，小型取水构筑物宜为 30～50mm，大、中型取水构筑物宜为 80～120mm。栅条可以直接固定在进水孔四周边框上，或者放在进水孔外侧的导槽中，以便清洗和检修。

格栅面积按下式计算：

$$F_0 = \frac{Q}{K_1 K_2 v_0} \tag{2-1}$$

式中　F_0——进水孔或格栅的面积，m^2；

　　　Q——进水孔的设计流量，m^3/s；

　　　v_0——进水孔过栅流速，岸边式取水构筑物，有冰絮时，取 0.2～0.6m/s；无冰絮时采用 0.4～1.0m/s。河床式取水构筑物，有冰絮时，取 0.1～0.3m/s；无冰絮时，取 0.2～0.6m/s。当取水量较小、江河水流速度较小、泥沙和漂浮物较多时，可取较小值。反之，可取较大值；

　　　K_1——栅条引起的面积减少系数，$K_1 = b/(b+s)$，b 为栅条净距，s 为栅条厚度或直径；

　　　K_2——格栅阻塞系数，取 0.75。

水流通过格栅的水头损失一般取 0.05～0.1m。

(C) 格网

格网设在进水间内，用以拦截水中细小的漂浮物，通常分为平板格网和旋转格网两种。

A）平板格网

平板格网一般由槽钢或角钢框架及金属网构成。金属格网设一层；面积较大的格网设两层，一层是工作网，起拦截水中细小漂浮物的作用，另一层是支撑网，用以增加工作网的强度。工作网的孔眼尺寸根据水中漂浮物情况和水质要求确定。金属网宜用耐腐蚀材料，如铜丝、镀锌钢丝或不锈钢丝等制成。平板格网放置在槽钢或钢轨制成的导槽或导轨内。

平板格网的优点是结构简单，所占面积较小，可以缩小进水间尺寸。在中小水量、漂浮物不多时采用较广。其缺点是冲洗麻烦；网眼不能太小，因而不能拦截较细小的漂浮物；当提起格网冲洗时，一部分杂质会进入吸入室。

平板格网的面积可按下式计算：

$$F_1 = \frac{Q}{v_1 \xi K_1 K_2} \tag{2-2}$$

式中　F_1——平板格网的面积，m^2；

　　　Q——通过格网的流量，m^3/s

　　　v_1——通过格网的流速，$\leqslant 0.5m/s$，一般取 $0.2\sim0.4m/s$；

　　　ξ——水流收缩系数，一般取 $0.64\sim0.80$；

　　　K_1——网丝引起的面积减少系数；

$$K_1 = \frac{b^2}{(b+d)^2}$$

　　　b——网眼边长尺寸，mm；

　　　d——金属丝直径，mm；

　　　K_2——格网阻塞后面积减少系数，通常取 0.5。

通过平板格网的水头损失，一般取 $0.1\sim0.2m$。

B）旋转格网

旋转格网是由绕在上下两个旋转轮上的连续网板组成，用电动机带动。网板中金属网固定在金属框架上。一般网眼尺寸为（4mm×4mm）～（10mm×10mm），视水中漂浮物数量和大小而定，网丝直径 $0.8\sim1.0mm$。

旋转格网的布置方式有直流进水、网外进水和网内进水三种，前两种采用较多。

旋转格网是定型产品，它是连续冲洗的，其转动速度视河中漂浮物的多少而定，一般为 $2.4\sim6.0m/min$，可以是连续转动，也可以是间歇转动。旋转格网的冲洗，一般采用 $0.2\sim0.4MPa$ 的压力水通过穿孔管或喷嘴来进行。冲洗后的污水沿排水槽排走。

旋转格网有效过水面积可按式（2-3）计算

$$F_2 = \frac{Q}{v_2 \xi K_1 K_2 K_3} \tag{2-3}$$

式中　F_2——旋转格网有效过水面积，m^2；

　　　Q——通过格网的流量，m^3/s

　　　v_2——过网流速，$\leqslant 1.0m/s$，一般取 $0.7\sim1.0m/s$；

　　　ξ——水流收缩系数，一般取 $0.64\sim0.80$；

K_1——格网阻塞系数，取 0.75；

K_2——由于框架引起的面积减少系数，取 0.75；

K_3——网丝引起的面积减少系数，$K_3=b/(b+d)^2$，b 为网眼尺寸，一般为（5mm×5mm）～（10mm×10mm），d 为网眼直径，一般为 1～2mm。

水流通过旋转格网的水头损失一般取 0.15～0.3m。

旋转格网结构复杂，所占面积较大，但冲洗较方便，拦污效果较好，可以拦截细小的杂质，故宜用在水中漂浮物较多、取水量较大的取水构筑物。

B. 泵房的设计

岸边式取水构筑物的泵房进口地坪（又称泵房顶层进口平台）设计标高，应分别按下列情况确定：

当泵房在渠道边时，为设计最高水位加 0.5m；当泵房在江河边时，为设计最高水位加浪高再加 0.5m，必要时尚应增设防止浪爬高的措施；当泵房在湖泊、水库或海边时，为设计最高水位加浪高再加 0.5m，并应设防止浪爬高的措施。

2) 河床式取水构筑物

河床式取水构筑物（riverbed intake structure）指的是利用进水管将取水头部伸入江河、湖泊中取水的构筑物，一般由取水头部、进水管（自流管或虹吸管）、进水间（或集水井）和泵房组成。河水经取水头部的进水孔流入，沿进水管至集水间，然后由泵抽走。适用于河床稳定、河岸平坦、枯水期主流离岸较远、岸边水深不够或水质不好而河中又具有足够水深或较好水质的取水条件。

① 河床式取水构筑物的基本形式

按照进水管形式不同，河床式取水构筑物可分为自流管取水、虹吸管取水、水泵直接取水及桥墩式取水等取水方式。

河床式取水构筑物的集水间与泵房既可以合建，也可以分建。

A. 自流管取水

河水通过自流管进入集水井，由于自流管淹没在水中，河水靠重力自流，工作比较可靠，但敷设自流管时，开挖土石方量较大，适用于自流管埋深不大或者在河岸可以开挖隧道以敷设自流管时的场合。

当河流水位变幅较大，且洪水期历时较长，水中含沙量较高时，为了避免引入底层含沙量较多的水，可在集水间壁上开设进水孔，或设置高位自流管，以取得上层含沙量较少的水。

B. 虹吸管取水

河水通过虹吸管进入集水井中，然后由泵抽走。当河水水位高于虹吸管顶部时，无须抽真空即可自流进水；当河水水位低于虹吸管管顶时，需先将虹吸管抽真空方可进水。在河滩宽阔、河岸较高、河床地质坚硬或管道需穿越防洪堤时可采用虹吸管取水。由于虹吸高度可达 7m，与自流管相比提高了埋管的高程，可减少水下土石方量，缩短工期，节约投资。但虹吸管对管材及施工质量要求较高，运行管理要求严格，并需保证严密不漏气，需要真空设备，因此，可靠性低于自流管。

C. 水泵直接取水

水泵吸水管直接伸入河水中取水。由于可以利用水泵吸水高度以减少泵房深度，又省去集水间，故结构简单，施工方便，造价较低。适用于取水量小，河水较清，含泥沙、漂浮物少的河段。

D. 桥墩式取水

桥墩式取水是把整个取水构筑物建造在江河之中，该种形式的取水构筑物缩小了河道过水断面，容易造成附近河床冲刷。因此，基础埋深较大，且需要设置较长的引桥和岸边连接，施工复杂，造价较高，同时影响航运和水上交通。仅适用于河流宽度很大，取水量较大，岸坡平缓，岸边无建造泵房条件的地方。

② 河床式取水构筑物的构造与设计

河床式取水构筑物是由取水头部、进水管、集水井和泵房组成。其中集水井与泵房和岸边式基本相同，因此只重点介绍进水管和取水头部的设计。

A. 取水头部

（A）取水头部的形式及适用条件

取水头部是设于河底淹没或半淹没的通过其进水孔取水入进水管的设施。其类型较多，常用的有喇叭管、蘑菇形、鱼形罩、箱式和桥墩式等。应布置在稳定河床的深槽主流有足够水深处。进水孔一般布置在取水头部朝河心面和下游面。漂浮物少和无冰凌时也可设在顶面。其外形要减少水流阻力，迎水面宜做成流线形，长轴与水流方向一致。它宜设两个或分两格。

喇叭管取水头部又称管式取水头部，是前边设有格栅的金属喇叭管，用桩架或支墩固定在河床上。这种取水头部构造简单，造价低，施工方便，适用于不同的取水规模。喇叭管的布置可以朝向下游、水平式、垂直向下和垂直向上布置。

蘑菇形取水头部实际是一个向上的喇叭管，其上再加一金属帽盖。河水由帽盖底部流入，带入的泥沙及漂浮物较少。头部分几节装配，便于吊装和检修，但头部高度较大，所以要求设置在枯水期时仍有一定水深，适用于中小型取水构筑物。

鱼形罩取水头部，是一个两端带有圆锥头部的圆筒，在圆筒表面和背水圆锥面上开设圆形进水孔，鱼形罩取水头部的外形趋于流线形，水流阻力小，而且进水面积大，进水孔流速小，漂浮物难以吸附在罩上，故能减轻水草堵塞，适用于水泵直接从河水中取水的情况。

箱式取水头部主要由周边开设进水孔的钢筋混凝土箱组成。由于进水孔总面积较大，能减少冰凌和泥沙进入量，适用于在冬季冰凌较多或含沙量不大，水深较小的河流上取水。箱式取水头部一般适用于中小型取水构筑物，其平面形状有圆形、矩形和菱形等。

斜板式取水头部，是在取水头部设置斜板，河水经过斜板时，粗颗粒泥沙沉淀在斜板上，并滑落至河底，被河水冲走。这种新型取水头部除沙效果较好，适用于粗颗粒泥沙较多的河流。

（B）取水头部的设计

为了尽量减少取水头部吸入泥沙和漂浮物，防止取水头部周围河床冲刷，避免船只和木排与取水头部碰撞，防止冰凌堵塞和冲击，便于施工，便于清洗检修等，取水头部设计时应注意以下要求：

取水头部宜分设两个或分成两格，进水间应分成数格以利清洗。漂浮物多的河道，相邻头部在沿水流方向宜有较大间距。

取水头部应设在稳定河床的深槽主流，且有足够的水深处。为避免推移质泥沙和浮冰、漂浮物进入取水头部，河床式取水头部侧面进水孔的下缘距河床高度不得小于 0.5m，当水深较浅、水质较清、河床稳定、取水量不大时，其高度可减至 0.30m；顶部进水孔高出河底的距离不得小于 1.0m。

为了减少漂浮物、冰凌、水流对取水头部的影响，取水头迎水面一端应设计成流线形，并使取水头部长轴与水流方向一致。通常菱形、长圆形的水流阻力较小，常用于箱式和墩式取水头部。进水孔一般布置在取水头部的侧面和下游面。当漂浮物较少和无冰凌时，也可布置在顶面。

进水孔的流速要选择恰当。流速过大，易带入泥沙、杂草和冰凌；流速过小，又会增大进水孔和取水头部的尺寸，增加造价。河床式取水构筑物进水孔的过栅流速，应根据水中漂浮物的数量、有无冰絮、取水点的水流速度、取水量大小、检查和清理格栅的方便等因素确定。一般有冰絮时过栅流速为 0.1 ～0.3m/s，无冰絮时为 0.2 ～0.6m/s。

在设计最低水位下，淹没取水构筑物进水孔上缘的深度，应根据河流水文、冰情和漂浮物等因素通过水力计算确定，同时遵守下列规定：

顶面进水时，不得小于 0.5m；侧面进水时，不得小于 0.3m；虹吸进水时，不得小于 1.0m，当水体封冻时，可减至 0.5m（上述数据在有冰盖时，应从冰盖下缘起算）。

B. 进水管

进水管有自流管、进水暗渠、虹吸管等。自流管一般采用钢管、铸铁管和钢筋混凝土管。虹吸管要求严密不漏气，应采用钢管，但埋在地下的也可采用铸铁管。进水暗渠多数为钢筋混凝土浇筑，个别有利用岩石开凿衬砌而成的。

进水管的管径应按正常供水时的设计流量和流速确定。事故进水室按照不同的用水功能，确定需要通过 70% 还是 10% 的流量，管中流速不应低于泥沙颗粒的不淤流速，以免泥沙沉积；但也不宜过大，以免水头损失很大，增加集水间和泵房的深度。进水管的设计流速不小于 0.6m/s。在水量较大、含沙量较大，进水管短的情况下，流速可适当增大。

自流管敷设在不易冲刷的河床时，管顶埋设在河床下 0.50m 以下，当敷设在有冲刷可能的河床时，管顶最小埋深应在冲刷深度以下 0.25～0.30m。

自流管如果敷设在河床上时，须用块石或支墩固定。自流管的坡度和坡向应视具体条件而定。可以坡向河心、坡向集水间或水平敷设。

虹吸管的虹吸高度一般采用 4.0～6.0m，以不大于 7.0m 为宜。设计流速不小于 0.6m/s，可采用 1.0～1.5m/s。虹吸进水端在设计最低水位下的淹没深度不小于 1.0m，管末端应深入集水井最低动水位以下 1.0m，以免空气进入。虹吸管应朝集水间方向上升，其最小坡度为 0.003～0.005。每条虹吸管宜设置单独的真空管路，以免互相影响。

3）斗槽式取水构筑物

在岸边式或河床式取水构筑物之前设置"斗槽"进水，称之为斗槽式取水构筑物，如图 2-7 所示。斗槽是在河流岸边用堤坝围成，或在岸上开挖进水槽。由于斗槽中水流流速缓慢，进入斗槽的水中的泥沙就会沉淀，水中的冰就会上浮，可减少进入取水口的泥沙和冰絮。所以，斗槽式取水构筑物适宜在河流含沙量大、冰情严重、取水量较大的河流段取水。如兰州西固某水厂，就是典型的斗槽式取水构筑物。

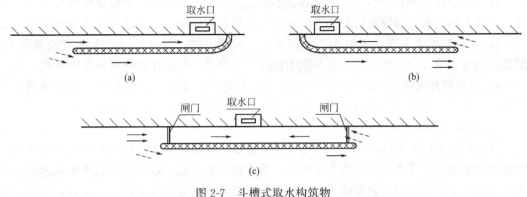

图 2-7　斗槽式取水构筑物

(a) 顺流式斗槽；(b) 逆流式斗槽；(c) 双流式斗槽

按照斗槽内水流方向与河流流向的关系，可分为顺流式、逆流式和双流式。

斗槽内水流方向与河流水流方向一致，称为顺流式斗槽，如图 2-7 (a) 所示。由于斗槽中水流速度小于河水流速，河水正向流入斗槽时，一部分动能迅速转化为位能，在斗槽进口处形成壅水和横向环流，迫使含有浮冰絮的河流表层水进入斗槽。故顺流式斗槽适用于含泥沙量较高、冰凌情况不严重的河流。

斗槽内水流方向与河流水流方向相反，称为逆流式斗槽，如图 2-7 (b) 所示。当水流顺着斗槽堤坝流过进口时，受到抽吸作用形成水位跌落，致使斗槽内水位低于河流水位而产生横向环流，含有泥沙较多的底流进入斗梳。故逆流式斗槽适用于冰凌情况严重、含泥沙量较少的河流。

斗槽具有顺流式、逆流式斗槽的特点，称为双流式斗槽，如图 2-7 (c) 所示。当夏秋洪水季节河水含泥沙量较高时，开上游端阀门，顺流进水；当冬季冰凌情况严重时，开下游端阀门，逆流进水。上文所述兰州西固水厂在黄河取水即为双流式斗槽。

斗槽式取水构筑物应建造在河流凹岸靠近主流的岸边处，以便利用河水水力冲洗斗槽内沉积泥沙。

(4) 江河活动式取水构筑物

在我国西南地区，由于地形和气候原因，水源水位变化幅度大，当水位变化在 10m 以上，水流不急，水位涨落速度小于 2.0m/h，或者要求施工周期短和建造固定式取水构筑有困难时，可考虑采用缆车或浮船式等活动式取水构筑物。

1) 浮船式取水构筑物

浮船式取水构筑物是利用活动式联络管，将浮船上的水泵出水管与岸边输水管道连通的取水构筑物。浮船式取水构筑物具有投资少、建设快、易于施工（无复杂水下工程），有较大的适应性和灵活性，能经常取得含沙量少的表层水等优点，在我国西南、中南等地区应用较广泛。但浮船式取水构筑物也存在河流水位涨落时，需要移动船位，阶梯式连接时尚需拆换接头导致短时停止供水，操作管理麻烦，易受水流、风浪、航运影响，供水的安全可靠性较差等缺点，现在应用已经越来越少了。

① 浮船取水位置选择

浮船式取水构筑物的位置，除了满足一般地表水取水构筑的选址要求以外，还应注意以下问题：

A. 有良好的停泊条件，河岸有较陡的坡度，河床较为稳定。浮船要有可靠的锚固设施，浮船上的出水管与输水管间的连接管段应根据具体情况，采用摇臂式或阶梯式等。

B. 应设在水流平缓，风浪小，河道平直，水面开阔，漂浮物少，无冰凌的河段上，避开大急流、顶冲和大风浪区，并与航道保持一定距离，防止浮船倾覆或发生事故。

C. 尽量避开河漫滩和浅滩地段，取水点应有足够的水深，否则有搁浅风险或者难以取到合适的水。从凹岸取水时，凹岸不能太弯曲，以免流速大，冲刷严重。

② 浮船和水泵选择

浮船的数量应根据供水规模、供水安全程度等因素确定。当允许间断供水或有足够容量的调节水池时，或者采用摇臂式连接的，可设置一条浮船。取水量大且不宜断水时，至少有 2 条浮船，每条船的供水能力，按一条船事故时，仍能满足事故水量设计，城镇的事故水量按设计水量的 70% 计算，工厂的事故水量按停水损失程度确定。

浮船一般设计成平底围船形式，平面为矩形，断面为矩形或梯形。浮船尺寸应根据设备及管路布置，操作及检修要求，浮船的稳定性等因素决定。目前一般船宽多在 5~6m，船长与船宽之比为 2 : 1 ~ 3 : 1，吃水深 0.5~1.0m，船体深 1.2 ~ 1.5m，船首尾的甲板长度为 2~3m。

浮船上的水泵要考虑布置紧凑、操作检修方便，还应特别注意浮船的平衡与稳定性。

水泵竖向布置一般有上承式和下承式两种，如图 2-8 所示。

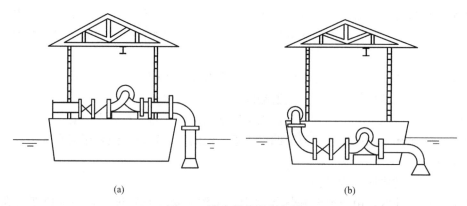

(a)   (b)

图 2-8 取水浮船竖向布置

(a) 上承式；(b) 下承式

上承式的水泵机组安装在甲板上，设备安装和操作方便，船体结构简单，通风条件好，可适用于各种船体，应用较多。但船的重心较高，稳定性差，振动较大。下承式的水泵机组安装在船体骨架上，其优缺点与上承式相反，吸水管需穿过船舷，仅适用于钢板船。

水泵的选择，宜选用特性曲线较陡的水泵，以便能在较长时间内都在高效区运行，不能满足时还可考虑根据水位变化更换水泵叶轮。

③ 联络管和输水管

A. 联络管

联络管是用来连接浮船和岸边输水管。联络管两端可采用胶管接头、球形接头或套筒接头等活动连接，以适应泵船的移位和摆动。早期因取水量小（$Q < 3000 \text{m}^3/\text{h}$），供水要

求较低，多采用阶梯式活动连接，但高潮水位移船频繁，操作麻烦，已逐步淘汰，现在普遍使用不需拆换接头的摇臂式活动连接。

（A）阶梯式连接

阶梯式连接有柔性联络管连接和刚性联络管连接。柔性联络管连接，采用两端带有法兰接口的橡胶软管作联络管，管长一般 6～8m。橡胶软管使用灵活，接口方便，但承压一般不大于 0.5MPa，使用寿命短，管径较小（一般 330mm 以下），一般会在水压、水量不大时采用。

刚性联络管连接，采用两端各有一个球形万向接头的焊接钢管作为联络管，管径一般在 330mm 以下，管长一般 8～12m。钢管承压高，使用年限长，目前采用相对较多。

阶梯式连接由于受联络管长度和球形接头转角的限制，在水位涨落超过一定范围时，就需要移船和换接头，操作较麻烦，并且需要短时停止取水。但船靠岸较近，连接比较方便，可在水位变幅较大的河流上采用。

（B）摇臂式连接

套筒接头摇臂式连接的联络管由钢管和几个套筒旋转接头组成，由于一个套筒接头只能在一个平面上转动，因此一根联络管上需要设置 5 个或 7 个套筒接头，才能适应浮船上下左右摇摆运动。水位涨落时，联络管可以围绕在岸边支墩上的固定接头转动。这种连接的优点是无须拆换接头，不用经常移船，能适应河流水位的猛涨猛落，操作管理方便，不中断供水，因此采用较广泛。目前套筒接头摇臂式联络管的直径已达 1200mm，最大水位差可达 27m。

套筒接头受到扭力较大，接头填料易磨损漏水，从而降低了接头转动的灵活性与严密性。因此这种接头只适宜在水压较低，联络管质量不大时采用。

摇臂式联络管的岸边支墩接口应高出平均水位，使洪水期联络管的上仰角略小于枯水期的下俯角。联络管上下转动的最大夹角不宜超过 70°，联络管长度一般在 20～25m 以内。

B. 输水管

输水管一般沿岸边敷设。采用阶梯式连接，岸坡较陡时可与河岸等高线垂直，岸坡平缓时则与河岸等高线斜交布置，岸坡变化大且有淤积时，可隔一定距离设置支墩，管道固定在支墩上。

另外，输水管上每隔一定距离需设置岔管，岔管垂直高差取决于输水管的坡度，联络管的长度，以及活动接头的有效转角等因素，一般宜在 1.5～2.0m。在常年低水位处布置第一个岔管，然后按高差布置其余的岔管。当有两条以上的输水管时，各条输水管上的岔管在高程上应交错布置。以便浮船交错位移。

输水管的上端应设置排气阀，并在适当的部位设置止回阀，但采用摇臂式联络管在水泵扬程小于 25m 时，可不设止回阀。输水管两侧应设置人行阶梯踏步。

④ 浮船的平衡稳定和锚固

为了保证安全，浮船在任何情况下，均应保持平衡与稳定。而要保持浮船的平衡，设备的布置应使浮船在正常运转时保持平衡。在其他情况下发生不平衡时，可用平衡水箱或压舱重物来调整平衡。当移船或风浪较大时，浮船的最大横角以不超过 7°为宜，浮船的稳定与船宽关系密切，为了防止沉船事故发生，应在船中设置水密隔舱。

浮船应有可靠的锚固设施。锚固的方式有缆索、撑杆、锁链等。而采用何种锚固方式，应根据浮船停靠位置的具体条件决定。当岸坡较陡、河面较窄、航运频繁、浮船靠岸边时采用系缆索和撑杆将船固定在岸边；当岸坡较陡，河面较宽、航运较少时，采用在船首尾抛锚与岸边系留相结合的形式，锚固更可靠，同时还便于浮船移动。在水流湍急、风浪大、浮船离岸较近时，除首尾抛锚外，还应增设角锚。当河道流速较大时，浮船上游方向固定索不应少于3根。

⑤ 浮船式取水构筑物适用条件

A. 水位变化幅度在10～35m，涨落速度小于2m/h，枯水期水深大于1.5m或不小于2倍浮船深度，河道水流平稳，风浪较小，停泊条件较好的河流；

B. 临时供水的取水构筑物或允许断水的永久性取水构筑物；

C. 投资受到限制，难以修建固定式取水构筑物时。

2）缆车式取水构筑物

缆车取水是将水泵机组装在沿坡道运动的车辆上，随着江河水位的涨落，通过牵引设备在岸坡轨道上移动的取水构筑物，由泵车、坡道或斜桥、输水管和牵引设备等组成。

缆车式取水构筑物的优点与浮船式基本相同，但缆车移动比浮船方便，而且受风浪影响较小，比浮船稳定。不过缆车取水的水下工程量和基建投资比浮船取水大，适用于水位变化较大、涨落速度不大（不超过2m/h）、无冰凌和漂浮物较少的河流。

① 缆车式取水构筑物位置的选择

缆车式取水构筑物应选择在河岸地质条件好，岸坡相对稳定，并有10°～28°的岸坡处为宜。若河岸太陡，则所需的牵引设备过大，移车较困难；若河岸平缓，则吸水管架太长，容易发生事故。缆车式取水构筑物应设在河流顺直，主流近岸，岸边水深不小于1.2m的地方。

② 缆车式取水构筑物各部分构造与设计

A. 泵车设置

与浮船类似，在取水量较小时，可设置1部泵车。取水量大或供水安全性要求较高时，泵车不应少于2部，每部泵车上的水泵不应少于2台（一用一备或两用一备）。每台泵都要有独立的吸水管，水泵吸水高度不应少于4m，并且宜选用 Q-H 曲线较陡的水泵，以减少移车的次数，并且河流水位变化时，供水量变化不致太大。

泵车上水泵机组的布置，除满足布置紧凑、操作检修方便的要求外，还应特别注意泵车的稳定和振动问题。小型水泵机组宜采用平行布置，将机组直接布置在泵车桁架上，使机组重心与泵车轴线重合，运转时振动小，稳定性好。大中型机组宜采用垂直布置，机组重心落在两榀桁架之间，机组放在短腹杆处，振动较小。

泵车的长宽比接近正方形，泵车在竖向可布置成阶梯形。无起吊设备时，泵车的车厢净高采用2.5～3.0m；有起吊设备时采用4.0～4.5m。泵车的下部车架为型钢组成的桁架结构，在主桁架的下节点处装有2～6对滚轮。

B. 坡道设置

缆车轨道的坡度宜与原岸坡度接近。一般为10°～28°，其形式有斜坡式和斜桥式。当岸边地质条件较好，坡度合适时，多采用斜坡式坡道。反之，则采用斜桥式坡道。

斜坡式坡道基础可做成整体式、框式挡土墙式和钢筋混凝土框格式。一般整个坡道的坡度一致，坡道顶面应高出地面 0.5m 左右，以免积泥。

在坡道基础上敷设钢轨，当吸水管直径小于 300mm 时，轨距采用 1.5～2.5m。当吸水管直径 300～500mm 时，轨距采用 2.8～4.0m。

除在坡道上设置轨道外，还应设输水管、安全挂钩座、电缆沟、接管平台及人行道等。当坡道上有泥沙淤积时，应在尾车上设置冲沙管及喷嘴。

C. 输水斜管

一般一部泵车设置一条输水管。输水管沿斜坡或斜桥敷设。管上每隔一定距离设置三通岔管（正三通和斜三通），以便与联络管连接。岔管的高差主要取决于水泵吸水高度和水位涨落速度，一般采用 1～2m。当采用曲臂式联络管时，岔管高差可达 2～4m。

在水泵出水管与岔管之间的联络管上需设置活动接头，以便移车时接口易于对准。活动接头有橡胶软管、球形万向接头、套筒旋转接头、曲臂式活动接头等。橡胶软管使用灵活，但寿命较短，一般用于管径小于 300mm 的管道。套筒接头由 1～3 个旋转套筒组成，装拆接口方便，使用寿命长，应用较广泛。

D. 牵引设备及安全装置

牵引设备由绞车（卷扬机）及连接泵车和绞车的钢绳组成。绞车一般设在岸边的绞车房里，绞车房应在洪水位以上，牵引力在 50kN 以上时宜用电动绞车，操作安全方便。

为了保证泵车运行安全，在绞车和泵车上都必须设置制动保险装置。绞车制动装置有电磁铁刹车和手刹车，多为两者并用，提高运行安全性。泵车在固定时，一般采用螺栓夹板式保险卡或钢杆安全挂钩作为安全装置，前者多用于小型泵车，后者多用于大、中型泵车。泵车在移动时，一般采用钢丝绳挂钩作为安全装置，以免发生事故。

3）缆车式取水构筑物适用条件

① 水位变化幅度在 10～35m，涨落速度小于 2m/h 的江河中取水；

② 作为永久性取水构筑物；

③ 水位变化幅度大且水流急、风浪大，不宜用浮船取水时；

④ 受牵引设备限制，每部泵车的取水流量小于 10 万 m^3/d；

⑤ 取水河道漂浮物少，无冰凌，无船只碰撞可能。

（5）湖泊与水库取水构筑物

1）湖泊、水库的特征

狭义的湖泊取水多见于我国东中部和中南部，其地貌形态是在不断变化的。造成其变化的主要原因有水流、风和冰川等外部因素，以及风浪、湖流、水中微生物和动物活动等内部因素。在风浪的作用下，湖的凸岸被冲刷，凹岸（湖湾）产生淤积。而从河流、溪沟中水流带来的泥沙，风吹来的泥沙，湖岸破坏的土石以及水生动植物的残体等均沉积在湖底，颗粒粗的多沉积在湖的沿岸区，颗粒细的则沉积在湖的深水区。

水库按其构造分为湖泊式和河床式两种，是目前较常用的一种水工构筑物。湖泊式水库是指被淹没的河谷具有湖泊的形态特征，即面积较宽广，水深较深，库中水流和泥沙运动都接近于湖泊的状态，具有湖泊水文特征。河床式水库是指淹没的河谷较狭窄，库身狭长弯曲，水深较浅，水库内水流泥沙运动接近天然河流状态，具有河流的水文特征。

湖泊、水库的储水量，与湖面、库区的降水量，入湖（入库）的地面、地下径流量，湖面、库区的蒸发量，出湖（出库）的地面和地下径流量等有关。

湖泊、水库水位变化，主要是由水量变化引起的，基本上属于以年为周期的周期性变化。以雨水补给的湖泊，一般最高水位出现在夏秋季节，最低水位出现在冬末春初。干旱地区的湖泊、水库，在融雪及雨季期间，水位急剧上升，然后由于蒸发损失引起水位下降，甚至使湖泊、水库蒸发到完全干涸为止。湖泊中的增减水现象，也是引起湖泊水位变化的一个因素。所谓增减水现象，是由于漂流将大量的水从湖的背风岸迁移到湖的向风岸，结果在湖的背风岸引起水位下降，向风岸引起水位上升。

湖泊、水库的补水主要来自河水、地下水及降雨，因此其水质与补充水的水质有关。所以不同湖泊、水库，其化学成分各不相同。即使是同一湖泊或水库，不同的位置，其化学成分也不完全一样，含盐量也不同。同时各主要离子间不保持一定的比例关系，这一点与海水水质有着本质区别。湖水水质化学变化常常伴随生物作用，这又是与河水、地下水水质的不同之处。湖泊、水库中的浮游生物较多，多分布于水体上层10m深度以内的水域中，如蓝藻分布于水的最上层，硅藻多分布于较深处。浮游生物的种类和数量，近岸处比湖中心多，浅水处比深水处多，无水草处比有水草处多。

2）湖泊与水库取水构筑物位置的选择

从湖泊、水库取水的构筑与河流取水构筑物大同小异。同样要求取水安全可靠，水质良好。水库取水构筑物防洪标准与水库大坝等主要构筑物防洪标准相同，并采用设计和校核两级标准。与河流取水相比，在湖泊、水库中取水时，取水口位置选择上还应注意以下几点：

① 湖泊取水口的位置应设在湖泊水流出口附近，远离支流的汇入口，并保证不影响航运，尽量不设在渔业区附近。

② 湖泊的取水口应避免设在湖岸芦苇丛生处附近，以免影响水质，或因水中动植物的吸入堵塞取水口。在湖泊中取水时，吸水管中应定期加氯，以减少水中生物的危害。

③ 湖泊取水口不可设在夏季主风向向风面的凹岸处，如果湖泊水深较浅，则这些位置会有大量的浮游生物集聚，死亡后沉至湖底腐烂，致使水质恶化，水的色度增加，并产生臭味。

④ 取水口应靠近大坝，目的是防止泥沙淤积。取水口处应有2.5~3.0m以上的水深，深度不足时，可进行人工开挖。当湖岸为浅滩且湖底平缓时，可将取水头部伸入湖中远离岸边，以取得较好的水质。

⑤ 在波浪冲击和水流冲刷下，湖岸、库岸会遭到破坏而变形，甚至发生崩塌和滑坡，因此取水构筑物应建在稳定的湖岸或库岸处。一般岸坡坡度较小、岸高不大的基岩或植被完整的湖岸和库岸是较稳定的地方。

⑥ 北方寒冷地区，湖泊、水库在冬季结冰期和春季解冻期会产生冰凌，可能堵塞取水口，需采取防冻措施。

总之，湖泊、水库中的取水构筑物应设在基础稳定、水质良好的地方。

3）湖泊和水库取水构筑物的类型

① 隧洞式取水和引水明渠取水

在选定的取水隧洞的下游一端，先行挖掘修建引水隧洞，在接近湖底或库底的地方预留一定厚度的岩石——岩塞，最后采用水下爆破的办法，一次性炸掉预留岩塞，形成取水口。隧洞式取水一般适用于取水量大且水深10m以上的大型水库和湖泊取水。水深较浅时，常采用引水明渠取水。

② 分层取水的取水构筑物

湖水水质在不同季节不同位置发生变化，当湖泊和水库水深较大，应分层取水。暴雨过后大量泥沙进入湖泊和水库，越接近湖底泥沙含量越大；而到了夏季，近岸藻类的数量常比湖心多，浅水区比深水区多。在取水深度范围内设置几层进水孔，可根据季节不同，水质不同，取得不同深度较好水质的水。

③ 自流管式取水构筑物

在浅水湖泊和水库取水，一般是用自流管或虹吸管把水引入岸边有一定深度的吸水井内，然后水泵的吸水管直接从吸水井内抽水，泵房与吸水井既可以合建，也可以分建。

以上为湖泊、水库常用的取水构筑物类型，具体选用何种类型，应根据不同的水文特征和地形、地貌、气象、地质、施工等条件进行技术经济比较后确定。

(6) 山区浅水河流取水构筑物

山区浅水河流与平原河流相比有其独特的特点，故其取水方式也有所不同。

1) 山区河流的特点

① 水量和水位变化幅度非常大。尤其在洪水期，水位猛涨猛落，水中存在大量的大颗粒推移质泥沙，但持续时间不长；而在枯水期，水流量又很小，水深很浅，有时甚至出现断流，暴雨之后，山洪暴发，洪水流量能达到枯水量的数十、数百倍或更大。

② 水质变化较大。枯水期水面清澈见底，暴雨后水流混浊，含沙量很大，漂浮物较多，雨过天晴后，水质恢复清澈。

③ 河床常由砂、卵石或岩石组成，河床坡度大、比降大，洪水期流速大，推移质多，粒径大，有时甚至出现 1m 以上的大滚石。

④ 北方某些山区河流潜冰期（水内冰）较长。

2) 山区浅水河流取水方式选择

① 山区河流枯水期流量很小，所以取水量占径流量的比例往往很大，有时达到 70%，甚至 90% 以上。

② 山区河流平水期、枯水期水量较小，取水深度往往不足，需要修筑低坝抬高水位或采用底部进水等方式解决。

③ 洪水期时推移质多、粒径大，因此修建取水构筑物时，要考虑能将推移质顺利排除，不致造成淤塞和冲击。

3) 山区浅水河流取水构筑物的类型

山区浅水河流的取水构筑物常采用低坝式（活动坝或固定坝）或底栏栅式。在河床为透水性较好的砂砾层，且含水层较厚、水量丰富时，也可采用大口井或渗渠取用地下渗流水。

① 低坝式取水构筑物

当山区河流枯水期水深不能满足取水深度要求，或者取水量占枯水流量的比例较大，且河水中推移质不多时，在河流上设置拦河低坝取水。通常坝高为 1~2m，以期抬高水位与拦截足够的水量。低坝式取水构筑物由拦河低坝、冲沙闸、进水闸或取水泵房等组成。有固定式和活动式两种：固定式低坝一般为溢流坝形式，坝身材质通常是混凝土或浆砌块

石；活动式低坝种类较多，坝身用橡皮坝、浮体闸或翻板闸所替代，既能挡水也能泄水、冲沙。

低坝有固定式和活动式两种。固定式低坝取水，在坝前容易淤积泥沙，活动式无此问题，故经常被采用，但维护管理复杂。

A. 固定式低坝取水

固定式低坝取水由拦河低坝、冲沙间、进水闸或取水泵站等部分组成。

固定式挡河坝一般是用混凝土或浆砌块石建造，砌筑成溢流坝形式。为了防止溢流坝在溢流时河床遭受冲刷，在坝下游一定范围内还需要用混凝土或浆砌块石铺筑护坦。

冲沙闸设在溢流坝的一侧，与进水闸或取水口邻接，其主要作用是依靠低坝上下游的水位差，将坝上游沉积的泥沙冲至下游。进水闸的轴线与冲沙闸轴线的夹角为 $30° \sim 60°$，以便在取水的同时进行排砂，使含沙较少的表层水从正面进入进水闸，而含沙较多的底层水则从侧面由冲沙闸泄至下游。同时设置了引水渠和岸边泵房，用来取水。

B. 活动式低坝取水

常用的活动式低坝有活动闸门和橡胶袋，可在洪水期开启，减少上游淹没面积，并且便于冲走坝前沉积的泥沙，但其维护管理较固定坝复杂。

橡胶坝有袋形和片形。袋形橡胶坝是用合成纤维织成的帆布，布面塑以橡胶，黏合成一个坝袋，锚固在坝基和边墙上，然后用水或空气充胀，形成坝体挡水。当水和空气排除后，坝袋塌落，开始泄水。袋形橡胶坝相当于一个活动闸门，其优点是施工安装方便，节约材料，操作灵活，坝高可以调节，但坝袋的使用寿命较短。

水力自动翻板闸是根据水压力对支承绞点的力矩与闸门自重对支承绞点力矩的大小差异而动作的，前者大时闸门自动开启，相反闸门则自动关闭。闸门面板上设置梳齿，或在闸坡上布置通气孔，这样可防止闸门启闭过于频繁。这种闸门既能挡水也可引水和泄水。

浮体闸和橡胶闸的作用相同，上升时可挡水，放落时可过水，它比橡胶坝的寿命长，适用于需通航的枯水期水浅的山区河流取水。

低坝的坝高应能满足取水深度的要求，坝的泄水宽度则需根据河道比降、洪水流量、河床的地质以及河道平面形态等因素综合研究确定。

冲沙闸的位置及过水能力，应按主槽能稳定在取水口前，并能冲走洪积泥沙的要求确定。

② 底栏栅取水构筑物

通过坝顶带有栏栅的引水廊道取水，适用于河床较窄、水深较浅、河底纵坡较大、大颗粒推移质特别多、取水量比例较大的山溪河流。

底栏栅取水构筑物由拦河低坝、底栏栅、引水廊道、沉砂池、取水泵房等组成。在拦河低坝上设有进水底栏栅及引水廊道。当河水经过坝顶时，一部分水通过栏栅流入引水廊道，经过沉砂池去除粗颗粒泥沙后，再由水泵抽走。其余河水经坝顶溢流，并将大颗粒推移质、漂浮物及冰凌带到下游。

当取水量大、推移质较多时，可在底栏栅一侧设置冲沙室和进水闸或采用岸边进水，如图 2-9 所示。冲沙室用以排除坝上游沉积的泥沙。进水闸用以在栏栅及引水廊道检修或冬季河水较清时进水。底栏栅式取水构筑物应设在河床稳定、顺直，水流集中的河段，并应避开受山洪影响较大的区域。

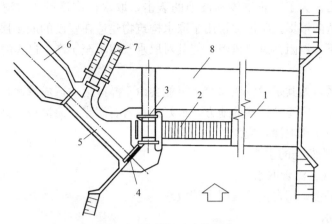

图 2-9 底栏栅取水构筑物

1—溢流坝；2—底栏栅；3—冲沙室；4—进水闸；5—第二冲沙室；6—沉砂池；7—排砂渠；8—防洪护坦

（7）海水取水构筑物

在缺乏淡水资源的沿海地区，随着工业的发展，用水量日益增加，许多工厂广泛利用海水作为工业冷却用水。海水与江水、湖水不同，其取水构筑物也具有不同的特点。

1）海水的特点与取水构筑物的设计要求

①海水含盐量与腐蚀

海水含有较高的盐分，约为 3.5%，如果不经处理，一般只宜作为工业冷却用水。海水中的盐分主要是氯化钠，其次是氯化镁和少量的硫酸镁、硫酸钙等。因此，海水具有很强的腐蚀性，而且海水的硬度很高。

碳钢在海水中的腐蚀率较高，铸铁的较小。所以，海水管道通常采用铸铁管和非金属管，并应采取以下措施。

A. 所采用的水泵叶轮、阀门丝杆和密封圈等应用耐腐蚀材料如青铜、镍铜、钛合金钢等制作。

B. 海水管道内外壁涂防腐涂料，如酚醛清漆、富锌漆、环氧沥青漆等，或采用牺牲阳极的阴极保护。

为了防止海水对混凝土的腐蚀，宜用强度等级较高的耐腐蚀水泥或在普通混凝土表面涂防腐涂料。

② 海洋生物的影响

海水中生物如藤壶等的大量繁殖，可造成取水头部、格网和管道堵塞，且海洋生物清除困难，对取水安全有很大威胁。

防治和清除海洋生物的方法有加氯法、加碱法、加热法、机械刮除、密封窒息、含毒涂料、电极保护等。一般情况下采用加氯法的较多，这种方法效果好，但加氯量不能太大，以免腐蚀设备及管道。一般认为，水中余氯量保持在 0.5mg/L 左右，即可抑制海洋生物的繁殖。

③ 潮汐和波浪的袭击

在常规情况下，平均每隔 12h 25min 会出现一次潮汐高潮，在高潮之后 6h 12min 出现一次低潮。海水的波浪多是由风力引起的，风力大，历时长，则会形成巨浪，产生很大的冲击力和破坏力。为了防止潮汐和波浪的袭击，取水口应该设在海湾内风浪较小的地段，或在岸边建造防浪堤。防浪堤常用于取水构筑物建造在坚硬的原土层和基岩上，采用明渠引水的情况下，以阻挡进渠风浪，使其对取水泵房不至于产生过大的波浪作用力。

④ 泥沙淤积

海滨滩涂地区，尤其是淤泥质海滩，可能会由于漂沙运动造成取水口及引水管的严重淤积。因此，取水口应避开漂沙的地方，最好设在岩石海岸、海湾或防波堤内。取水明渠引水往往会在渠内淤积泥沙，应配置清泥设备。

2）海水取水构筑物的主要形式

① 引水管渠或自流管取水

当海滩比较平缓，用自流管或引水管取水。

② 岸边式取水

在深水海岸，当岸边地质条件较好，风浪较小，泥沙较少时，可以建造岸边式取水构筑物，从海岸取水，或者采用水泵吸水管直接伸入海岸边取水。

③ 潮汐式取水

在海边围堤修建蓄水池，在靠海岸的池壁上设置若干潮门。涨潮时，海水推开潮门，进入蓄水池；退潮时，潮门自动关闭，泵站自蓄水池取水。这种取水方式节约投资和电耗，但池中沉淀的泥沙清除较麻烦。有时蓄水池可兼作循环冷却水池，在退潮时引入冷却水，可减少蓄水池的容积。

2.3 水泵与泵站

如果说水系统是工业的血液，那么水泵就是系统中的一颗颗心脏，为水系统的循环提供能量，把它送到需要的地方。

2.3.1 水泵选择

1. 水泵分类

水泵是输送和提升液体的机器，它把原动机的机械能转化为被输送液体的能量。其工作过程是：由电能转化为电动机高速旋转的机械能，再转化为被抽升液体的动能和势能进行能量传递和转化的过程。水泵在各行各业中使用非常广泛，品种很多，按工作原理不同可分为叶片式水泵、容积式水泵和其他类型水泵三类。

（1）叶片式水泵

叶片式水泵是水泵中的一个大类，其特点是依靠叶轮的高速旋转以完成能量的转换。根据叶轮出水的水流方向可以将叶片式水泵分为径向流、轴向流和斜向流三种。安装径向流叶轮的水泵称为离心泵，液体质点在叶轮中流动时主要受到离心力的作用；安装轴向流叶轮的水泵称为轴流泵，液体质点在叶轮中流动时主要依靠轴向升力的作用；安装斜向流叶轮的水泵称为混流泵，它是上述两种叶轮的过渡形式，液体质点在叶轮中流动时，既受到离心力的作用，又受到轴向升力的作用。

（2）容积式水泵

容积式水泵是利用电动机驱动部件（活塞、齿轮等）使工作室的容积发生周期性的改变，依靠压差使流体流动，从而达到输送流体的目的。其特点是结构简单、轻便紧凑、工作可靠。一般使工作室容积改变的方式有往复运动和旋转运动两种。属于往复运动这一类的有活塞式往复泵、柱塞式往复泵等。属于旋转运动这一类的有转子泵等。

（3）其他类型水泵

其他类型水泵是指除叶片式水泵和容积式水泵以外的特殊泵，主要有螺旋泵、射流泵（又称水射器）、水锤泵、水轮泵以及气升泵（又称空气扬水机）等。除螺旋泵是利用螺旋推进原理来提高液体的位能外，上述各种水泵的特点都是利用高速液流或气流的动能、动量来输送液体的，螺旋泵、射流泵等水泵的应用虽然没有叶片式水泵广泛，但在给水排水工程中，结合具体条件，应用这些特殊的水泵来输送液体，常常会获得良好的效果。例如，在城市污水处理中，二沉池的沉淀污泥回流至曝气池时，常常采用螺旋泵或气升泵来提升，在给水投药时经常采用射流泵等。

在工业企业的给水排水工程中，大量使用的水泵是叶片式水泵。故这里主要讨论该种形式的水泵。

2. 水泵特性

（1）叶片式水泵工作原理及结构特点

1）离心泵工作原理及结构特点

单级单吸离心泵由叶轮、泵轴、泵壳、减漏环、轴封、轴承和联轴器等主要部件构成。在泵内充满水的情况下，叶轮旋转产生离心力，叶轮槽道中的水在离心力的作用下甩向外围流进泵壳，于是叶轮中心压力降低，低于进水管内压力，水就在压力差的作用下，由吸水池流入叶轮。这样水泵就可以不断地吸水和供水了。

离心泵的流量、扬程范围较大，规格很多，在给水排水工程中使用非常广泛。离心泵有立式、卧式，单吸、双吸之分，一般适宜输送清水。启动前需预先将泵壳和吸水管充满水，方可保持抽水系统中水的连续流动。利用离心泵的允许吸上真空高度可以适当提高水泵的安装标高，有助于减少泵房埋深以节约土建造价。

2）轴流泵工作原理及结构特点

轴流泵一般用在大流量、低扬程的部位，如取水、污水和雨水排放、车间冷水循环等地方。轴流泵的工作原理：电动机驱动泵轴连同叶轮一起高速旋转，水流在叶轮的提升作用下，获得势能和动能并围绕泵轴螺旋上升，经导叶片作用，螺旋上升的水流变为轴向流动，沿出水管向外输送。叶轮不停旋转，水流就源源不断地被提升输出。

轴流泵外形如同一根水管，双壳直径和吸水管直径相近似，可垂直安装（立式）、水平安装（卧式）或倾斜安装（斜式）轴流泵基本部件由吸水管、叶轮、导叶、轴和轴承、密封装置组成。其中叶轮的安装角度直接影响轴流泵的流量和扬程。按照叶轮调节可能性分为固定式、半调式、全调式三种。

轴流泵必须在正水头下工作，其叶轮淹没在吸水室最低水位以下。电机、水泵常分为两层安装，电机层简单整齐。当控制出水流量减少时，叶轮叶片进口和出口水流产生回流，重复获得能量，扬程急速增加，功率增大。一般空转扬程是设计工况点扬程的 1.5～2 倍。因此，轴流泵不在出水管闸阀关闭时启动，而是在闸阀全开启情况下启动电机，称为开阀启动。

3）混流泵工作原理及结构特点

混流泵是介于离心泵和轴流泵之间的一种泵，流量、扬程都处于适中位置，通常分为蜗壳式和导叶式两种。从外形上看，蜗壳式混流泵和单吸式离心泵相似，导叶式混流泵和立式轴流泵相似。其工作原理：当原动机带动叶轮旋转后，对液体的作用既有离心力又有轴向推力，是离心泵和轴流泵的综合。该泵效率较高且有很好的抗气蚀性能。

4）潜水泵工作原理及结构特点

潜水泵是水泵、电机一并潜入水中的扬水设备。由水泵、电机、电缆和出水管组成。它是深井提水的重要设备。使用时整个机组潜入水中工作，把地下水提取到地表，是生活用水、矿山抢险、工业冷却、农田灌溉、海水提升、轮船调载，还可用于喷泉景观。

热水潜水泵用于温泉洗浴，还可用于从深井中提取地下水，也可用于河流、水库、水渠等提水工程。主要用于农田灌溉及高山区人畜用水，也可供中央空调冷却、热泵机组、冷泵机组，城市、工厂、铁路、矿山、工地排水使用。一般流量可以达到 $5\sim650\mathrm{m^3/h}$、扬程可达 $10\sim550\mathrm{m}$。

就使用介质来说，潜水泵可以分为清水潜水泵、污水潜水泵、海水潜水泵三类。其安装方式很多，有立式、斜式、卧式等。在给水工程中常常采用立式安装在泵室（双坑）中。

其中，固定安装方式是出水连接座固定于泵室底部，潜水泵、电机沿导杆放入泵室后，自动与出水连接座接合；潜水泵、电机沿导杆提升时，自动与出水连接座松脱。

移动安装方式的潜水泵下部设有底架支承，多以出水软管连接水泵出水口，潜水泵、电机可随时转移安装地点。

干式固定式安装的潜水泵是水泵、电机固定安装在支座上，便于检修维护，但失去了潜水泵的特点。

使用潜水泵时，应遵守以下规定：

① 水泵应常年运行在高效率区；

② 在最高与最低水位时，水泵仍能安全、稳定运行，并有较高效率，配套电机不超载；

③ 由于绝缘保护原因，所配用的电机电压等级宜为低压；

④ 应有防止电缆碰撞、摩擦的措施；

⑤ 有安全可靠的电源；

⑥ 出水管口与水池水面落差要小于扬程；

⑦ 为确保饮水安全，防止污染，潜水泵不宜直接设置于过滤后的清水中。

（2）水泵的基本性能参数

水泵的基本性能，通常用以下几个性能参数来表示：

1）流量（抽水量）

水泵在单位时间内所输出的液体量称为流量，用字母 Q 表示，常用的体积流量单位是 $\mathrm{m^3/h}$、$\mathrm{m^3/s}$ 或 $\mathrm{L/s}$，常用的质量流量单位是 $\mathrm{t/h}$。

2）扬程（总扬程）

扬程是水泵对受单位力作用的液体所做之功，即受单位力作用的液体通过水泵后其能量的增值。在数值上等于水泵吸水池水面和出水池水面标高差及管路水头损失值之和。用

字母 H 表示，其单位为 kg·m/kg，通常折算成抽送液体的液柱高度（m）表示。

工程上用压力单位 Pa 表示，1 个工程大气压=1kgf/cm²=10m 水柱 = 98.0665kPa= 0.1MPa。

3）有效功率

在给水工程中，单位时间流过水泵的流体从水泵那里得到的能量称为有效功率，用 N_y 表示。水泵有效功率为：

$$N_y = \frac{\gamma Q H}{102} \tag{2-4}$$

式中　N_y——水泵有效功率，kW；

　　　γ——水的表观密度，1000kg/m³；

　　　Q——水泵的流量，m³/s；

　　　H——水泵的扬程，m。

如果取水的重度 $\gamma' = 9800$ N/m³，其余符号不变，则水泵有效功率可写作 $N_y = \gamma' Q H$（W）。

4）轴功率和水泵效率

泵轴得自原动机所传递来的功率称为轴功率，以 N 表示。原动机为电力拖动时，轴功率单位以 kW 表示，由于水泵不可能把原动机输入的功率全部转化为有效功率，必然有一定损失。表示水和能量利用程度的参数是水泵效率 η_1：

$$\eta_1 = \frac{N_y}{N} \tag{2-5}$$

式中　η_1——水泵效率，%；

　　　N_y——水泵有效功率，kW；

　　　N——水泵轴功率，kW。

根据轴功率 N、水泵效率 η_1 和电机效率 η_2，可以求出拖动水泵必需的电动机功率：

$$N_j = \frac{N_y}{\eta_1 \eta_2} = \frac{\gamma Q H}{102 \eta_1 \eta_2} \tag{2-6}$$

式中　N_j——拖动水泵的电机功率，kW，水泵耗用电量依此功率计算；

　　　η_1——水泵效率，%；

　　　η_2——电机效率，%；

其余符号同上。

水泵配套的动力机额定功率需要考虑水泵超负荷工作情况，所选电机功率应根据拖动水泵的电机功率 N_j 值再乘以一个大于 1 的动力机超负荷安全系数 K 值（表 2-2），即为电动机配套功率 N_p。

动力机超负荷安全系数 K 值　　　　　　　　表 2-2

水泵轴功率(kW)	<1	1~2	2~5	5~10	10~25	25~60	60~100	>100
超负荷安全系数 K	1.7	1.7~1.5	1.5~1.3	1.3~1.25	1.25~1.15	1.15~1.1	1.1~1.08	1.08~1.05

5）比转数

在设计水泵时，常从相似理论中引申出一个综合性参数——比转数。比转数是在一系列各种流量（或扬程）的水泵中，假想一标准水泵，标准水泵的扬程为1m，流量为75L/s。此时，风机或水泵应该具有的转数即为比转数 n_s。凡以此标准相似比例制造的水泵，都称为这个比转数 n_s 系列水泵。

叶片式水泵的比转数相当于某一相似泵群中标准模型泵在有效功率0.746kW、扬程1m、流量为 $0.075m^3/s$ 条件下的转数。

当已知水泵的流量 Q 和扬程 H 时，可按照以下公式求出该水泵的比转数 n_s：

$$n_s = \frac{3.65n\sqrt{Q}}{H^{\frac{3}{4}}} \tag{2-7}$$

式中　Q——水泵流量，m^3/s，当水泵为双侧进水时，水泵流量以 $Q/2$ 计；

　　　H——水泵扬程，m，对于多级水泵，其扬程按照单级计算，以"$H/$级数"代入；

　　　n_s——水泵转速，r/min。

由式（2-7）不难看出，当水泵的转速一定时，同样流量的水泵，n_s 越大，扬程越低；同样扬程的水泵，n_s 越大，流量越大。

6）水泵转速

水泵转速指的是水泵叶轮的转动速度，以每分钟转动的转数来表示（单位：r/min）。往复泵转速通常以活塞往复的次数来表示（单位：次/min）。

各种水泵都是按一定的转速 n 来进行设计的，当水泵的转速发生变化时，则水泵的其他性能参数 Q、H、N 也将按以下比例规律变化：

$$\frac{Q_1}{Q_2} = \frac{n_1}{n_2} \tag{2-8}$$

$$\frac{H_1}{H_2} = \left(\frac{n_1}{n_2}\right)^2 \tag{2-9}$$

$$\frac{N_1}{N_2} = \left(\frac{n_1}{n_2}\right)^3 \tag{2-10}$$

式中　Q_1、H_1、N_1——叶轮转速为 n_1 时水泵的流量、扬程和轴功率；

　　　Q_2、H_2、N_2——叶轮转速为 n_2 时水泵的流量、扬程和轴功率。

如果切削水泵叶轮，则水泵切削叶轮前后的流量、扬程、轴功率和叶轮切削前后的 D_1、D_2 值成比例变化，变化比例关系同流量 Q、扬程 H、轴功率 N 与转速的关系。

7）允许吸上真空高度 H_s 及气蚀余量 $NPSH$

① 允许吸上真空高度 H_s

水泵允许吸上真空高度 H_s 是指水泵在标准状况下（即水温为20℃，水面压力为1个大气压）运转时，水泵所允许的最大的吸上真空高度，单位为 mH_2O。水泵厂一般常用 H_s 来反映离心泵的吸水性能。H_s 越大，说明水泵抗气蚀性能越好。实际装置所需要的真空吸上高度 $[H_s]$ 必须小于等于水泵允许吸上真空高度 H_s，否则，在实际运行中会发生气蚀。

由离心泵工作原理可知，在离心泵工作时叶轮中心附近形成低压区，这一压强与泵的吸上高度有关，当储液池上方压强一定时，泵吸入口附近的压强越低，吸上的高度就越高。但是吸入口的低压是有限制的，这是因为当叶片入口附近的最低压强等于或小于输送温度下液体的饱和蒸汽压时，液体将在该处汽化并产生气泡，它随同液体从低压区流向高压区；气泡在高压作用下迅速凝结或破裂，此时周围的液体以极高的速度冲向原气泡所占据的空间，在冲击点处产生非常大的冲击压力，且冲击频率极高；由于冲击作用使泵体振动并产生噪声，且叶轮局部处在巨大冲击力的反复作用下，使材料表面疲劳，从开始点蚀到形成裂缝，使叶轮或泵壳受到损坏。这种现象就是气蚀现象。

气蚀发生时，由于产生大量气泡，占据了液体流道的部分空间，导致泵的流量、压头及效率下降。气蚀严重时，泵则不能正常工作。

② 气蚀余量 NPSH

泵中最低压力如果降低到被抽液体工作温度下的饱和蒸汽压力（即汽化压力）时，泵壳内即发生气穴和气蚀现象。

水的饱和蒸汽压力，就是在一定水温下，防止水汽化的最小压力。水的这种汽化现象，将随泵壳内的压力的继续下降以及水温的提高而加剧。当叶轮进口低压区的最低压力小于等于饱和蒸汽压力时，水就大量汽化，同时，原先溶解在水里的气体也自动逸出，出现冷沸现象，形成的气泡中充满蒸汽和逸出的气体。气泡随水流带入叶轮中压力升高的区域时，气泡突然被四周水压压破，水流因惯性以高速冲向气泡中心，在气泡闭合区内产生强烈的局部水锤现象，其瞬间的局部压力，可以达到几十兆帕，此时，可以听到气泡冲破时炸裂的噪声，这种现象称为气穴现象。

离心泵中，一般气穴区域发生在叶片进口的壁面，金属表面承受着局部水锤作用，其频率可达 2 万～3 万次/s，就像水力楔子那样集中作用在以平方微米计的小面积上，经过一段时期后，金属就产生疲劳，金属表面开始呈蜂窝状，随之，应力更加集中，叶片出现裂缝和剥落。在这同时，由于水和蜂窝表面间歇接触之下，蜂窝的侧壁与底之间产生电位差，引起电化腐蚀，使裂缝加宽，最后，几条裂缝互相贯穿，达到完成蚀坏的程度。泵叶轮进口端产生的这种效应称为气蚀。气蚀是气穴现象侵蚀材料的结果，在许多书上统称为气蚀现象。

气蚀余量 NPSH 又称为需要的净正吸入水头，是指水泵进口处，单位质量液体所具有超过饱和蒸汽压力的富余能量，单位为 mH_2O。一般常用 NPSH 来反映轴流泵、锅炉给水泵等的吸水性能。过去水泵样本中气蚀余量以"Δh"表示，已不再使用。

H_s 和 NPSH 是从不同角度来反映水泵吸水性能好坏的参数。

③ 允许吸上真空高度 H_s 和气蚀余量 NPSH 的关系

水泵允许吸上真空高度 H_s 和气蚀余量 NPSH 有如下关系：

$$H_s = (H_g - H_z) + \frac{v_1^2}{2g} - NPSH \tag{2-11}$$

式中　H_g——水泵安装地点的大气压，mH_2O，其值和海拔高度有关，见表 2-3；

　　　H_z——水泵安装地点饱和蒸汽压力，mH_2O，其值和水温有关，见表 2-4；

　　　v_1——水泵吸入口流速，m/s。

不同海拔高程的大气压力　　　　　　　　　　　　　表 2-3

海拔高度(m)	−600	0	100	200	300	400	500	600	700	800	900	1000	1500	2000	3000	4000	5000
大气压力 H_g (mH_2O)	11.3	10.33	10.2	10.1	10.0	9.8	9.7	9.6	9.5	9.4	9.3	9.2	8.6	8.4	7.3	6.3	5.5

表 2-4

不同水温的饱和蒸汽压力

水温(℃)	0	5	10	15	20	30	40	50	60	70	80	90	100
饱和蒸汽压力 H_z (mH₂O)	0.06	0.09	0.12	0.17	0.24	0.43	0.75	1.25	2.02	3.17	4.82	7.14	10.33

8) 水泵安装高度

① 离心泵安装高度计算

泵房内的地坪高度取决于水泵的安装高度,正确地计算水泵的最大允许安装高度,使水泵既能安全供水又能降低土建造价,具有很重要的意义。离心泵安装高度计算如图 2-10 所示,计算公式见式(2-12)。

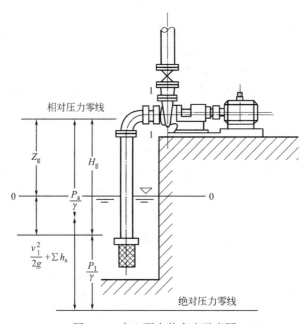

图 2-10 离心泵安装高度示意图

$$Z_s = [H_s] - \frac{v_1^2}{2g} - \sum h_s \qquad (2\text{-}12)$$

式中 Z_s——水泵安装高度(又称吸水高度或淹没深度),表示泵轴中心(大型水泵叶轮入口处最高点)与吸水处水面高差,m;

　　[H_s]——按实际安装情况所需要的真空高度,m,一般取 H_s 的 0.9~0.95;

　　H_s——在标准状况下,水泵允许的最大吸上真空高度,m;

　　v_1——水泵吸入口流速,m/s;

　　$\sum h_s$——水泵吸水管沿程水头损失和局部水头损失之和,m。

② 最大吸上真空高度 H_s 值的修正

如果水泵实际工作地方的水温、大气压力和标准状况不一致时,水泵允许的最大吸上真空高度 H_s 值应按下式修正:

$$H_s' = H_s - (10.33 - H_g) - (H_z - 0.24) \qquad (2\text{-}13)$$

式中　H'_s——修正后的水泵允许吸上真空高度，m；

　　　　H_g——水泵安装地点的大气压，mH_2O，其值和海拔高度有关，见表2-3；

　　　　H_z——水泵安装地点饱和蒸汽压力，mH_2O，其值和水温有关，见表2-4。

最大吸上真空高度还与所输送液体的含沙率有关，在浊度较大、含沙率较高的情况下，最大吸上真空高度变小。

③ 水泵安装高度和气蚀余量 NPSH 的关系

实际需要的真空高度 $[H_s]$ 小于等于最大吸上真室高度 H_s，水泵厂在样本中，用 Q-H_s 曲线来表示水泵的特性，是在大气压为 10.33m 水柱，水温为 20℃时，由专门的气蚀试验求得的水泵吸水性能的一条限度曲线。在使用时，要特别注意 H_s 值适用的条件，它与当地大气压和所抽送的液体温度是有关的。

④ 其他水泵安装高度

轴流泵需在正水头下工作，所以其叶轮应淹没在吸水室最低水位以下一定高度，安装高度不进行计算，直接按照产品样本设计。

蜗壳式卧式混流泵类似离心泵，具有一定的允许吸上真空高度；带导叶的立式混流泵类似轴流泵，叶轮应淹没在吸水室最低水位以下。

（3）离心泵并联、串联运行

1）离心泵特性曲线

泵的各个性能参数之间存在着一定的相互依赖变化关系，可以画成曲线来表示，称为泵的特性曲线，每一台泵都有自己特定的特性曲线。通常把表示主要性能参数之间关系的曲线称为离心泵的性能曲线或特性曲线，实质上，离心泵性能曲线是液体在泵内运动规律的外部表现形式，通过实测求得。特性曲线包括：流量-扬程曲线（Q-H），流量-效率曲线（Q-η），流量-功率曲线（Q-N），流量-气蚀余量曲线（Q-$NPSH_r$），性能曲线作用是泵的任意的流量点，都可以在曲线上找出一组与其相对的扬程、功率、效率和气蚀余量值，这一组参数称为工作状态，简称工况或工况点。

2）水泵并联工作

大中型水厂中，由于水量较大，所以常常需要设置多台水泵联合工作。水泵并联工作的特点是：①增加供水量，输水干管中的流量等于各台水泵供水量之和；②通过开停水泵的台数来调节泵站的供水量和扬程，以达到节能和安全供水的目的；③当并联工作的水泵有一台损坏时，其他几台水泵仍能继续供水。因此，水泵并联输水提高了泵站运行调度的灵活性和供水的可靠性，是水泵泵站中最常采用的运行方式。

同型号的水泵并联工作时，先把并联的各水泵的 Q-H 曲线绘在同一坐标图上，然后把对应于同一扬程的各个流量加起来。同型号的 2 台（或多台）泵并联后的总流量，将等于某扬程下各台泵流量之和。在实际工程中，还要考虑管道水头损失的变化影响。切记，并联供水的出水量不等于各台泵单独运行时出水量的和，而是要小于这个数，并且随着台数的增加，效果会逐渐变差。多台同型号水泵并联工作的特性曲线可以用横加法来求得，并联水泵台数增加，输水管水头损失增加，扬程提高，每台水泵的流量减少。所以，采用较多台数的水泵并联，其效果就不大了。

3）水泵串联工作

水泵串联工作就是将一台水泵的压水管作为第二台水泵的吸水管，前一台水泵从水池吸水加压送入第二台水泵，第二台水泵从前一台水泵的压水管吸水加压输水，水流以同一流量依次流过每台水泵，水流获得的总能量等于各台泵供给能量之和。

由于目前生产的各种型号的水泵扬程一般都能够满足给水排水工程的要求，因此，在实际工程中，同一泵站采用多台水泵串联工作的情况很少。当确实需要水泵串联以提高扬程时，一般采用多级水泵代替水泵串联。多级水泵的实质就是水泵的串联工作，只不过叶轮是在一个泵壳内。另外，对于长距离、高扬程输水工程，一般也不采用水泵串联工作，而是在一定距离设置中途加压泵站，即采用泵站串联的方法。

3. 水泵选择

（1）水泵选用原则

1）必须根据生产的需要，充分满足生产过程中流量和扬程（或压力）的要求，在正常设计流量时处在高效区范围内运行。尽量选用特性曲线高效区范围平缓的水泵，以适应变化流量时水泵扬程不会骤然升高或降低。

2）应尽量使所选泵在其高效区范围内即设计（额定）工况点附近运行。在设计标准的各种工况泵机组能正常安全运行，即不发生气蚀、振动和超载等现象。在满足流量和扬程的条件下，优先选用允许吸上真空高度大或气蚀余量小的水泵。

3）根据远、近期相结合原则，可采用远期增加水泵台数或小泵更换大泵的设计方法。

4）优先选用国家推荐的系列产品和经过鉴定的产品。如果现有产品不能满足设计要求，自行委托水泵生产厂家制造新的水泵时，必须进行模型试验，经鉴定合格后方可使用。

5）取水泵房最好选用同型号水泵，或扬程相近、流量稍有差别的水泵。

6）对大型轴流泵和混流泵，应有装置模型试验资料；当原型做较大更改时，应重新进行装置模型试验。

（2）水泵选用台数

1）所选水泵的台数及流量配比一般根据供水系统运行调度要求、泵房性质、近远期供水规模并结合调速装置的应用情况确定。

2）流量变化幅度大的泵房，选用水泵台数适当增加，流量变化幅度小的泵房，选用水泵台数适当减少。

3）取水泵房一般应选用 2 台以上工作水泵，送水泵房可选用 2～3 台以上工作水泵。

4）同时工作并联运行水泵扬程接近，并联台数不宜超过 4 台，串联运行水泵设计流量应接近，串联台数不宜超过 2 台。

5）备用水泵应根据供水重要性及年利用时数考虑，并应满足机组正常检修要求。

工作机组 3 台以下时，应增加 1 台备用机组。多于 4 台时，宜增加 2 台备用机组。设有 1 台备用机组时，备用泵型号和泵房内最大一台水泵相同。

6）含沙量较高的水源的取水泵，由于水泵叶轮磨损严重，维修频繁，通常按供水量的 30%～50%设置备用水泵。

2.3.2 水泵房设计

1. 泵房分类

泵房即为设置水泵机组和附属设施用以提升液体而建造的建筑物，泵房及其配套设施又称为泵站，有时把泵房、泵站视为同一概念。

按照不同的分类方式，泵房分为不同的类型。例如，按泵房在给水系统中的作用可分为水源井泵房、取水泵房、供水泵房、加压泵房、调节泵房和循环泵房等。按水泵的类型又可分为卧式泵泵房、立式泵泵房和深井泵房。按水泵层与地面的相对位置可分为地上式泵房、半地下式泵房和地下式泵房。

（1）取水泵房

取水泵房在水厂中又称为一级泵房。在以地表水为水源时，通常设置吸水井、泵房（设备间）、闸阀切换井。

对于地表水水源取水泵房的形式要充分考虑水源水位的变化。当水源水位变化幅度在 10m 以上，水位涨落速度大于 2m/h，水流速度较大时，宜采用竖井式泵房；当水源水位变化幅度在 10m 以上，且水位涨落速度小于 2m/h，每台泵取水量不超过 6 万 m^3/d 时，可采用缆车式泵房；当水源水位变化幅度在 10～35m，水位涨落速度小于 2m/h，枯水期水深大于 1.55m，风浪、水流速度较小时，可采用浮船式泵房。

对于采用地下水作为生活饮用水水源而水质又符合饮用水卫生标准时，取井水的泵站可直接将水送到用户。在工业企业中，有时同一泵站内可能安装有输水给净水构筑物的水泵和直接将水输送给某些车间的水泵。

（2）送水泵房

送水泵房在水厂中又称为二级泵房、清水泵站或配水泵站。通常抽送清水送入配水管网，建造在净水厂内。

送水泵房按照最高日最高时供水量和相应的管网水头损失计算出水泵扬程，同时考虑流量变化时的水泵效率，以便经济运行。送水泵房中水泵应选择曲线比较平缓的水泵，以适应流量变化后的扬程要求，通常选用单吸或双吸式离心泵较多。

送水泵房应进行消防校核，不设专用消防管道的高压消防系统，为满足消防时的压力，一般另设消防专用泵。

（3）加压泵房

当城市供水管网面积较大、所在工业区离市政水厂较远，输配水管网很长或城市内地形起伏较大时，可以在管网中或者厂区取水处增设加压泵房（站）。这种高峰供水时分区加压供水的方法，尽可能地降低了出水压力，不仅节约输水能量，而且减少了管网漏损水量。

管网加压泵房的设置方法一般采用管道直接串联增压和水库泵房加压供水两种方式。输水管直接串联增压方式适用于长距离输水中间增压或管网较长分区增压供水的情况，送水泵房和串联加压泵房同步运行。加压泵房吸水室可设计成压力式，泵房设计成地面式，以充分利用吸水井进水管中的压力（能量）。

管网、水库泵站加压供水方式是水厂内送水泵房直接输水到水库、泵房，或者输送到管网中的水库、泵房，经加压泵房提升输送到配水管网。该加压泵房起到了城市供水调节作用，也可称为调节泵房。输水到管网加压泵站、水库的干管根据流量变化可按最高日平均时流量设计，有助于减少水厂内清水池容积和输水干管管径，节约投资。

（4）循环水泵房

循环水泵房可以说是工业必用，一般设置冷、热水两组水泵机组，分别输水到用水车间和冷却设备。当冷却构筑物位置较高，热水冷却后自流进入用水车间时，则可不设输送冷水机组。这种泵房供水稳定，供水安全性要求高。通常选用多台同型号的水泵并配有较多的备用机组。

2. 泵房设计

（1）泵房设计基本要求

水泵房一般由水泵间、配电间、操作控制室和辅助间等组成，有些泵房将这些构筑物合建在一起，称为合建式泵房。泵房布置包括泵房的机组布置、吸水管和输水管的布置、电气设备和控制设备的布置、辅助设备的布置等。地下水水源取水泵房、中途增压、调节泵房有时附设消毒间。

泵房设计的主要内容是选择水泵、调速装置、起重装置、电器操作装置和确定安装方法。同时，计算进出水管道、排水管道、排风抽真空管道管径和阻力大小，选择阀门配件、电缆电线和确定相对位置。同时符合以下基本要求：

1）满足机电设备的布置、安装、运行和检修的要求；

2）满足泵房结构布置要求；

3）满足通风、采暖和采光的要求，并符合防潮、防火、防噪声、节能、劳动安全与工业卫生等技术规定；

4）满足泵房内外交通运输的要求；

5）注意建筑造型，做到布置合理、适用美观，且与周围环境协调。

（2）主泵房设计

1）取水泵房

① 取水泵房的平面形状有圆形、矩形和椭圆形、半圆形等。其中，矩形布置便于水泵、管路和起吊设备，在水泵台数较多时更为合适。圆形泵房适用于深度大于 10m 的泵房，其水力条件和受力条件较好，土建造价低于矩形泵房。椭圆形泵房适用于流速较大的河心泵房。

② 当卧式水泵机组采用正转或倒转双行排列、进出水管直进直出布置时，与相邻机组的净距宜为 0.6～1.2m。单排布置时，相邻两机组及机组至墙壁的距离根据电动机容量决定，当电动机容量不大于 55kW 时，取 1.0m 以上；当电动机容量大于 55kW 时，取 1.2m 以上；当机组竖向布置时，相邻进出水管道间净距在 0.6m 以上。卧式水泵的主要通道宽度不小于 1.2m。

③ 立式水泵机组电动机层的进水侧或出水侧应设主通道，其他各层应设不少于一条的主通道。主通道宽度不宜小于 1.5m，一般通道不宜小于 1.0m。

④ 岸边式取水泵房进口地坪（又称泵房顶层进口平台）的设计标高，应分别按照位于江河旁、渠道旁和建在湖泊、水库或海边时防洪要求确定。

⑤ 深度较大的（一般大于 25m）的大型泵房，上下交通除设置楼梯外，还应设置电梯。

⑥ 因取水泵房会受到河水的浮力作用，在设计时必须考虑抗浮措施。

⑦ 取水泵房的井壁在水压力作用下不产生渗漏。

⑧ 取水泵房一般 24h 均匀工作，应根据最高日的用水量来选择水泵机组。同时，了解水源的水文状况，考虑高低水位的变化，对于水源水位变化幅度大的河流，水泵的高效点应选择在水位出现频率最高的位置。通常取水泵房的出水量随季节、年份变化，选泵时

宜尽量考虑选择大泵,可以减少工作水泵的台数和占地面积,也可减少水泵的并联台数,避免水泵在较低的效率下工作。

⑨ 取水泵房的水泵由于接触的水多为混浊水,叶轮和泵壳易被腐蚀,管道阻力增加,在设计时要特别注意吸水高度的问题。

⑩ 缆车式取水泵房和浮船式取水泵房见本书2.2.2节的"江河活动式取水构筑物"。

2)送水泵房

① 送水泵房的平面大多采用矩形布置,可使水泵进出水管顺直,水流顺畅,便于维修。中小型的供水泵房,通常采用较大允许吸上真空高度的水泵。

② 泵房的长度根据主机的台数、布置形式、机组间距,墙边与机组的距离和安装检修所需间距等因素确定,并满足机组吊运和泵房内部交通的要求。

③ 主泵房宽度根据主机组与辅助设备、电气设备布置要求,进出水管道的尺寸,工作通道的宽度,进水、出水侧必需的设备吊运要求等因素,结合起吊设备的标准跨度确定。

④ 主泵房各层高度根据主机组与辅助设备、电气设备的布置,机组的安装、运行、维修,设备吊运以及泵房内的通风、采暖和采光要求等因素确定。

⑤ 送水泵房水泵机组的布置可分为平行单排、直线单排和交错双排三种形式。

送水泵房水泵机组的间距同取水泵房机组间距,主通道宽度不小于1.2m。

(3)泵房附属设备

1)起重设备

泵站应设起重设备,其额定起重量应根据最终调运部件和吊具的质量确定,中小型泵房和深度不大的大型泵房,一般用单轨吊车、桥式吊车、卷扬机等一级起吊。深度大于20m以上的大、中型泵房,因起吊高度大,宜在泵房顶层设电动葫芦或电动卷扬机作为一级起吊,再在泵房底层设桥式起重机,作为二级起吊,同时应注意两者位置的衔接,以免偏吊。

当采用固定吊钩或移动吊架时,泵房净高不小于3m;当采用单轨起重机时,吊起设备底部与吊运所越过的设备、物体顶部之间应保持0.5m以上的净距;对于地下式泵房,需要满足吊起设备底部与地面层地坪之间保持0.3m以上的净距。

2)引水设备

水泵引水有自灌式和非自灌式两种。真空吸水高度较低的大型水泵和自动化程度高以及安全性要求高的泵房,宜采用自灌式工作。自灌式工作泵外壳顶部标高应在吸水井最低水位以下,以便自动灌水,随时启动水泵。如果水泵非自灌式引水,需要有抽出泵壳内空气的引水设备,引水时间不大于5min。水泵的引水设备包括底阀、真空引水筒、水射器和真空泵。

① 底阀

底阀也称为逆止阀,是一种低压平板阀,其作用是保证液体在吸入管道中单向流动,使泵正常工作。当泵短时间停止工作时,使液体不能返回水源箱,保证吸水管内充满液体,以利于泵的启动。底阀分为水上式和水下式两种。适用于小型水泵(吸水管管径小于300mm),由压水管的水或者高位水箱的水灌满吸水管和泵体。底阀的特点是第一次启动水泵后吸水管和泵体已充水,再启动水泵不需再向泵内灌水,水下式底阀的水头损失较大,且底阀易被杂草等堵塞而漏水,清洗检修麻烦。

② 水射器引水

水射器又称射流器，由喷嘴、吸入室、扩压管三部分组成。对于一个气体投加系统而言，水射器系统的工作是很重要的。如果水射器型号不正确，或有故障时，系统中的任何部件都将不能工作。正确地选择水射器类型，并且正确地使用水射器是系统正常运行的基本要求。它的优点是设备简单，水头损失小，但是效率较低，需要耗用一定的压力水。

③ 真空泵引水

真空泵引水适用于各种水泵，特别适用于大、中型水泵和吸水管较长的水泵引水。抽气点连接在泵壳的顶点。其优点是启动迅速，效率高，水头损失小，易于自动控制等。目前用于给水泵房的真空泵，主要有 SK、SZB、SZ 型水环式真空泵。

真空泵引水一般设气水分离器和循环补水箱。清水泵房的气水分离器可与循环补充水箱合并，对于取水泵房，尤其是原水含沙量较高时，为避免泥沙进入真空泵，气水分离器和循环补充水箱应分开布置。真空泵内必须控制一定的液面高度，使偏心叶轮旋转时能形成适当的水环和空间，真空泵液面可由循环水箱内液面高度控制，一般采用泵壳直径的 2/3 高度。

真空泵可根据所要求的排气量 Q_v 和所需的最大真空值 H_{vmax} 选型。真空泵的排气量 Q_v 可近似地按泵房中最大一台泵的泵体和吸水管中的空气容积除以限定的抽气时间计算。真空泵抽吸时的最大真空值 H_{vmax} 由吸水井最低水位到最大水泵泵壳顶垂直距离计算。

根据水泵的大小，真空泵的抽气管直径一般采用 25～30mm。泵房内真空泵通常不少于 2 台（一用一备）。2 台真空泵可共用 1 个气水分离器和循环补充水箱。真空泵一般利用泵房内的边角位置来布置，常布置为直线形或者转角形。

3）调速设备

① 水泵调速原理

改变水泵转速可以改变泵的性能曲线，在管路曲线保持不变的情况下，使工作点改变，这种调节方式称为变速调节。在供水过程中，当用水量减少时，可采用调节阀门增大阻力改变管道特性曲线，使水泵在高扬程工况下工作，或者改变水泵旋转速度，调整水泵的工况点使供需达到新的平衡。通过比较可以看出，调节阀门以减少流量比调节水泵转速以减少流量要多消耗一部分扬程。此外，阀门调节时工况点的变化幅度较大，有可能使工况点落在水泵高效段以外。而水泵调速后与调速前的效率是相等的，也就是说，在一定范围内，水泵的工况点发生变化，水泵的效率并不下降。

水泵样本中给出的各项参数，都是在额定转速下的水泵运行参数值，如果水泵的转速改变，水泵的其他参数也会发生改变。水泵转速改变前后，水泵叶轮满足相似条件。

② 水泵的调速方法

水泵的调速方法有多种，主流方法有两类：第一类是电动机的转速不变，通过附加装置改变水泵的转速，如液力耦合器调速、液黏调速器调速等；第二类是改变电动机的转速，如变极调速、电磁离合器调速、变频调速等，其中变频调速是泵站中常用的一种形式。

③ 水泵调速控制的类型

根据水泵调速的控制参数和目的不同，可以将水泵调速控制分为三种形式：恒压调速、恒流调速、非恒压非恒流调速。

恒压调速控制指通过调速使水泵出口或最不利点的压力在一个较小的范围内波动（可以认为是恒定的）。目前大多数厂区的供水系统，都已经使用恒压给水系统。

恒流调速控制指通过调速使水泵的出水量基本维持不变。在取水泵房中水泵恒流调速应用较多。取水泵房的设计流量一般是不变的，但是取水水源的水位经常变化，当水泵在水位较高条件下工作时，水泵的扬程减小，供水量增大。采用调速技术可使水泵保持供水量的恒定，而且有助于节约能耗。

非恒压非恒流调速控制即在给水排水系统中的各种水处理药剂投加泵的调节。加药泵的调节是采用调速的方法来保证药量按需投加，这是一种非恒压、非恒流的水泵调节情况。

还应该注意的是：转速改变前后效率相等是在一定的转速范围内可以实现的，当转速变化超出一定范围时，效率变化就会比较大而不能忽略，并且长时间低频运行会导致机组发热而损毁电机；变速调节工况点，只能降速，不能增速。因为水泵的力学强度是按照额定转速设计的，超过额定转速，水泵就有可能被破坏，从理论上讲，水泵调速后各相似工况下对应点的效率是相等的。但实践证明，只有在高效段内，相似工况点的效率是相等的，其余情况下，相似工况点的效率是不相等的。当水泵的转速调节到额定转速的 50%以下时，水泵的效率急剧下降。因此，水泵调速的合理范围应是水泵调速前后都在高效段内，当定速和调速并联工作时，还应保证调速后定速泵也在高效段内工作。这样才能保证水泵始终在高效率下工作，从而达到节能的目的。

3. 水泵吸水管、出水管及流道布置

（1）管道流速

1）管道流速可根据表 2-5 选用。

水泵吸水管、出水管流速　　　　　　　　表 2-5

管径 D(mm)	$D<250$	$250{\leqslant}D<1000$	$D{\geqslant}1000$
吸水管流速(m/s)	1.0～1.2	1.2～1.6	1.5～2.0
出水管流速(m/s)	1.5～2.0	2.0～2.5	2.0～3.0

2）水泵进水、出水管道上的阀门、缓闭阀和止回阀直径一般与管道直径相同，则流经阀门、止回阀门的流速和管道流速相同。

（2）流道流速

大型泵站的进水、出水采用流道布置时，应满足下列要求：

1）进水流道形线平顺，出口断面处流速压力均匀；

2）进水流道的进口断面处流速宜取 0.8～1.0m/s；

3）在各种工况下，进水流道内不产生涡带；

4）出水流道形线变化均匀，当量扩散角取 8°～10°为宜；

5）出水流道出口流速一般小于 1.5m/s，装有拍门时，出口流速一般小于 2.0m/s。

（3）吸水管布置

1）不漏气，吸水管路是不允许漏气的，否则会使水泵的工作发生严重故障。实践证明，当进入空气时，水泵的出水量将减少，甚至吸不上水。因此，吸水管路一般采用钢管，因钢管强度高，接口可焊接，密封性好。钢管埋于土中时应涂沥青防腐层。

2）吸水管路应尽可能缩短、减少配件。吸水管多采用钢管或铸铁管，应注意接口不得漏气。

3）不存气，水泵吸水管内真空值达到一定值时，水中溶解的气体就会因管路内压力减小而不断溢出，如果吸水管路的设计考虑欠妥，就会在吸水管道的某段（或某处）上出现积气。所以吸水管应有向水泵方向不断上升的坡度，一般不小于 0.005。防止由于施工允许误差和泵房管道的不均匀沉降而引起吸水管的倒坡，必要时可采用较大的上升坡度。为避免产生气囊，应使吸水管线的最高点设在水泵吸入口的顶端。吸水管断面应大于水泵吸入口的断面，吸水管路上的变径管采用偏心渐缩管，保持渐缩管上边水平。

4）水泵吸水管管底始终位于最高检修水位以上，吸水管可不装阀门，反之，必须安装阀门。

5）泵房内吸水管一般不设联络管。如果因为某种原因必须在水泵吸水管上设置联络管时，联络管上要设置适当的阀门，以保证正常工作。

6）为了避免水泵吸入井底沉渣，并使水泵工作时有良好的水力条件，吸水井、垂直布置的吸水喇叭管如图 2-11 所示。

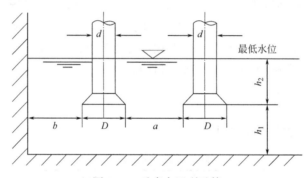

图 2-11　垂直布置喇叭管

有关尺寸一般符合以下要求：

吸水管的直径为 d，吸水喇叭口的直径 D，可采用 $D=（1.25\sim1.5）d$；吸水喇叭口与吸水井底间距可取（0.6~0.8）D，且不小于 0.5m；吸水喇叭口最小淹没水深 $h_2\geqslant$ 0.5m，多取 $h_2=（1.00\sim1.25）D$；吸水喇叭口边缘与井壁的净距 $b=（0.8\sim1.5）D$，同时满足喇叭口安装要求；

在同一井中安装有几根吸水管时，喇叭口之间的净距离 a 可采用（1.5~2.0）D。

（4）出水管的布置

离心水泵出水管管件配置应符合下列要求：

1）出口应设工作阀门、止回阀和压力表，并应设置防水锤装置。

2）应使任何一台水泵及阀门停用检修而不影响其他水泵的工作。

3）在不允许倒流的给水管网中，应在水泵出水管上设置止回阀。为消除停泵水锤，宜采用缓闭止回阀（带有缓冲装置的可分段关闭的止回阀）。

4）当工作阀门采用电动时，为检修和安全供水需要，对重要的供水泵房还需要在电动阀门后面（近出水管处）再安装一台手动检修阀门。

5）泵站内的压水管路经常承受高压（尤其当发生水锤时），所以要求坚固而不漏水，通常采用钢管，并尽量采用焊接接口。但为了维修和安装方便，在适当地点可设置法兰接口。

6）为了承受管路中水压力、重力和推力，阀门、止回阀和大口径水管应设承重支墩或拉杆，不使作用力传至泵体。

7）参与自动控制的阀门应采用电动、气动或液压驱动。直径大于等于 300mm 的非自动控制阀门，启动频繁，宜采用电动、气动或液压驱动。

2.4 水的输配和水力计算

2.4.1 管网和输水管渠的布置

给水系统中，从水源输水到城市水厂的管、渠和从城市水厂输送到管网的管线，称之为输水管（渠）。从清水输水管输水分配到供水区域内各用户的管道为配水管网。

输水和配水系统是保证输水到给水区内并且配水到所有用户的设施。对输水和配水系统的总体要求是：供给用户所需要的水量，保证配水管网有必要的水压，并保证不间断供水。

管网是给水系统的主要组成部分。它和输水管、二级泵站及调节构筑物（水池、水塔等）具有密切的联系。

1. 管网

（1）布置形式

给水管网基本布置形式只有两种：即是枝状网和环状网。其余各种各样的布置形式都是以这两种形式为基础演化出来的。

枝状网是干管和支管分明的管网布置形式。枝状网一般适用于小城市和小型工矿企业。枝状网的供水可靠性较差，因为管网中任一管段损坏时，在该管段以后的所有管段就会断水。另外，在枝状网的末端，因用水量已经很小，管中的水流缓慢，甚至停滞不流动，因此水质容易变坏，有出现浑水和"红水"的可能。从经济上考虑，枝状网投资较省。

环状网是管道纵横相互接通的管网布置形式。这类管网当任一段管线损坏，可以关闭附近的阀门使其与其他管线隔断，然后进行检修。这时，仍可以从另外的管线供应给用户用水，断水的影响范围可以缩小，从而提高了供水可靠性。另外，环状网还可以减轻因水锤作用产生的危害，从投资角度考虑，环状网明显高于枝状网。

配水管网宜设计成环状，当允许间断供水时，也可设计成枝状，但应考虑将来连成环状管网的可能。一般在厂区或者开发区建设初期可采用枝状网，以后随着给水事业的发展逐步连成环状网。实际上，现有的给水管网，多数是将枝状网和环状网结合起来，在城市中心地区，布置成环状网，在郊区则以枝状网的形式向四周延伸。供水可靠性要求较高的工矿企业需采用环状网，并用枝状网或双管输水到个别较远的车间。

（2）布置要求

1）管网布置符合城市总体规划，充分考虑给水系统分期建设的可能，并留有发展余地；

2）保证供水安全可靠，当局部管网发生事故时，将断水影响范围尽量减少到最小；

3）管线应遍布在整个给水区内，保证用户有足够的水量和水压；

4）力求以最短的距离敷设管线，以降低管网造价和供水运行费用。

（3）管网定线

城市给水管网定线是指在地形平面图上确定管线的走向和位置。定线时一般只限于干管以及干管之间的连接管，不包括从干管到用户的分配管和接到用户的进水管。干管管径较大，用以输水到各地区。分配管是从干管取水供给用户和消火栓，管径较小，常由城市消防流量决定所需最小的管径。

城市给水管网定线取决于城市的平面布置，供水区的地形，水源和调节水池的位置，街区和用户（特别是大用户）的分布，河流、铁路、桥梁的位置等，着重考虑以下因素：

1）尽量利用地势，由高到低布置；管线总长度尽可能短，同时使最大服务面积的雨污水得以排除；管中水流时间尽可能短，尽量不要迂回。

2）从供水的可靠性考虑，城镇给水管网宜布置几条接近平行的干管并形成环状网。但从经济上考虑，当允许间断供水时，给水管网的布置可采用一条干管接出许多支管，形成枝状网，同时考虑将来连成环状网的可能。

3）给水管网布置成环状网时，干管间距可根据街区情况，采用 500～800m，干管之间的连接管间距，根据街区情况考虑在 800～1000m 左右。

4）尽量不穿越或少穿越河流、铁路等障碍，尽量不设和少设提升泵站；主干管尽量靠近工业企业等排污大户，并设置在主干道下。

5）城镇生活饮用水管网严禁与非生活饮用水管网连接。城镇生活饮用水管网严禁与自备水源供水系统直接连接。

6）生活饮用水管道应尽量避免穿过毒物污染及有腐蚀性的地区，如必须穿过时应采取防护措施。

7）干管定线时其延伸方向应和二级泵站输水到水池、水塔、大用户的水流方向一致，沿水流方向，以最短的距离，在用水量较大的街区布置一条或数条干管；城镇给水管道的平面布置和进深，应符合城镇的管道综合设计要求；工业企业给水管道的平面布置和竖向标高设计，应符合厂区的管道综合设计要求。

工业企业内的管网布置有其具体特点。根据企业内的生产用水和生活用水对水质和水压的要求，两者可以合用一个管网，也可分建成两个管网。消防用水管网可根据消防水压和水量要求单独设立，也可由生活或生产给水管网供给消防用水。根据工业企业的特点，确定管网布置形式。例如生活用水管网不供给消防用水时，可为枝状网，生活和消防用水合并的管网，应为环状网。生产用水则按照生产工艺对供水可靠性的要求，采用枝状网、环状网或两者结合的形式。

2. 输水管（渠）

根据给水系统各单元相对位置设置的输水管（渠）有长有短。长距离输水管（渠）常穿越河流、公路、铁路、高地等。因此，其定线就显得比较复杂。

输送浑水时，多采用压力输水管、重力输水管、重力输水渠。为便于施工管理，以压力输水管为多。输送清水时，多采用压力输水管、重力输水管，以压力输水管为多。远距离输水时，可按具体情况，采用不同的布置形式。

输水管（渠）定线时一般按照下列要求确定：

（1）与城市建设规划相结合，尽量缩短线路长度，尽量避开不良的地质构造（地质断层、滑坡等）地段，尽量沿现有道路或规划道路敷设；减少拆迁，少占良田，少毁植被，保护环境；施工、维护方便，节省造价，运行安全可靠。

（2）从水源地至净水厂的原水输水管（渠）的设计流量，应按最高日平均时供水量确定，并计入输水管（渠）的漏损水量和净水厂自用水量；从净水厂至管网或经增压泵站到管网的清水输水管道的设计流量，应按最高日供水条件下，由净水厂负担的供水量计算确定。

（3）输水干管不宜少于 2 条，并加设连通管，当有安全贮水池或其他安全供水措施时，也可修建一条输水干管。输水干管和连通管的管径及连通管根数，应按输水干管任何一段发生故障时仍能通过事故用水计算确定、城镇的事故水量为设计水量的 70%，工业用水按停水影响程度确定。

（4）输水管道系统运行中，应保证在各种设计工况下，管道不出现负压。

（5）各水管（渠）道隆起点上应设通气设施，管线竖向布置平缓时，宜间隔 1000m 左右设一处通气设施。

（6）原水输送宜选用管道或暗井（隧洞）；当采用明渠输送时，必须有可靠的防止水质污染和水量流失的安全措施；清水输送应选用管道。2014 年兰州水污染事件经查就是输水管渠发生了污染。

（7）输水管道系统的输水方式可采用重力式、加压式或两种并用方式，应通过技术经济比较后选定。

（8）管道穿越河道时，可采用管桥或河底穿越等方式。

2.4.2　管网水力计算基础

1. 管网水力计算的目标和方法

城市给水管网按照最高日最高时供水量计算，工业用水按工艺需求计算。因为工业生产中每天大多是重复性工作，可认为日变化系数较小，所以可以最大日供水量计算。据此求出所有管段的直径、水头损失、水泵扬程和水塔高度（当设置水塔或高位水池时），并分别按下列三种工况和要求进行校核：

（1）发生消防时的流量和消防水压的要求；

（2）最大转输时的流量和水压的要求；

（3）最不利管段发生故障时的事故用水量和设计水压要求。

旧管网扩建和改建的计算中，需对原有管网的水量水压情况等现状资料进行深入的调查和测定，例如现有节点流量、管道使用后的实际管径和管道阻力系数、因局部水压不足而需新铺水管或放大管径的管段位置等，力求计算结果接近于实际。在进行城市管网的现状核算以及现有管网的扩建计算时，由于给水管线遍布在街道之下，不但管线很多，而且管径差别很大，如果将全部管线一律加以计算，实际上没有必要，也不太可能。对新设计的管网，定线和计算只限于干管，而不是全部管线。对改建和扩建的管网往往将实际的管网适当加以简化，保留主要的干管，略去一些次要的、水力条件影响较小的管线。简化后的管网应基本上能够反映实际用水情况，计算工作量可以减少，管网图形的简化必须在保证计算结果接近实际情况的前提下对管线进行的简化。

管网计算时，无论是新建管网，还是旧管网扩建或改建，管网的计算步骤都是相同的：①求沿线流量和节点流量；②求管段计算流量；③确定各管段的管径和水头损失；④进行管网水力计算或技术经济计算；⑤确定水塔高度和水泵扬程。本节拟对上述计算步骤分别进行阐述。

2. 管段计算流量

如上所述，管网计算时只计算经过简化后的干管。这样能减少计算量，并且不会对管网布置有太大影响。管网图形是由许多节点和管段组成的。节点包括如泵站、水塔或高位水池等水源节点，不同管径或不同材料的管线交接点，以及两管段交点或集中向大用户供水的点。两节点之间的管线称为管段，管段流量是计算管段水头损失的重要数据，也是选择管径的重要依据。计算管段流量需首先求出沿线流量和节点流量。

（1）沿线流量

在给水设计计算中，与比流量、节点流量一起出现。它是指在假设全部干管均匀配水前提下，沿管道向外配出的流量。与计算长度有关，与水流方向无关。城市给水管线，是在干管和分配管上接出许多用户，沿管线配水。管线沿途既有工厂、机关、旅馆等大量用水单位，也有数量很多但用水量较少的居民户。

如果按照实际用水情况来计算管网，势必根据不断变化的用水量计算出很多工况。因此，计算时往往加以简化，即假定用水量均匀分布在全部干管上，由此算出干管管线单位长度的流量，叫作比流量，按下式计算：

$$q_s = \frac{Q - \sum q}{\sum l} \tag{2-14}$$

式中　q_s——比流量，L/（s·m）；

　　　Q——管网总供水量，L/s；

　　　$\sum q$——大用户集中供水量总和，L/s；

　　　$\sum l$——干管总长度，m，不包括穿越广场、公园等无建筑物地区的管线，只有一侧配水的管线，长度按一半计算。

式（2-14）表明，干管的总长度一定时，比流量随用水量增减而变化，最高供水时和最大转输时的流量不同，所以在管网计算时必须分别计算。城市内人口密度或房屋卫生设备条件不同的地区，也应该根据各地区的用水量和干管线长度分别计算其比流量，以得出比较接近实际用水的结果。

管网管段沿线流量是指供给该管段两侧用户所需流量。以比流量求出各管段沿线流量的公式为：

$$q_1 = q_s l \tag{2-15}$$

式中　q_1——沿线流量，L/s；

　　　q_s——比流量，L/（s·m）；

　　　l——计算管段的长度，m。

整个管网的沿线流量总和 $\sum q_1 = q_s \sum l$。从式（2-14）可知，$q_s \sum l$ 值等于管网供给的总用水量减去大用户集中用水总量，即等于 $Q - \sum q$。

需要注意，按照用水量全部均匀分布在干管上的假定，求出比流量的方法存在一定的缺陷。因为它忽视了沿线供水人数和用水量的差别，所以与各管段的实际配水量并不一致。为此提出另一种按该管段的供水面积决定比流量的计算方法，即将式（2-14）中的管段总长度$\sum l$用供水区总面积$\sum A$代替，得出的是以单位面积计算的比流量q_A，这样，任一管段的沿线流量，等于其供水面积和比流量q_A的乘积。供水面积可用等分角线的方法来划分街区。在街区长边上的管段，其两侧供水面积均为梯形。在街区短边上的管段，其两边供水面积均为三角形。用这种方法虽然比较准确，但计算量较大，对于干管分布比较均匀、干管间距大致相同的管网，没必要按供水面积计算比流量。

（2）节点流量

节点流量是从沿线流量折算得出的并且假设是在节点集中流出的流量。管网中管段的流量，由两部分组成：一部分是沿该管段长度l配水的沿线流量q_1，另一部分是通过该管段输水到以后管段的转输流量q_t。转输流量沿整个管段不变，而沿线流量由于管段沿线配水，所以管段中的流量沿水流方向逐渐减少，到管段末端只剩下转输流量。每一管段从起点到终点的流量是变化的。而对于流量变化的管段，较难确定管径和水头损失，所以有必要将沿线流量转化成从节点流出的节点流量。所谓节点流量是从沿线流量折算得出的并且假设是在节点集中流出的流量。转化成从节点流量后，沿管线不再有流量流出，即管段中的流量不再沿管线变化，就可根据该流量确定管径。

3. 管径计算

根据管网流量分配后得到的各个管段的计算流量，按下式计算管段直径：

$$D = \sqrt{\frac{4q}{\pi v}} \tag{2-16}$$

式中　D——管段直径，m；

　　　q——管段流量，m^3/s；

　　　v——流速，m/s。

由上式可知，管径不仅与管段流量有关，还与管段内流速有关，如果管段的流量已知，但流速未定，则管径还是无法确定，因此要想确定管径必须先选定流速。为了防止管网因水锤现象出现事故，最大设计流速不应超过$2.5\sim3m/s$；在输送混浊的原水时，为了避免水中悬浮物质在水管内沉积，最低流速通常不宜小于$0.6m/s$。可见技术上允许的流量幅度是较大的。因此，需在上述流速范围内，根据当地的经济条件，考虑管网的造价和经营管理费用，来选定合适的流速。

4. 水头损失计算

（1）管（渠）道总水头损失

管（渠）道总水头损失，按下式计算：

$$h_z = h_y + h_j \tag{2-17}$$

式中　　h_z——管（渠）道总水头损失，m；

　　　　h_y——管（渠）道沿程水头损失，m；

　　　　h_j——管（渠）道局部水头损失，m，宜按下式计算：

$$h_j = \sum \xi \frac{v^2}{2g} \tag{2-18}$$

式中 ξ——管（渠）道局部水头损失系数。

管道局部水头损失与管线的水平及竖向平顺等情况有关。长距离输水管道局部水头损失一般占沿程水头损失的 5%～10%。根据管道敷设情况，在没有过多拐弯的顺直地段，管道局部水头损失可按沿程水头损失的 5%～10% 计算，在拐弯较多的弯曲地段，管道局部水头损失按照实际配件的局部水头损失之和计算。

（2）管（渠）道沿程水头损失

管（渠）道沿程水头损失或单位长度管（渠）的水头损失分别按以下公式计算：

1）塑料管

$$h_y = \lambda \frac{l}{d_j} \cdot \frac{v^2}{2g} \qquad (2\text{-}19)$$

式中 λ——沿程阻力系数；

l——管段长度，m；

d_j——管道计算内径，m；

v——管道断面水流平均流速，m/s；

g——重力加速度，m/s^2。

2）混凝土管（渠）及采用水泥砂浆内衬的金属管

$$i = \frac{v^2}{C^2 R} = \frac{n^2 v^2}{R^{\frac{4}{3}}} \qquad (2\text{-}20)$$

式中 i——管（渠）道单位长度的水头损失，或水力坡降；

$$C = \frac{1}{n} R^{\frac{1}{6}}$$

式中 R——水力半径，m；

v——管（渠）道断面水流平均流速，m/s；

n——管（渠）道的粗糙系数。

5. 输水管渠计算

从水源至净水厂的原水输水管（渠）的设计流量，应按最高日平均时供水量确定，并加上输水管（渠）漏损的水量和水厂自用水量；从水厂到管网的清水输水管道的设计流量，当管网内有调节构筑物时，应按最高日用水条件下，由水厂二级泵房负担的最大供水量计算确定；当没有调节构筑物时，应按最高日最高时供水量确定。

上述输水管（渠），当负有消防给水任务时，要包括消防补充流量或消防流量。

输水管（渠）计算的任务是确定管径和水头损失。确定大型输水管的尺寸时，应考虑到具体埋设条件、所用材料、附属构筑物数量和特点、输水管（渠）条数等，选定方案经经济技术比较后确定。

输水干管不宜少于 2 条，当有安全贮水池或其他安全供水措施时，也可修建 1 条输水干管。实际工程中，为了提高供水的可靠性，常在 2 条平行的输水管线之间用连通管相连接。输水干管和连通管的管径及连通管根数，应按输水干管任何一段发生故障时仍能通过事故水量计算确定，城镇的事故水量为设计水量的 70%，如负担消防时，则应保证 100% 的消防水量。

第3章 工业给水处理工程

工业产品千差万别，所以对用水的要求也各不相同，对水质要求较高的有纯水、注射水等，应用广泛、用水量大的有冷却水和冷冻水。

3.1 工业常用水系统

3.1.1 纯水系统

1. 纯水简介

纯水在电子、医药行业应用广泛，是净化车间中常用的一个系统。为与市面上销售的饮用纯净水区分，此处将其称为工业纯水。饮用纯净水一般是指反渗透出水，特别是一级反渗透出水，也有用反渗透出水再蒸馏的，如屈臣氏蒸馏水等。这里要指出，反渗透出水，特别是一级反渗透出水，根本算不上纯水，只能称作"饮用纯净水"。有人把工业纯水和饮用纯净水混为一谈，认为反渗透出水就是工业纯水，水中没有矿物质和微量元素，不能喝，这是不对的。这种观点是没有分清工业纯水和饮用纯净水的差别。

我们知道水的导电性能与水的电阻值大小有关：电阻值大，导电性能差；电阻值小，导电性能就良好。根据欧姆定律，在水温一定的情况下，水的电阻值 R 大小与电极的垂直截面积 F 成反比，与电极之间的距离 L 成正比。电阻的单位为欧姆（简称"欧"，代号 Ω）或用微欧（$\mu\Omega$），$1\Omega = 10^6 \mu\Omega$。水的电阻率的大小，与水中含盐量的多少，水中离子浓度、离子的电荷数以及离子的运动速度有关。因此，纯水电阻率很大，超纯水电阻率就更大，也就说水越纯，电阻率越大。

2. 纯水电阻率概念

由于水中含有各种溶解盐类，并以离子的形态存在。水中插入一对电极，通电之后，在电场的作用下，带电的离子就会有一定方向的移动，水中阴离子移向阳极，阳离子移向阴极，使水溶液起导电作用。水的导电能力的强弱程度，就称为电导度 S（或称电导）。电导度反映了水中含盐量的多少，是水的纯净程度的一个重要指标。水越纯净，含盐量越少，电阻越大，电导度越小。超纯水几乎不能导电。电导的大小等于电阻的倒数，即：$S = 1/R$。

3. 纯水的电导率

即使在纯水中也存在着 H^+ 和 OH^- 两种离子。经常说，纯水是电的不良导体，但是严格地说水仍是一种很弱的电解质，它存在如下的电离平衡：

$$H_2O \Longleftrightarrow H^+ + OH^-$$

其平衡常数：

$$K_w = \frac{[H^+][OH^-]}{[H_2O]} = 10^{-14}$$

式中　K_w——水的离子积。

由水的离子积为 10^{-14} 可推算出理论上的高纯水的极限电导为 $0.0547\mu S/cm$，电阻为 $18.3M\Omega \cdot cm$（25℃）。

4. 各种纯水水质标准

纯水分为：工业纯水和饮用纯水。

工业纯水水质标准：在 25℃ 中，普通纯水电导率 $E_C = 1 \sim 10\mu S/cm$；高纯水电导率 $E_C = 0.1 \sim 1.0\mu S/cm$；超纯水电导率 $E_C = 0.1 \sim 0.055\mu S/cm$。

制药用纯化水水质标准：电导率 $E_C \leqslant 2\mu S/cm$（电阻率大于等于 $0.5M\Omega \cdot cm$）（2015 版药典标准）

饮用纯水水质标准：$E_C = 1 \sim 10\mu S/cm$《食品安全国家标准　包装饮用水》GB 19298—2014。

工业纯水，以电子工业用水（即"电子级水"）为例，《电子级水》GB/T 11446.1—2013 中水质分四档：

（1）低纯水（或称"初级纯水"，Ⅳ级）。净水工艺一般为：自来水预处理→反渗透→阳床→鼓风脱气塔→阴床。出水电导率 $E_C \leqslant 2\mu S/cm$（或电阻率大于等于 $0.5M\Omega \cdot cm$）。

（2）一般纯水（或简称"纯水"，Ⅲ级）。净水工艺一般为：自来水预处理→反渗透→阳床→鼓风脱气塔→阴床→混床→EDI→254UV（杀菌）→$0.45\mu m$ 过滤。出水电导率 $E_C \leqslant 0.0833\mu S/cm$（或电阻率大于等于 $12M\Omega \cdot cm$）。

（3）高纯水（Ⅱ级）。净水工艺一般为：自来水预处理→反渗透→阳床→真空脱气塔→阴床→初混床→EDI→精混床→254UV（杀菌）→$0.2\mu m$ 过滤。出水电导率 $E_C \leqslant 0.0667\mu S/cm$（或电阻率大于等于 $15M\Omega \cdot cm$）。

（4）超纯水（Ⅰ级）。净水工艺一般为：自来水预处理→二级反渗透（一、二级 RO 中间加 NaOH）→阳床→真空脱气塔→阴床→初混床→EDI→脱氧器（钯触媒树脂，通氢气）→254UV（杀菌）→$0.2\mu m$ 过滤→185 UV（去除 TOC）→精混床→$0.2\mu m$ 过滤→终端抛光混床。出水电导率 $E_C \leqslant 0.0556\mu S/cm$（或电阻率大于等于 $18M\Omega \cdot cm$）。

至于反渗透出水，在工业上，只是工艺过程水，水质连低纯水（或称"初级纯水"，水质最低的Ⅳ级）标准都达不到。

Ⅰ级电子级水标记为：EW-Ⅰ。

Ⅱ级电子级水标记为：EW-Ⅱ。

Ⅲ级电子级水标记为：EW-Ⅲ。

Ⅳ级电子级水标记为：EW-Ⅳ。

理论纯水的电导率为 $0.0546\mu S/cm$（或电阻率为 $18.3M\Omega \cdot cm$）；即使是超纯水（Ⅰ级），水中仍然含有各种矿物质和微量元素，含有各种阴阳离子，如阳离子中的铜、锌、镍、钠、钾、铁、铅等，阴离子中的氯离子、溴离子、硝酸根、亚硝酸根、磷酸根等。这些都是有标准的，每天都要检测（表 3-1）。当然它们的浓度很低，都是以 $\mu g/L$ 为单位。

电子级水的技术指标　　　　　　　　　　　　表 3-1

项目		技术指标			
		EW-Ⅰ	EW-Ⅱ	EW-Ⅲ	EW-Ⅳ
电阻率(25℃)(MΩ·cm)		≥18 (5％时间不低于 17)	≥15 (5％时间不低于 13)	≥12	≥0.5
全硅(μg/L)		≤2	≤10	≤50	≤1000
微粒数 (个/L)	0.05～0.1μm	500	—	—	—
	0.1～0.2μm	300	—	—	—
	0.2～0.3μm	50	—	—	—
	0.3～0.5μm	20	—	—	—
	＞0.5μm	4	—	—	—
细菌个数(个/mL)		≤0.01	≤0.1	≤10	≤100
铜(μg/L)		≤0.2	≤1	≤2	≤500
锌(μg/L)		≤0.2	≤1	≤5	≤500
镍(μg/L)		≤0.1	≤1	≤2	≤500
钠(μg/L)		≤0.5	≤2	≤5	≤1000
钾(μg/L)		≤0.5	≤2	≤5	≤500
铁(μg/L)		≤0.1	—	—	—
铅(μg/L)		≤0.1	—	—	—
氟(μg/L)		≤1	—	—	—
氯(μg/L)		≤1	≤1	≤10	≤1000
亚硝酸根(μg/L)		≤1	—	—	—
溴(μg/L)		≤1	—	—	—
硝酸根(μg/L)		≤1	≤1	≤5	≤500
磷酸根(μg/L)		≤1	≤1	≤5	≤500

3.1.2　循环冷却水系统

循环冷却水系统是冷却水换热并经降温，再循环使用的给水系统，包括敞开式和密闭式两种类型，由冷却设备、水泵和管道组成。

在许多工业部门的生产过程中，产生大量废热，需及时用传热介质将其转移到自然环境中，以保证生产过程正常运行。由于天然水具有优良的热传递性能且费用低廉，资源丰富而被用作工业废热的传热介质，在工业生产中称为冷却水。工业冷却水在各国都是工业水最大用户，除升高温度外冷却水的理化性质没有显著变化，若采取适当降温措施，使之形成循环回用系统，是节约工业用水的重要途径。

目前，我国循环冷却水的重复利用效率还比较低。在我国一般的化工行业中，循环水浓缩倍数为 2～3 倍，石油化工行业大约为 4 倍。发达国家的循环水浓缩倍数约为 5 倍，我国与发达国家来相比，循环水的浓缩倍数低。循环水的浓缩倍数低，也就意味着循环水的排出量大，补充水的量大，循环系统所需的水费就高。

循环冷却水系统的能耗太大。当前，化工行业中针对循环冷却水系统的操作存在很多不足，主要表现为：在我国，循环冷却水系统没有引起足够重视，系统的操作缺乏相应理论的支撑，因此循环水量、循环水的出塔温度等操作参数在不同的季节没有进行相应的调整。

风机和循环水余量太大。水泵、风机以及管路的供水能力和处理水能力与实际要求长期存在"大马拉小车的现象"，造成能耗的严重浪费。

冷却设备有冷却池和冷却塔两类，都主要依靠水的蒸发降低水温。冷却塔常用风机促进蒸发，冷却水常被吹失。故敞开式循环冷却水系统必须补给新鲜水。由于蒸发，循环水浓缩，浓缩过程将促进盐分结垢。补充水有稀释作用，其流量常根据循环水浓度限值确定。通常补充水量超过蒸发与风吹的损失水量，因此必须排放一些循环水（称排污水）以维持水量的平衡。

在敞开式系统中，因水流与大气接触，灰尘、微生物等进入循环水，此外，二氧化碳的逸散和换热设备中物料的泄漏，也改变循环水的水质。为此，循环冷却水常需处理，包括沉积物控制、腐蚀控制和微生物控制。处理方法的确定与补给水的水量和水质相关，与生产设备的性能也有关。当采用多种药剂时，要避免药剂间可能存在的化学反应。

封闭式循环冷却水系统采用封闭式冷却设备，循环水在管中流动，管外通常用风散热。除换热设备的物料泄漏外，没有其他因素改变循环水的水质。为了防止在换热设备中造成盐垢，有时冷却水需要软化。为了防止换热设备被腐蚀，常加缓蚀剂。采用高浓度、剧毒性缓蚀剂时要注意安全，检修时排放的冷却水应妥善处置。

敞开式循环冷却水系统由冷却塔、换热器、加压系统（循环水泵）、旁滤系统（压力过滤器）、补水池和监控系统组成。

流量报警开关是监控系统的一个重要组成部分，在管路因堵塞等因素造成的管内流量过低或者过高，可以及时向控制系统发出下限报警点（流量过低时）或者上限报警点（流量过高时）提供开关量信号。我们称之为流量报警开关。

循环冷却水系统的主要运行参数如下：

（1）循环量，是指在循环冷却水系统中，每小时用水泵输送的总水量。

（2）蒸发量，是指在循环冷却水系统中，每小时因蒸发损失的水量。

（3）补充水量，是指系统内总水量保持一定的状态下运行，每小时向冷却水系统中补充的水量。

（4）排污量，是指每小时因控制冷却水的浓缩倍数而强制排放的水量。

（5）保有水量，又称系统容积，是指管线和冷却水池等整个冷却水系统中所保存的水量。

（6）浓缩倍数，在敞开式循环冷却水系统中，由于蒸发使循环水中的盐类不断累积浓缩，水的含盐量大大高于补充水的含盐量，两者的比值称为浓缩倍数。主要由强制排污来控制。

3.2 工业给水处理概论

取用天然水源水，进行处理达到生活和生产使用水质标准的处理过程称为给水处理。

给水处理的主要目的有三个：第一，去除或部分去除水中杂质，包括有机物、无机物和微生物等，达到使用水质标准；第二，在水中加入某种化学成分以改善使用性质，例如，饮用水中加氟以防止龋齿，循环冷却水中加缓蚀剂及阻垢剂以控制腐蚀、结垢等；第三，改变水的某些物理化学性质，例如调节水的 pH，水的冷却等。此外，水处理过程中所产生的污染物处理和处置也是水处理的内容之一。

工业用水种类繁多，水质要求各不相同。水质要求高的工艺用水，不仅要求去除水中悬浮杂质和胶体杂质，而且还需要不同程度地去除水中的溶解杂质。

食品、酿造及饮料工业的原料用水，水质要求应当高于生活饮用水的要求。

纺织、造纸工业用水，要求水质清澈，且对易于在产品上产生斑点从而影响印染质量或漂白度的杂质含量，加以严格限制。如铁和锰会使织物或纸张产生锈斑。水的硬度过高也会使织物或纸张产生钙斑。

对锅炉补给水水质的基本要求是：凡能导致锅炉、给水系统及其他热力设备腐蚀、结垢及引起汽水共腾现象的各种杂质，都应大部或全部去除。锅炉压力和构造不同，水质要求也不同。汽包锅炉和直流锅炉的补给水水质要求相差悬殊。锅炉压力越高，水质要求也越高。如低压锅炉（压力小于 2450kPa），主要应限制给水中的钙、镁离子含量，含氧量及 pH。当水的硬度符合要求时，即可避免水垢的产生。

在电子工业中，零件的清洗及药液的配制等都需要纯水。例如，在微电子工业的芯片生产过程中，几乎每道工序都要用高纯水清洗。

此外，许多工业部门在生产过程中都需要大量冷却水，用以冷凝蒸汽以及工艺流体或设备降温。冷却水首先要求水温低，同时对水质也有要求，如水中存在悬浮物、藻类及微生物等，就会使管道和设备堵塞；在水循环冷却系统中，还应控制在管道和设备中由于水质所引起的结垢、腐蚀和微生物繁殖。

总之，工业用水的水质优劣，与工业生产的发展和产品质量的提高关系极大。各种工业用水对水质的要求由有关工业部门制定。

（1）单元处理方法及其应用

单元处理是水处理工艺中完成或主要完成某一特定目的的处理环节。单元处理方法可分成物理、化学（其中包括物理化学分支）和生物三种。在水处理中，为方便考虑，简化为"物理化学法"和"生物法"（或生物化学）两种。这里的"物理化学法"并非指化学分支中的"物理化学"，而是物理和化学两大学科的合称。

1）物理化学处理法

水的物理化学处理方法较多，主要有以下几种：

① 混凝：在原水（未经处理或放入容器等待进一步处理的水）中投加电解质，使水中不易沉淀的胶体和悬浮物聚结成易于沉淀的絮凝体的过程称为混凝，混凝包括凝聚和絮凝两个阶段。

② 沉淀：通常指水中悬浮颗粒在重力作用下从水中分离出来的过程。向水中投加某种化学药剂，与水中一些溶解物质发生化学反应而生成难溶物沉淀下来，称为化学沉淀。

③ 澄清：这里的"澄清"一词，并非一般概念上水的沉淀澄清，而是一个专业名词，是集絮凝和沉淀于一体的单元处理方法之一。在同一个处理单元或设备中，水中胶体、悬

浮物经过絮凝聚结成尺寸较大的絮凝体，然后在同一设备中完成固液分离。

④ 气浮：是固液分离或液液（如含油水）分离的一种方法。利用大量微细气泡黏附于杂质、絮粒之上，将悬浮颗粒浮出水面而去除的工艺，称为气浮分离。

⑤ 过滤：待滤水通过过滤介质（或过滤设备）时，水中固体物质从水中分离出来的一种单元处理方法。过滤分为表面过滤和滤层过滤（又称滤床过滤或深层过滤）两种。

表面过滤是指尺寸大于介质孔隙的固体物质被截留于过滤介质表面而让水通过的一种过滤方法，如滤网过滤、微孔滤膜过滤等。滤层过滤是指过滤设备中填装粒状滤料（如石英砂、无烟煤等）形成多孔滤层的过滤。

⑥ 膜分离：在电位差、压力差或浓度差推动力作用下，利用特定膜的透过性能，分离出水中离子、分子和固体微粒的处理方法。在水处理中，通常采用电位差和压力差两种。利用电位差的膜分离法有电渗析法，利用压力差的膜分离法有微滤、超滤、纳滤和反渗透法。

⑦ 吸附：吸附可以发生在固相与液相、固相与气相、液相与气相之间。在某种力的作用下，被吸附物质移出原来所处的位置在界面处发生相间积聚和浓缩的现象称为吸附。由分子力产生的吸附为物理吸附，由化学键力产生的吸附为化学吸附。

⑧ 离子交换：一种不溶于水且带有可交换基团的固体颗粒（离子交换剂）从水溶液中吸附阴、阳离子，且把本身可交换基团中带相同电荷的离子等当量地释放到水中，从而达到去除水中特定离子的过程。离子交换法广泛应用于硬水软化、除盐和工业废水中的铬铜等重金属的去除。

⑨ 化学氧化：用氧化剂氧化水中溶解性有毒有害物质使之转化为无毒无害或不溶解物质的方法，称为氧化法。氧化、还原同时发生，氧化剂得到电子得以还原，而使另一种物质失去电子受到氧化。给水处理常用氧、氯等氧化剂氧化水中铁、锰、铬、氰等无机物和多种有机物等生成不溶解物质沉淀去除。用氯、二氧化氯等氧化剂灭活水中细菌和绝大多数病原体进行消毒。

⑩ 曝气：给水处理中曝气主要是利用机械或水力作用将空气中的氧转移到水中充氧或使水中有害的溶解气体穿过气液界面向气相转移，从而达到去除水中溶解性气体（游离二氧化碳、硫化氢等）和挥发性物质的过程。

2）生物处理方法

利用微生物（主要是细菌菌落）的新陈代谢功能去除水中有机物和某些无机物的处理方法称为生物处理方法。在给水处理中，大多采用微生物附着、生长在固定填料或载体表面形成的生物膜，降解水中有机物的方法，即为生物膜法。给水处理中的生物处理方法主要去除水中微量有机污染物和氢气等。

以上所介绍的各种单元处理方法，在水处理中的应用是灵活多样的。去除一种污染物，往往可采用多种处理方法。同样，一种处理方法，往往也可应对多种处理对象。例如，氧化还原法可以去除的对象有：有机物，铁、锰、铬、氰等无机物以及灭菌除藻等。只有极少数处理方法，其功能是相对单一的。例如，中和法仅适用于酸、碱废水的中和。

还有一点必须注意：有的单元处理方法在应对主要处理对象的同时，往往也会兼收其他的处理效果。例如，沉淀、澄清的处理对象主要是水中悬浮物和胶体物质，其作用是使浑水变清。在此过程中，水中有机物、菌落也会得到部分去除。

（2）水处理工艺系统

天然水体中杂质的成分相当复杂，单靠某一种单元处理，难以达到预定的水质目标。往往需要由多个单元串联处理协同完成。由多个单元处理组成的处理过程称为水处理工艺系统或水处理工艺流程。例如，在给水处理中，传统的处理工艺通常由 4 个单元处理组成：混凝——沉淀——过滤——消毒。不同的原水水质或达到不同的出水标准，可用不同的处理工艺和单元处理方法。从事水处理工作者的任务就是在众多处理工艺和处理方法中寻求适合不同原水水质处理的最为经济有效的处理工艺和处理方法，并不断研究新的处理工艺和方法。

工业用水在不同的工艺中对水质的要求相差较大，但总体来说其处理流程和市政用水差别不大，基本上还是混凝、沉淀、过滤老三段，只是一般少了最后消毒工序，并根据不同的工艺需求对市政标准的水进行深度处理，如除铁、除锰、除氟等。

3.3　水的混凝

3.3.1　混凝机理

给水厂所去除的杂质主要是悬浮物和胶体颗粒。通过投加电解质可以使水中胶体颗粒及细小的悬浮颗粒相互聚结，这一过程称为混凝。混凝过程涉及水中胶体颗粒和细小悬浮物的性质，投加的电解质（混凝剂）水解聚合产物基本性质，以及胶体颗粒与混凝剂的作用。在整个混凝过程中，一般把混凝剂水解后和胶体颗粒碰撞、改变胶体颗粒的性质，使其脱稳，称为凝聚。在外界水力扰动条件下，脱稳后颗粒相互聚结称为絮凝。混凝包括凝聚、絮凝的整个过程，也有将凝聚、混凝概念相互通用。本章沿用混凝即为凝聚和絮凝的概念。

在水处理工艺中，混凝作为老三段中的第一环节，是影响处理效果最为关键的因素。混凝的作用不仅能够使处于悬浮状态的胶体和细小悬浮物聚结成容易沉淀分离的颗粒，而且能够部分地去除色度，无机污染物、有机污染物，以及铁、锰形成的胶体络合物。同时也能去除一些放射性物质、浮游生物和藻类。

1. 水中胶体颗粒的稳定性

（1）胶体颗粒的动力学稳定性

天然水体尤其是地表水中含有黏土、泥沙和腐殖物等杂质。从粒度分布考虑，可分为悬浮物、胶体颗粒及溶解性杂质。它们和水体一起构成了水的分散系。从胶体化学角度来看，亲水的高分子溶液处于相对稳定状态、即不容易沉淀析出。而黏土类胶体颗粒及其他憎水化合物、胶体，久置后会逐渐沉淀析出，并不是稳定体系。但从水处理过程考虑，不允许有太长的沉淀分离时间，水中的一些胶体颗粒也就不能自然分离出来。所以，沉降速度十分缓慢的胶体颗粒和细小悬浮物均被看作是稳定的，于是，就把水中黏土胶体颗粒及细小悬浮物和水构成的分散体系认为是稳定体系。由此可知，所谓的稳定性是指胶体颗粒能够长期处于分散悬浮状态而不聚结沉淀的性能。

水中胶体颗粒一般分为亲水胶体和憎水胶体。与水分子有很强亲和力的胶体，如蛋白质、碳氧化合物以及一些复杂有机化合物的大分子形成的胶体，称为亲水胶体。其发生水合现象，包裹在水化膜之中。与水分子亲和力较弱，一般不发生水合现象，如黏土、矿石粉等无机物属于憎水胶体。由于水中的憎水胶体颗粒含量很高，引起水的浊度变化，有时出现色度增加，且容易附着其他有机物和微生物，是水处理的主要对象。

胶体颗粒和水组成的分散系的性质取决于胶体颗粒粒度分布。也就是说，不同粒径的颗粒所占的比例大小不同，直接影响了其基本特性。天然水体中的胶体颗粒粒径一般在 $0.01 \sim 10 \mu m$ 之间。受到水分子和其他溶解杂质分子的布朗运动撞击后，也具有了一定的能量，处于动荡状态。这种胶体颗粒本身的质量很小，在水中的重力不足以抵抗布朗运动的影响，故而能长期悬浮在水中，称为动力学稳定。如果是较大颗粒（$d>5\mu m$）组成的悬浮物，它们本身布朗运动很弱，虽然也受到其他发生布朗运动的分子、离子撞击，因粒径较大，四面八方的撞击作用趋于平衡。在水中的重力能够克服布朗运动及水流运动的影响，容易下沉，则称为动力学不稳定。

水分子和其他溶解杂质分子的布朗运动既是胶体颗粒稳定性因素，同时又是能够引起颗粒运动碰撞聚结的不稳定因素。在布朗运动作用下，如果胶体颗粒相互碰撞、聚结成大颗粒，其动力学稳定性随之消失而沉淀下来，则称为聚结不稳定性。由此看出，胶体稳定性包括动力稳定和聚结稳定。如果胶体粒子很小，即使在布朗运动作用下有自发的相互聚结倾向，但因胶体表面同性电荷排斥或水化膜阻碍，也不能相互聚结。故认为胶体颗粒的聚结稳定性是决定胶体稳定性的关键因素。

（2）胶体的结构形式

水中黏土胶体颗粒可以看成是大的黏土颗粒多次分割的结果。在分割面上的分子和离子改变了原来的平衡状态，所处的力场、电场呈现不平衡状况，具有表面自由能，因而表现出了对外的吸附作用。在水中其他离子作用下，出现相对平衡的结构形式。

由黏土颗粒组成的胶核表面上吸附或电离产生了电位离子层，具有一个总电位（Φ 电位）。由于异性相吸，在该层电荷作用，其表面从水中吸附了一层电荷符号相反的离子，形成了反离子吸附层。反离子吸附层紧靠胶核表面，随胶核一起运动，称为胶粒。总电位（Φ 电位）和吸附层中的反离子电荷量并不相等，其差值称为电位，又称动电位，也就是胶粒表面（或胶体滑动面）上的电位，在数值上等于总电位减掉吸附层中反离子电荷后的剩余值。胶粒运动到任何一处，总有一些与 ξ 电位电荷符号相反的离子被吸附过来，形成反离子扩散层。于是，胶核表面所带的电荷和其周围的反离子吸附层、扩散层形成了双电层结构。双电层与胶核本身构成了一个整体的电中性构造，又称为胶团。如果胶核带有正电荷（如金属氢氧化物胶体），构成的双电层结构、电荷和黏土胶粒构成的双电层结构、电荷正好相反。天然水中的胶体杂质通常是带负电荷胶体。

ξ 电位的高低与水中杂质成分、粒径有关。同一种胶体颗粒在不同的水体中，会随着附着的细菌、藻类及其他杂质不同，而表现出不同的 ξ 电位值。由于无法把吸附层中的反离子层分开，只能在胶粒带着一部分反离子吸附层运动时，测定其电泳速度或电泳迁移率换算成 ξ 电位。

带有 ξ 电位的憎水胶体颗粒在水中处于运动状态，并阻碍光线透过或光的散射而使水体产生浊度。水的浊度高低不仅与含有的胶体颗粒的质量浓度有关，而且还和胶体颗粒的分散程度（即粒径大小）有关。

（3）胶体颗粒聚结稳定性

天然水体中胶体颗粒虽处于运动状态，但大多并不能自然碰撞聚结成大的颗粒。除因水中含有胶体颗粒而导致水体黏滞性增加，影响颗粒的运动和相互碰撞接触外，其主要原因还是同性相斥所致。当两个胶粒接近到扩散层重叠时，便产生了静电斥力。静电斥力与两胶粒表面距离 x 有关，用排斥势能 E_R 表示。E_R 随 x 增大而成指数关系减小，与斥力对应的则是范德华引力，它广泛存在于微观粒子之间。两颗粒间范德华力的大小同样也与胶粒间距有关，用吸引势能 E_A 表示。对于两个胶粒而言，促使胶粒相互聚结的吸引势能 E_A 和阻碍聚结的排斥势能 E_R 可以认为是具有不同作用方向的两个矢量。其代数和即为总势能 E_0。相互接触的两胶粒能否凝聚，决定于总势能的大小和方向。

胶粒表面扩散层中反离子的化合价高低，直接影响胶体扩散层的厚度，从而影响两胶粒间的距离大小。显然，反离子化合价越高，观察到凝聚现象时的反离子浓度值（即临界凝聚值）越低。一般两价离子的凝聚能力是一价离子的 20～80 倍。

对憎水胶体来说，胶体颗粒聚结稳定性是静电斥力引起的，但有一部分胶体表面带有水合层，阻碍了胶粒直接接触，也是聚结稳定性的因素。一般认为无机黏土憎水胶体的水化作用对聚结稳定性影响较小。但对于有机胶体或高分子物质组成的亲水胶体来说，水化作用却是聚结稳定性的主要原因。亲水胶体颗粒周围包裹了一层较厚的水化膜，使之无法相互靠近，因而范德华引力不能发挥作用。如果一些憎水胶体表面附着有亲水胶体，同样，水化膜作用也会影响范德华引力作用。实践证明，亲水胶体虽然也存在双电层结构，但 ξ 电位对胶体稳定性的影响远小于水化膜的影响。

由上述分析可知，水中分子、离子的布朗运动撞击细小胶体颗粒使其处于动力学稳定状态，虽然能促使个别胶粒运动越过排斥能峰，在范德华引力作用下相互聚结，但对于绝大部分的胶粒而言，是无法克服排斥势能和水化膜作用影响的，也就不能发生聚结，而处于聚结稳定状态。

2. 硫酸铝在水中的化学反应

硫酸铝（$Al_2(SO_4)_3$）是一个被广泛运用的工业试剂。常有人将硫酸铝与明矾（硫酸铝钾）混淆。硫酸铝通常被作为絮凝剂，用于提纯饮用水及污水处理，也用于造纸工业。自然状况下，硫酸铝几乎不以无水盐形式存在。它会形成一系列的水合物，其中十六水硫酸铝是最常见的。

硫酸铝溶于水后，立即离解出铝离子，且常以 $[Al(H_2O)_6]^{3+}$ 的水合形态存在。在一定条件下，Al^{3+}（略去配位水分子）经过水解、聚合或配合反应可形成多种形态的配合物或聚合物以及氢氧化铝 $Al(OH)_3$ 沉淀物。各种物质组分的含量多少以至存在与否，决定于铝离子水解时的条件，包括水温、pH、铝盐投加量等。水解产物的结构形态主要取决于羟铝比 $[-OH^-]/[Al^{3+}]$，每摩尔铝所结合的羟基摩尔数。

铝离子通过水解产生的物质分成 3 类：未水解的水合铝离子及单核羟基配合物；多核多羟基聚合物；氢氧化铝沉淀（固体）物。多核多羟基配合物可认为是由单核羟基配合物通过羟基桥联形成的。

各种水解产物的相对含量与水的 pH 和铝盐投加量有关。当 pH<3 时，水中的铝以 $[Al(H_2O)_6]^{3+}$ 形态存在，即不发生水解反应。随着水的 pH 升高，羟基配合物及聚合物相继产生，各种组分的相对含量与总的铝盐浓度有关。

3. 混凝机理

水处理中的混凝过程比较复杂，不同类型的混凝剂以及在不同的水质条件下，混凝剂作用机理都有所不同。当前，看法比较一致的是，混凝剂对水中胶体粒子的混凝作用有 3 种：电性中和、吸附架桥和卷扫作用。这 3 种作用机理究竟以何种为主，取决于混凝剂种类和投加量，水中胶体粒子性质、含量，以及水的 pH 等。3 种作用机理有时会同时发生，有时仅其中 1～2 种机理发挥作用。目前，这 3 种作用机理尚限于定性描述，今后的研究目标除定性描述外将以定量计算为主。

（1）电性中和作用机理

根据胶体颗粒聚结理论，要使胶粒通过布朗运动碰撞聚结，必须降低或消除排斥能峰。吸引势能与胶粒电荷无关，它主要决定于构成胶体的物质种类、尺寸和密度。对于一定水源的水质，水中胶体特性基本不变。因此，降低或者消除 ξ 电位，即会降低排斥能峰，减小扩散层厚度，使两胶粒相互靠近，更好地发挥吸引势能作用。向水中投加电解质（混凝剂）可以达到这一目的。

水中的黏土胶体颗粒表面带有负电荷（ξ 电位），与扩散层包围的反离子电荷总数相等，符号相反。向水中投加一些带正电荷的离子，即增加反离子的浓度，可使胶粒周围较小范围内的反离子电荷总数与 ξ 电位值相等，则为压缩扩散层厚度。如果向水中投加高化合价带正电荷的电解质，即增加反离子的强度，则可使胶粒周围更小范围内的反离子电荷总数和 ξ 电位平衡，也就进一步压缩了扩散层厚度。

当投加的电解质离子吸附在胶粒表面时，胶体颗粒扩散层厚度会变得很小，ξ 电位会降低，甚至于出现 $\xi=0$ 的等电状态，此时排斥势能消失。实际上，只要 ξ 电位降至临界电位 ξ_K 时，$E_{max}=0$。这种脱稳方式被称为压缩双电层作用。

在混凝过程中，有时投加高化合价电解质，会出现胶粒表面所带电荷符号反逆重新稳定（再稳）现象。试验证明，当水中铝盐投量过多时，水中原来带负电荷的胶体可变成带正电荷的胶体。在水处理中，一般均投加高价电解质（如三价铝或铁盐）或聚合离子。

以铝盐为例，只有当水的 pH 小于 3 时，$[Al(H_2O)_6]^{3+}$ 才起到压缩扩散（双电）层作用。当 pH>3 时，水中便出现聚合离子及多核羟基配合物。这些物质往往会吸附在胶核表面，分子量越大，吸附作用越强。

带正电荷的高分子物质和带负电荷胶粒吸附性很强。分子量不同的两种高分子电解质同时投入水中，分子量大者优先被胶粒吸附。如果不同时投入水中，先投加分子量低者吸附后再投入分子量高的电解质，会发现分子量高的电解质将慢慢置换出分子量低的电解质。这种分子量大、正电荷价数高的电解质优先涌入吸附层表面中和 ξ 电位的原理称为吸附-电性中和作用。在给水处理中，天然水体的 pH 通常总是大于 3，而投的混凝剂多是带高价正电荷的电解质，则压缩双电层作用就会显得非常微弱了。实际上，吸附-电性中和的混凝过程中，包含了压缩双电层作用。

（2）吸附架桥作用机理

如果投加的药剂是水溶性链状高分子聚合物并具有能与胶粒和细微悬浮物发生吸附的活性部位，那么它就能通过静电引力、范德华引力和氢键力等，将微粒搭桥联结为一个个絮凝体（俗称矾花）。这种作用就称为吸附桥联。聚合物的链状分子在其中起了桥梁和纽带的作用。这种网状结构的表面积很大，吸附能力很强，能够吸附黏土、有机物、细菌其至溶解物质。不仅带异性电荷的高分子物质具有强烈吸附作用，不带电荷甚至带有与胶体同性电荷的高分子物质与胶粒也有吸附作用。当高分子链的一端吸附了某一胶粒后，另一端又吸附了另一胶粒，形成"胶粒-高分子-胶粒"的絮凝体。高分子物质在这里起到了胶粒与胶粒之间相互结合的桥梁作用，故称吸附架桥作用。高分子物质性质不同，吸附力的性质和大小不同。当高分子物质投量过多时，将产生"胶体保护"现象。即认为：当全部胶粒的吸附面均被高分子覆盖以后，两胶粒接近时，就会受到高分子的阻碍而不能聚结。这种阻碍来源于高分子之间的相互排斥。排斥力可能来源于"胶粒-胶粒"之间高分子受到压缩变形（像弹簧被压缩一样）而具有排斥势能，也可能由于高分子之间的电性斥力（对带电高分子而言）或水化膜。因此，高分子物质投量过少不足以将胶粒架桥连接起来，投量过多又会产生胶体保护作用。最佳投量应是既能把胶粒架桥连接起来，又可使絮凝起来的最大胶粒不易脱落。根据吸附原理，胶粒表面高分子覆盖率等于 1/2 时絮凝效果最好。但在实际水处理中，胶粒表面覆盖率无法测定，故高分子混凝剂投加量通常由试验决定。

起架桥作用的高分子都是线形分子且需要一定长度。长度不够不能起粒间架桥作用，只能被单个分子吸附。显然，铝盐的多核水解产物，其分子尺寸都不足以起粒间架桥作用。只能被单个分子吸附发挥电性中和作用。而中性氢氧化铝聚合物 $[Al(OH)_3]_n$ 则可能起到架桥作用。

不言而喻，若高分子物质为阳离子型聚合电解质，它具有电性中和及吸附架桥双重作用；若为非离子型（不带电荷）或阴离子型（带负电荷）的聚合电解质，只能起粒间架桥作用。

（3）网捕或卷扫

当铝盐或铁盐混凝剂投量很大而形成氢氧化物沉淀时，可以网捕、卷扫水中胶粒并产生沉淀分离，称为卷扫或网捕作用。这种作用，基本上是一种机械作用，所需混凝剂量与原水杂质含量成反比，即原水中胶体杂质含量少时，所需混凝剂多，水中胶体杂质含量多时，所需混凝剂少。

3.3.2 混凝动力学及混凝控制指标

要使杂质颗粒之间或杂质与混凝剂之间发生絮凝，则必须要使颗粒相互碰撞。碰撞速率和混凝速率问题属于混凝动力学范畴。

推动水中颗粒相互碰撞的动力来自两方面：一是颗粒在水中的布朗运动，称为"异向絮凝"；二是在水力或机械搅拌下所造成的水体运动，同向絮凝。

1. 异向絮凝

悬浮微粒在水中做无规则运动，这种运动叫作布朗运动。布朗运动是绝不会停止的，不管是白天或是黑夜，也不管是夏天还是冬天。在显微镜下观察水中的悬浮微粒随时都可以看到布朗运动。颗粒在水分子热运动的撞击下所做的布朗运动是无规则的。这种无规则运动必然导致颗粒相互碰撞。当颗粒已完全脱稳后，一经碰撞就可能发生絮凝，从而使小颗粒聚结成大颗粒。因水中固体颗粒总质量没有发生变化，只是颗粒数量浓度（单位体积水中的颗粒个数）减少。颗粒的絮凝速率决定于碰撞速率。

由布朗运动引起胶粒碰撞聚结成大颗粒的速度，就是原有胶粒个数减少的速率，与水的温度成正比，与颗粒数量浓度的平方成正比，理论上来说，与颗粒尺寸无关。但实际上，只有微小颗粒才具有布朗运动的可能性，且速度极为缓慢。随着颗粒粒径的增大，布朗运动的影响逐渐减弱，当颗粒粒径大于 $1\mu m$ 时，布朗运动基本消失，异向混凝自然停止。因此，要使较大颗粒进一步碰撞聚结，就需要额外的能量，即需要靠水体流动或扰动水体完成这一过程。

2. 同向絮凝

由外力推动所引起的胶体颗粒碰撞聚结。胶体颗粒在外力作用下向某一方向运动，由于不同胶粒存在速度差，依此完成颗粒的碰撞聚结。同向絮凝在整个混凝过程中具有十分重要的作用。最初的理论公式是根据水流在层流状态下导出的，显然与实际处于紊流状态下的絮凝过程不相符合。但在层流条件下导出的颗粒碰撞凝聚公式（3-1）及一些概念至今仍在沿用。

$$G = \sqrt{\frac{P}{\mu}} \tag{3-1}$$

式中　G——速度梯度，s^{-1}；

　　　μ——水的动力黏度，$Pa \cdot s$；

　　　P——单位体积水体所耗散的功率，W/m^3。

G 值是控制混凝效果的水力条件，故在絮凝设备中，往往以速度梯度 G 值作为重要的控制参数。流体在两界面之间流动时，由于材料之间摩擦力的存在，使流体内部与流体和界面接触处的流动速度发生差别，产生一个渐变的速度场，称为速度梯度，或称切速率、剪切速率。

当用机械搅拌时，式（3-1）中的 P 由机械搅拌器提供。当采用水力絮凝池时，式中 P 应为水流本身能量消耗：

$$V_P = \rho g h Q \tag{3-2}$$

V 为水流体积，$V = QT$，得式（3-3）：

$$G = \sqrt{\frac{\rho g h}{\mu T}} = \sqrt{\frac{g h}{\nu T}} \text{ 或 } G = \sqrt{\frac{\gamma h}{\mu T}} \tag{3-3}$$

式中　ρ——水的密度，kg/m^3；

　　　h——混凝设备中的水头损失，m；

　　　ν——水的运动黏度，m^2/s；

　　　γ——水的重度，$9800N/m^3$；

　　　T——水流在混凝设备中的停留时间，s；

　　　g——重力加速度。

上式中 G 值反映了能量消耗概念，具有工程上的意义，无论层流、紊流作为同向絮凝的控制指标，式（3-3）仍可应用，在工程设计上是安全的。同时，把一个十分复杂过程的同向絮凝问题大为简化了。

3. 混凝控制指标

投加在水中的电解质（混凝剂）与水均匀混合，然后改变水力条件形成大颗粒絮凝体，在工艺上总称为混凝过程。与其对应的设备或构筑物有混合设备和絮凝设备或构筑物。从混凝机理分析已知，在混合阶段主要发挥压缩扩散层、电中和脱稳作用，在絮凝阶段主要发挥吸附架桥作用。由此可知，混合、絮凝是改变水力条件，促使混凝剂和胶体颗粒碰撞以及絮凝粒间相互碰撞聚结的过程。

在混合阶段，对水流进行剧烈的搅拌，可使药剂快速均匀地分散于水中，促进混凝剂快速水解、聚合及颗粒脱稳。由于上述过程进行很快（特别对铝盐和铁盐混凝剂而言），故混合要快速剧烈，通常在 $10 \sim 30s$ 至多不超过 $2min$ 即告完成。搅拌强度按速度梯度计算，一般 G 为 $700 \sim 1000s^{-1}$。在此阶段，水中杂质颗粒微小，同时存在一定程度的颗粒间异向絮凝。

在絮凝阶段，主要依靠机械或水力搅拌，促使颗粒碰撞聚结，故以同向絮凝为主。搅拌水体的强度以速度梯度 G 值的大小来表示。同时考虑絮凝时间（也就是颗粒停留时间）T，因为 TN_0 即为整个絮凝时间内单位体积水体中颗粒碰撞次数。因 N_0 与 G 值有关，所以在絮凝阶段，通常以 G 值和 GT 值作为控制指标。在絮凝过程中，絮凝体尺寸逐渐增大。由于大的絮凝体容易破碎，故自絮凝开始至絮凝结束，G 值应渐次减小。絮凝阶段，$G = 20 \sim 70s^{-1}$。这些都是沿用已久的数据，随着混凝理论的发展，将会出现更符合实际、更加科学的新的参数。

3.3.3 混凝剂和助凝剂

1. 混凝剂

混凝是指水中胶体颗粒及微小悬浮物的聚结过程，在混凝过程中能起絮凝和凝聚的作用物质称为混凝剂。混凝剂主要用于生活饮用水的净化和工业废水特殊水质的处理，如含油污水，印染造纸污水，冶炼污水，含放射性特质，含 Pb、Cr 等毒性重金属和含 F 污水等。为了促使水中胶体颗粒脱稳以及悬浮颗粒相互聚结，常常投加一些化学药剂，这些药剂统称为混凝剂。按照混凝剂在混凝过程中的不同作用可分为凝聚剂、混凝剂和助凝剂。习惯上把凝聚剂、混凝剂都称作混凝剂。

应用于水处理的混凝剂应符合以下基本要求：混凝效果良好；对人体健康无害；使用方便；价格便宜，货源充足。

混凝剂按化学成分可分为无机和有机两大类，其种类很多，有二三百种。按分子量大小又分为低分子无机盐混凝剂和高分子混凝剂。无机混凝剂品种很少，目前主要是铁盐和铝盐及其聚合物，在水处理中用得最多。有机混凝剂品种很多，主要是高分子物质，但在水处理中的应用比无机混凝剂少。

（1）无机混凝剂

无机混凝剂有时称无机絮凝剂。絮凝剂主要是增加混凝固体的碰撞，使其水解产物附聚、架桥絮凝形成可沉降的或可过滤的絮凝物。在水处理中常用的有铝盐、铁盐和氯化钙等，如硫酸铝钾（明矾）、氯化铝、硫酸铁、氯化铁，还有无机高分子絮凝剂，如聚合氯化铝、聚合硫酸铝、活性硅土等。它们的工业制品有多种规格。一般在水处理中投加铝盐絮凝剂 $10^{-5} \sim 10^{-3} mol/L$ 即可。

1）硫酸铝：硫酸铝有固、液两种形态，我国常用的是固态硫酸铝。固态硫酸铝产品有精制和粗制之分。精制硫酸铝为白色结晶体，相对密度约为 1.62，Al_2O_3 含量不小于 15%，不溶杂质含量不大于 0.5%，价格较高。

固态硫酸铝是由液态硫酸铝浓缩和结晶而成，其优点是运输方便。如果水厂附近就有硫酸铝混凝剂生产厂家，最好采用液态，可节省生产运输费用。

2）聚合铝：聚合铝包括聚（合）氯化铝（PAC）和聚（合）硫酸铝（PAS）等。目前使用最多的是聚（合）氯化铝，我国也是研制聚（合）氯化铝较早的国家之一。

聚合氯化铝（简称聚铝，英文缩写为 PAC）是一种净水材料，无机高分子混凝剂。在水处理过程中，起作用的主要是氢氧根离子的架桥作用和多价阴离子的聚合作用。在形态上又可以分为固体和液体两种。固体呈棕褐色、米黄色、金黄色和白色，液体为无色透明、微黄色、浅黄色至黄褐色。不同颜色的聚合氯化铝在应用及生产技术上也有较大的区别。

聚（合）氯化铝又名碱式氯化铝或羟基氯化铝。它是采用工业合成盐酸、工业氢氧化铝或高岭土、一水软铝石、三水铝石、铝酸钙加工制成。由于原料和生产工艺不同，产品规格也不一致。分子式为：$Al(OH)_m Cl_{3n-m}$。式中的 m 和 n 取值范围：$0 < m < 3n$。

聚（合）氯化铝溶于水后，即形成聚合阳离子，对水中胶粒发挥电性中和及吸附架桥作用，其效能优于硫酸铝。聚（合）氯化铝在投入水中前的制备阶段即已发生水解聚合，投入水中后也可能发生新的变化，但聚合物成分基本确定。其成分主要决定于羟基 OH 和铝 Al 的摩尔数之比，通常称之为碱化度或盐基度，以 B 表示。

聚（合）氯化铝分为液体和固体，液体呈无色至黄褐色，固体为白色至黄褐色颗粒或粉末。液体聚（合）氯化铝密度大于等于 $1.12 g/cm^3$，含氯化铝大于 10%，盐基度 40%～90%。

聚（合）硫酸铝（PAS）也是聚合铝类混凝剂。聚（合）硫酸铝中的硫酸根具有类似羟桥的作用，可以把简单铝盐水解产物桥联起来，促进铝盐水解聚合反应。聚（合）硫酸铝目前在生产上尚未广泛使用。

3）三氯化铁：三氯化铁 $FeCl_3·6H_2O$ 是黑褐色有金属光泽的结晶体。固体三氯化铁溶于水后的化学变化与铝盐相似，水合铁离子也进行水解聚合反应。在一定条件下，铁离子 Fe^{3+} 通过水解聚合可形成多种成分的配合物或聚合物，如单核组分 $Fe(OH)^{2+}$ 及多核组分 $Fe_3(OH)_2^{4+}$、$Fe_3(OH)_4^{5+}$ 等，以至于氢氧化铁沉淀物。三氯化铁的混凝机理也与硫酸铝相似，但混凝特性与硫酸铝略有区别。在多数情况下，三价铁适用的 pH 范围较广，氯化铁腐蚀性较强，且固体产品易吸水潮解，不易保存。

4）硫酸亚铁，硫酸亚铁 $FeSO_4·7H_2O$ 固体产品是半透明绿色结晶体，俗称绿矾。硫酸亚铁在水中离解出的是二价铁离子 Fe^{2+}，水解产物只是单核配合物，不具有三价铁离子的优良混凝效果。同时，二价铁离子会使处理后的水带色，特别是当 Fe 与水中有色胶体作用后，将生成颜色更深的溶解物。所以，采用硫酸亚铁作混凝剂时，应将二价铁氧化成三价铁。氧化方法有氯化、曝气等方法，生产上常用的是氯化法。

5）聚合铁：聚合铁包括聚（合）硫酸铁（PFS）和聚（合）氯化铁（PFC）。聚（合）氯化铁目前尚在研究之中。聚（合）硫酸铁已投入生产使用。

6）复合型无机高分子：聚合铝和聚合铁虽属于高分子混凝剂，但聚合度不大，远小于有机高分子混凝剂，且在使用过程中存在一定程度水解反应的不稳定性。为了提高无机高分子混凝剂的聚合度，近年来国内外专家研究开发了多种新型的复合型无机高分子混凝剂。目前，这类混凝剂主要是含有铝、铁、硅成分的聚合物。所谓复合，即指两种以上具有混凝作用的成分和特性互补集中于一种混凝剂中。例如，用聚硅酸与硫酸铝复合反应，可制成聚硅硫酸铝。这类混凝剂的分子量较聚合铝或聚合铁大（可达 10 万 D 以上），且当各组分配合适当时，不同成分具有优势互补作用。

由于复合型无机高分子混凝剂混凝效果优于无机盐和聚合铁（铝），其价格较有机高分子低，有广阔的开发应用前景。目前，已有部分产品投入生产应用。

（2）有机高分子混凝剂

有机高分子混凝剂分为天然和人工合成两类。在给水处理中，人工合成的日益增多。这类混凝剂均为巨大的线形分子。每一大分子由许多链节组成且常含带电基团，故又被称为聚合电解质。该混凝剂是发挥吸附架桥作用的絮凝剂。按基团带电情况，可分为以下 4 种：凡基团离解后带正电荷者称为阳离子型，带负电荷者称为阴离子型，分子中既含正电基团又含负电基团者称为两性型，若分子中不含可离解基团者称为非离子型。水处理中常用的是阳离子型、阴离子型和非离子型 3 种高分子混凝剂，两性型使用极少。

非离子型高分子混凝剂主要品种是聚丙烯酰胺（PAM）和聚氧化乙烯（PEO）。前者是使用最为广泛的人工合成有机高分子混凝剂（其中包括水解产品）。

聚丙烯酰胺部分水解后，成为丙烯酰胺和丙烯酸钠的共聚物，一些酰胺基带有负的电荷。由酰胺基转化为羧基的百分数称为水解度。水解度过高，负电性过强，对絮凝产生阻碍作用。目前在处理高浊度水中，一般使用水解度为 30%～40% 的聚丙烯酰胺水解体，并作为助凝剂以配合铝盐或铁盐混凝剂使用，效果显著。

聚丙烯酰胺的聚合度可高达 2 万～9 万，相应的分子量高达 150 万～600 万。它的混凝效果在于对胶体表面具有强烈的吸附作用，在胶粒之间形成桥联。聚丙烯酰胺每一链节中均含有一个酰胺基（$-CONH_2$）。由于酰胺基间的氢键作用，线形分子往往不能充分伸展开来，致使桥架作用削弱。为此，通常将 PAM 在碱性条件下（pH＞10）进行部分水解，生成阴离子型水解聚合物（HPAM）。

阳离子型聚合物通常带有氨基、亚氨基等正电基团。对于水中带有负电荷的胶体颗粒具有良好的混凝效果。国外使用阳离子型聚合物有日益增多趋势。因其价格较高，使用受到一定限制。

有机高分子混凝剂的毒性是人们关注的问题。聚丙烯酰胺和阴离子型水解聚合物的毒性主要在于单体丙烯酰胺。故对水体中丙烯酰胺单体残留量有严格的控制标准。我国《生活饮用水卫生标准》GB 5749—2006 规定：自来水中丙烯酰胺含量不得超过 0.0005mg/L。在高浊度处理中，经常使用聚丙烯酰胺混凝剂时，投加量不超过 1.0mg/L，每年使用时间在 1 个月以内的非经常使用时，投加量不超过 2.0mg/L。

2. 助凝剂

从广义上讲，凡是不能在某一特定的水处理工艺中单独用作混凝剂，但可以与混凝剂配合使用而提高或改善凝聚和絮凝效果的化学药剂均可称为助凝剂。助凝剂可用于调节或改善混凝的条件，例如当原水的碱度不足时可投加石灰或碳酸氢钠等，当采用硫酸亚铁作混凝剂时可加氧气将亚铁 Fe^{2+} 氧化成三价铁离子 Fe^{3+} 等。助凝剂也可用于改善絮凝体的结构，利用高分子助凝剂的强烈吸附架桥作用，使细小松散的絮凝体变得粗大而紧密，常用的有聚丙烯酰胺、活化硅酸、骨胶、海藻酸钠、红花树等。

当单独使用混凝剂不能取得较好的混凝效果时，常常需要投加一些辅助药剂以提高混凝效果，这种药剂称为助凝剂。常用的助凝剂多是高分子物质。其作用往往是为了改善絮凝体结构，促使细小而松散的颗粒聚结成粗大密实的絮凝体。助凝剂的作用机理是高分子

物质的吸附架桥作用。例如，对于低温低浊度水的处理，采用铝盐或铁盐混凝剂形成的颗粒往往细小松散，不易沉淀。而投加少量的活化硅助凝剂后，絮凝体的尺寸和密度明显增大，沉速加快。

这类药剂本身不起混凝作用，只能起辅助混凝作用，与高分子助凝剂的作用机理是不相同的。有机高分子聚丙烯酰胺既能发挥助凝作用，又能发挥混凝作用。

3.3.4 影响混凝效果主要因素

影响混凝效果的因素比较复杂，其中包括水温、水化学特性、水中杂质性质和浓度以及水力条件等。

1. 水温影响

水温对混凝效果有明显影响。水温低时絮凝体形成缓慢，絮凝颗粒细小松散，沉淀效果差，即使过量投加混凝剂也难以取得良好的混凝效果。其原因主要有以下 3 点：

水温低会影响无机盐类水解。无机盐混凝剂水解是吸热反应，低温时，水解困难，水解反应慢。如硫酸铝，水温降低 10℃，水解速度常数降低 2～4 倍。水温在 5℃时，硫酸铝水解速度极其缓慢。

低温水的黏度大，水中杂质颗粒的布朗运动强度减弱，碰撞机会减少，不利于胶粒凝聚，混凝效果下降。同时，水流剪力增大，影响絮凝体的成长。这就是冬天混凝剂的用量比夏天用得多的原因。

低温水中胶体颗粒水化作用增强，妨碍胶体凝聚，而且水化膜内的水由于黏度和重度增大，影响了颗粒之间的黏附强度。

为提高低温水混凝效果，常用的办法是投加高分子助凝剂，如投加活化硅酸后，可对水中负电荷胶体起到架桥连接作用。如果与硫酸铝或三氯化铁同时使用，可降低混凝剂的用量，提高絮凝体的密度和强度。我国北方地区冬季水处理的核心在于低温水中混凝效率。

为提高低温水的混凝效果，通常采用增加混凝剂投加量或投加高分子助凝剂等。

2. 水的 pH 和碱度影响

混凝过程中要求有一个最佳的 pH，才能使混凝反应速度达到最快，絮凝体的溶解度最小。这个 pH 可以通过试验测定。混凝剂种类不同，水的 pH 对混凝效果的影响程度也不同。对铝盐与铁盐混凝剂来说，不同的 pH，其水解产物的形态不同，混凝效果也各不相同。对硫酸铝来说，用于去除浊度时，最佳 pH 为 6.5～7.5；用于去除色度时，pH 一般在 4.5～5.5。对三氯化铝来说，适用的 pH 范围较宽，用于去除浊度时，最佳 pH 为 6.0～8.4；用于去除色度时，pH 一般在 3.5～5.0。

高分子混凝剂的混凝效果受水的 pH 影响较小，故对水的 pH 变化适应性较强。

高分子混凝剂的混凝效果受水的 pH 影响较小。例如聚合氯化铝在投入水中前聚合物形态基本确定，故对水的 pH 变化适应性较强。

从铝盐（铁盐类似）水解反应可知，水解过程中不断产生 H^+，从而导致水的 pH 不断下降，直接影响了铝（铁）离子水解后生成物结构和继续聚合的反应。因此，应使水中有足够的碱性物质与氢离子中和，才能有利于混凝。

天然水体中能够中和氢离子的碱性物质称为水的碱度。其中包括氢氧化物碱度

(OH^-)、碳酸盐碱度和重碳酸盐碱度。当水的 pH＞10 时，氢氧根和碳酸根各占一半；pH＝8.3～9.5 时，碳酸根和碳酸氢根约占各一半；pH＜8.3 时以碳酸氢根最多。所以，一般水源水 pH＝6～9，水的碱度主要是碳酸氢根构成的重碳酸盐碱度，对于混凝剂水解产生的氢离子也有一定中和作用。

当原水碱度不足或混凝剂投量较高时，水的 pH 将大幅度下降以致影响混凝剂继续水解。为此，应投加碱剂（如石灰）以中和混凝剂水解过程中所产生的氢离子。

应当注意，投加的碱性物质不可过量，否则形成的 Al（OH）$_3$ 会溶解为负离子 Al（OH）$_4^-$ 而恶化混凝效果。

3. 水中悬浮物浓度的影响

浊度高低直接影响混凝效果，过高或过低都不利于混凝。浊度不同，混凝剂用量也不同。对于去除以浊度为主的地表水，主要的影响因素是水中的悬浮物含量。

水中悬浮物含量过高时，所需铝盐或铁盐混凝剂投加量将相应增加。为了减少混凝剂用量，通常投加高分子助凝剂，如聚丙烯酰胺及活化硅酸等。对于高浊度原水处理，采用聚合氯化铝具有较好的混凝效果。

水中悬浮物浓度很低时，颗粒碰撞速率大大减小，混凝效果差。为提高混凝效果，可以投加高分子助凝剂，如聚丙烯酰胺或活化硅酸等，通过吸附架桥作用，使絮凝体的尺寸和密度增大；投加黏土类矿物颗粒，可以增加混凝剂水解产物的凝结中心，提高颗粒碰撞速率，并增加絮凝体密度；也可以在原水投加混凝剂后，经过混合直接进入滤池过滤。需说明的是，SS 与浊度并不完全一致，根据美国 Conwell 公式，浊度为 SS 的 0.7～2.2 倍。此外，虽然原水浊度与投药量具有一定关系，但不是简单的线性相关，需通过试验筛选、确定。

如果原水悬浮物含量过高，如我国西北、西南等地区洪水季节的高浊度水源水，为使悬浮物达到吸附电中和脱稳作用，所需铝盐或铁盐混凝剂量将相应地大大增加。为减少混凝剂用量，通常投加高分子助凝剂。

近年来，自水库取水的水厂越来越多，出现了原水浊度低、碱度低的现象。这时要调节碱度，投加石灰水，选用高分子混凝剂及活化硅酸具有明显的混凝效果。

3.3.5　混凝剂储存与投加

1. 混凝剂储存

混凝剂存放间又称为药剂仓库，常和混凝剂溶解间连在一起以方便搬运和使用。

（1）固体混凝剂

常用的混凝剂，如硫酸铝、三氯化铁、碱式氯化铝，多以固体包装成袋存放，每袋 40～50kg。堆放时整齐排列并留有通道，采取先存先用的原则。

大型水厂的混凝剂存放间设有起吊运输设备，有的安装单轨吊车，有的设皮带运输机。小型水厂可设平推车、轻便铁轨车等。

混凝剂存放间大门应能使汽车驶入，10t 载重卡车宽 2.30m，故驶入汽车的大门要求宽 3.00m，高 4.20m 以上。

产生臭味或粉尘的混凝剂应在通风良好的单独房间操作。一般混凝剂存放间、溶解池设置处安装轴流排气风机。

固体混凝剂存储量根据货源供应、运输条件决定，宜按最大投加量的 7～15d 用量储备。

（2）液体混凝剂

目前，聚（合）氯化铝、三氯化铁、硫酸铝液体混凝剂使用较广，多用槽车、专用船只运输到水厂储液池。储液池设在室外，盖板和池壁整体浇筑。在池角或池边，安装耐腐蚀液下泵，提升原液到调配池中。

液体混凝剂储存池应设计 2 格以上，每格容积可按 7～10d 用量计算。

（3）构筑物防腐

因混凝剂大多有腐蚀性，所以混凝剂存放间地面、溶解池、溶液池内表面经常受到混凝剂侵蚀，会出现开裂剥皮，以至于大片脱落。目前，混凝剂存放间多用混凝土铺设地坪、粉刷墙面，已有一定防腐作用。存放袋装固体混凝剂或散装硫酸亚铁时，基本上可满足要求。

大多数混凝剂溶解时，会放热，造成水温提高，同时 pH 降低。溶解池、溶液调配池、储液池应进行防腐处理。采用辉绿岩混凝土浇筑或辉绿岩板衬砌的池子防腐效果较好，也有采用硬聚氯乙烯板、耐腐瓷砖衬砌，或采用新型高分子屏障防腐涂料防腐。

2. 混凝剂溶解调配

混凝剂投加，通常是将固体溶解后配成一定浓度的溶液投入水中。

溶解设备的选择往往决定于水厂规模和混凝剂品种。大、中型水厂通常建造混凝土溶解池并配以搅拌装置。搅拌装置有机械搅拌、压缩空气搅拌及水力搅拌等，其中机械搅拌使用得较多。压缩空气搅拌常用于大型水厂，通过穿孔布气管向溶解池内通入压缩空气进行搅拌。其优点是没有与溶液直接接触的机械设备，使用维修方便；与机械搅拌相比较，动力消耗大，溶解速度稍慢，并需专设一套压缩空气系统。用水泵自溶解池抽水再送回溶解池，是一种水力搅拌。水力搅拌也可用水厂二级泵站高压水冲动药剂。

溶液池是配制一定浓度溶液的构筑物，通常建造在地面以上，用耐腐蚀泵或射流泵将溶解池内的浓液送入溶液池，同时用自来水稀释到所需浓度以备投加。

3. 混凝剂投加

混凝剂投加设备包括计量设备、药液提升设备、投药箱、必要的水封箱以及注入设备等。根据不同投药方式或投药量控制系统，所用设备有所不同。

（1）计量设备

药液投入原水中必须有计量或定量设备，并能随时调节。计量设备多种多样，应根据具体情况选用。常用的计量设备有：转子流量计、电磁流量计、苗嘴、计量泵等。采用苗嘴计量仅适用人工控制，其他计量设备既可人工控制，也可自动控制。

（2）药液提升

由混凝剂溶解池、储液池到溶液池或从低位溶液池到重力投加的高位溶液池均需设置药液提升设备。使用较多的是耐腐蚀泵和水射器。

（3）混凝剂投加

药剂的投加采用重力投加和压力投加。无论哪种投加方式，由溶解池到溶液池，到药液投加点，均应设置药液提升设备。常用的药液提升设备是计量泵和水射器。

1）重力投加。利用重力将药剂投加在水泵吸水管内或者吸水井的吸水喇叭口处，利用水泵叶轮混合。

2）压力投加。利用水泵或者水射器将药剂投加到原水管中，适用于将药剂投加到压力水管中，或者需要投加到标高较高、距离较远的净水构筑物内。

3）水泵投加。水泵投加是在溶液池中提升药液到压力管中，有直接采用计量泵和采用耐酸泵配以转子流量计两种投加方式。

4）水射器投加。水射器投加是利用高压水（压力＞0.25MPa）通过喷嘴和喉管时的负压抽吸作用，吸入药液到压力水管中。水射器投加应有计量设备，一般水厂的给水管都有较高压力，故使用方便。

4. 混凝剂自动投加与控制

药剂配置和投加的自动控制指从药剂配制、中间提升到计量投加整个过程均实现自动操作。投加系统除了药剂的搬运外，其余操作都可以自动完成。

混凝剂投加量自动控制目前有数学模型法、现场模拟试验法、特性参数法。其中，流动电流检测仪（SCD）法和透光率脉动法即属特性参数法。

3.3.6　混凝设备与构筑物

1. 混合设备

混凝剂投加到水中后，水解速度都很快。迅速分散混凝剂，使其在水中的浓度保持均匀一致，有利于混凝剂水解时生成较为均匀的聚合物，更好发挥絮凝作用。所以，混合是提高混凝效果的重要因素。

混合时间一般取 10～30s，最多不超过 2min。混合的过程是搅动水体，产生涡流或产生水流速度差，通常按照速度梯度计算，一般控制 G 值在 700～1000s^{-1} 之内。

混合设备种类较多，应用于水厂混合的大致分为水泵混合、管式混合、机械混合和水力混合池混合四种。

（1）水泵混合

水泵抽水时，水泵叶轮高速旋转，投加的混凝剂随水流在叶轮中产生涡流，很容易达到均匀分散的目的。它是一种较好的混合方式，适合于大、中、小型水厂。水泵混合无须另建混合设施或构筑物，设备最为简单，所需能量由水泵提供，不必另外增加能源。

采用水泵混合时，混凝剂调配浓度取 10%～20%，用耐腐蚀管道重力或压力加注在每一台水泵吸水管上，随即进入水泵，迅速分散于水中。

经混合后的水流不宜长距离输送，以免形成的絮凝体在管道中破碎或沉淀。一般适用于取水泵房距离水厂絮凝构筑物较近的水厂，两者间距不宜大于 120m。

（2）管式混合

管道混合是管道阻流部件扰动水体发生的湍流混合。常用的管式混合可分为简易管道混合和管式静态混合器混合。

当取水泵房远离水厂絮凝构筑物时，使用较多的是管式静态混合器。这种混合器内部安装若干交叉固定扰流叶片，投加混凝剂的水流通过叶片时，被依次分割，改变水流方向，并形成涡旋，达到迅速混合目的。

（3）机械搅拌混合

依靠搅拌器在搅拌槽中转动对液体进行搅拌，是化工生产中将气体、液体或颗粒分散于液体中的常用方法。机械搅拌混合是在混合池内安装搅拌设备，以电动机驱动搅拌器完成的混合。水池多为方形，用一格或两格串联，混合时间 10～30s，最长不超过 2min。混合搅拌器有多种形式，如桨板式、螺旋桨式、涡流式，以立式桨板式搅拌器使用最多。

（4）水力混合池

利用水流跌落而产生湍流或改变水流方向以及速度大小进行的混合称为水力混合。水力混合需要有一定水头损失达到足够的速度梯度，方能有较好的混合效果。

2. 絮凝构筑物

絮凝是通过水力搅拌或机械搅拌扰动水体，产生速度梯度或涡旋，促使颗粒相互碰撞聚结。根据能量来源不同，分为水力絮凝池及机械絮凝池。在水力絮凝池中，水流方向不同，扰流隔板的设置不同，又分为很多种。从絮凝颗粒成长规律分析，无论何种形式的絮凝池，对水体的扰动程度都是由大到小。在每一种水力条件下，会生成与之相适应的絮凝体颗粒，即不同水力条件下的"平衡粒径"颗粒。根据大多数水源的水质情况分析，取絮凝时间 $T=15～30min$，起端水力速度梯度 $G \approx 100s^{-1}$，末端 $G=10～20s^{-1}$，$GT=10^4～10^5$，可获得较好的絮凝效果。

（1）隔板絮凝池

隔板絮凝池是水流通过不同间距隔板进行絮凝的构筑物。隔板絮凝池中的水流在隔板间流动时，水流和壁面产生近壁紊流，向整个断面传播，促使颗粒相互碰撞聚结。根据水流方向，隔板絮凝池可分为往复式、回流式、竖流式几种形式。

（2）机械搅拌絮凝池

机械搅拌絮凝池是通过叶片搅拌完成絮凝过程。电动机变速驱动搅拌器搅动水体，因桨板前后压力差促使水流运动产生旋涡，导致水中颗粒相互碰撞聚结的絮凝池。该絮凝池可根据水量、水质和水温变化调整搅拌速度，故适用于不同规模的水厂。根据搅拌轴安装位置，又分为水平轴和垂直轴两种形式。其中，水平轴搅拌絮凝池适用于大、中型水厂。垂直搅拌装置安装简便，可用于中、小型水厂。

机械搅拌絮凝池通常 3 格以上串联起来。串联的各格絮凝池隔墙上开设 3％～5％隔墙面积的过水孔，或者按穿孔流速等于下一格桨板线速度决定开孔面积。

（3）网格（栅条）絮凝池

网格絮凝池栅条絮凝池（grid flocculating tank），指的是在沿流程一定距离的过水断面中设置栅条或网格，通过栅条或网格的能量消耗完成絮凝过程的构筑物。

网格（栅条）絮凝池由多格竖井组成，每格竖井中安装若干层网格或栅条，上下交错开孔，形成串联通道。因此，它具有速度梯度分布均匀、絮凝时间较短的优点。

网格（栅条）絮凝池水头损失由水流通过两竖井间孔洞损失和每层网格（栅条）水头损失组成。网格（栅条）絮凝池的水头损失较小，相对应的水流速度梯度较小，应根据不同水质条件选用。

（4）不同形式絮凝池组合

上述不同形式的絮凝池具有各自的优缺点和适应条件。为了相互取长补短，特别是处理水量较小而难以从构造上满足要求，或者水质水量经常变化，可采用不同形式的絮凝池组合工艺。

折板絮凝池和平直板絮凝池的组合是常用的絮凝池组合工艺之一。由于折板水流转折次数多，混合絮凝作用较好。絮凝池后段的絮凝体逐渐结大，要求水流流速慢慢减小，紊动作用减弱。后段的折板改为平直板，具有很好的絮凝效果。当水量较小或水量水质经常变化时，常采用机械搅拌絮凝和竖流直板或机械搅拌絮凝和水平流隔板絮凝组合工艺，来弥补起始段廊道或竖井尺寸偏小、施工不便的影响，并可调节机械搅拌器旋转速度以适应水量变化。

3.4　沉淀、澄清和气浮

3.4.1　沉淀

1. 沉淀分类

在水处理工艺中，水中悬浮颗粒在重力作用下，从水中分离出来的过程称为沉淀。当颗粒的密度大于水的密度时，则颗粒下沉；相反，颗粒的密度小于水的密度时，颗粒上浮。

根据悬浮颗粒的浓度和颗粒特性，其从水中沉降分离的过程分为以下几种基本形式：

（1）自由沉淀，废水中悬浮固体浓度不高，而且不具有凝聚的性能，在沉淀过程中，固体颗粒不改变形状，也不互相黏合，各自独立地完成沉淀过程（沉砂池和初沉池的初期沉淀）。

（2）混凝沉淀，废水中悬浮固体浓度也不高，但具有凝聚的性能，在沉淀的过程中，互相黏合，结合成为较大的絮凝体，其沉淀速度是变化的（在初沉池后期和二沉池初期）。

（3）拥挤沉淀，当废水中悬浮颗粒的浓度提高到一定程度后，每个颗粒的沉淀将受到其周围颗粒的干扰，沉速有所降低，如浓度进一步提高，颗粒间的干涉影响加剧，沉速大的颗粒也不能超过沉速小的颗粒，在聚合力的作用下，颗粒群结合成为一个整体，各自保持相对不变的位置，共同下沉。液体与颗粒群之间形成清晰的界面。沉淀的过程实际就是这个界面下降的过程（活性污泥在二沉池的后期沉淀）。

（4）压缩沉淀，此时浓度很高，固体颗粒互相接触，互相支承，在上层颗粒的重力作用下，下层颗粒间隙的液体被挤出界面，固体颗粒群被浓缩（活性污泥在二沉池污泥斗中和浓缩池中的浓缩）。

2. 天然悬浮颗粒在静水中自由沉淀

水中悬浮颗粒浓度较低，沉淀时不受池壁和其他颗粒干扰的沉淀称为自由沉淀。低浓度的除砂预沉池即属于这种沉淀。

在重力作用下，颗粒下沉，同时受到水的浮力和水流阻力作用。这些作用力达到平衡时，颗粒以稳定沉速下沉。

3. 絮凝颗粒在静水中沉淀

经混凝后的悬浮颗粒已经脱稳，大多具有絮凝性能。在沉淀池中虽不如在絮凝池中相互碰撞聚结频率高，但因水流流速分布差异而产生相邻水层速度差，以及颗粒沉速差异仍会促使颗粒相互碰撞聚结。聚结成悬浮颗粒群体絮状物的沉淀和单颗粒沉淀有一定差别。因为群体颗粒比较松散，密度较小，在垂直方向的投影面积大于单颗粒投影面积之和，周围水流雷诺数 Re 也有变化。所以，沉淀速度会变得较小些。

3.4.2 沉淀池

1. 沉淀池类型

沉淀池是应用沉淀作用去除水中悬浮物的一种构筑物。沉淀池在废水处理中广为使用。它的形式很多，按池内水流方向可分为平流式、竖流式和辐流式三种。

经混合、絮凝后，水中悬浮颗粒已形成粒径较大的絮凝体，需在沉淀（或澄清）构筑物分离出来。在正常情况下，沉淀池可以去除处理系统中90％以上的悬浮固体，而排出沉泥水中的含固率为1‰左右，优于滤池过滤去除悬浮物的效果。

在重力作用下，悬浮颗粒从水中分离出来的构筑物是沉淀池。不同形式的沉淀池分离悬浮物的原理相同，构造有一定差别。

池体平面为圆形或方形。水由设在沉淀池中心的进水管自上而下排入池中，进水的出口下设伞形挡板，使水在池中均匀分布，然后沿池的整个断面缓慢上升。悬浮物在重力作用下沉降入池底锥形泥斗中，澄清水从池上端周围的溢流堰中排出。溢流堰前也可设浮渣槽和挡板，保证出水水质。这种池占地面积小，但深度大，池底为锥形，施工较困难。

辐流式沉淀池池体平面多为圆形，也有方形的。直径较大而深度较小，直径为20～100m，池中心水深不大于4m，周边水深不小于1.5m。废水自池中心进水管入池，沿半径方向向池周缓慢流动。悬浮物在流动中沉降，并沿池底坡度进入污泥斗，澄清水从池周溢流入出水渠。

按照悬浮颗粒沉降距离划分，斜管、斜板沉淀池的沉淀属于浅池沉淀。斜管（板）沉淀池主要基于增大沉淀面积，减少单位面积上的产水量来提高杂质的去除效率。

目前，使用最多的沉淀池是平流式沉淀池。其性能稳定、去除效率高，是我国自来水厂应用较早、使用最广的泥水分离构筑物。

平流式沉淀池为矩形水池，上部是沉淀区，或称泥水分离区，底部为存泥区。经混凝后的原水进入沉淀池后，沿进水区整个断面均匀分布，经沉淀区后，水中颗粒沉于池底，清水由出水口流出，存泥区的污泥通过吸泥机或排泥管排出池外。

平流式沉淀池去除水中悬浮颗粒的效果，常受到池体构造及外界条件影响，即实际沉淀池中水中颗粒运动规律和沉淀理论有一定差别。为便于讨论，首先提出"理想沉淀池"概念，来分析水中颗粒运动规律。

2. 平流式沉淀池内颗粒沉淀过程分析

（1）理想沉淀池基本假定

所谓理想沉淀地，指的是池中水流流速变化、沉淀颗粒分布状态符合以下三个基本假定条件：

1）同一水平断面上各点都按水平流速 V 流动；颗粒处于自由沉淀状态，即在沉淀过程中，颗粒之间互不干扰，颗粒大小、形状、密度不发生变化、进口处颗粒的浓度及在池深方向的分布完全均匀一致，因此沉速始终不变。

2）整个水深颗粒分布均匀，按水平流速 V 流出，按沉降速度 U 下沉；水流沿水平方向等速流动，在任何一处的过水断面上，各点的流速相同，始终不变。

3）颗粒一经沉底即认为已被去除，不会再浮起。到出水区尚未沉到池底的颗粒全部随出水带出池外。

（2）平流式沉淀池表面负荷和临界沉速

根据上面假定，悬浮颗粒在理想沉淀池中的沉淀规律如图 3-1 所示。

原水进入沉淀池后，在进水区均匀分配在 A-B 断面上，水平流速为：

$$v = \frac{Q}{HB} \tag{3-4}$$

式中 v——水平流速，m/s；

  Q——流量，m^3/s；

  H——沉淀区水深，m；

  B——A-B 断面宽度，m。

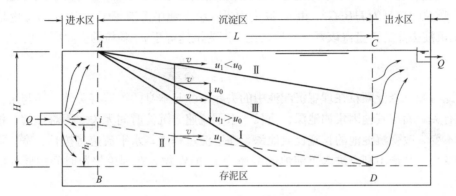

图 3-1 平流理想沉淀示意图

如图 3-1 所示，沉速为 u 的颗粒以水平流速 v 向右水平运动，同时以沉速 u 向下运动，其运动轨迹是水平流速 v、沉速 u 的合成速度方向直线。具有相同沉速的颗粒无论从哪一点进入沉淀区，沉降轨迹互相平行。从沉淀池最不利点（即进水区液面 A 点）进入沉淀池的沉速为 u_0 的颗粒，在理论沉淀时间内，恰好沉到沉淀池终端池底，u_0 被称为临界沉速，或截留速度，沉降轨迹为直线Ⅲ。沉速大于 u_0 的颗粒全部去除，沉降轨迹为直线Ⅰ。沉速小于 u_0 的某一颗粒沉速为 u_i，在进水区液面下某一高度 i 点以下进入沉淀池，可被去除，沉降轨迹为虚线Ⅱ′，而在 i 点以上任一处进入沉淀池的颗粒未被去除，如实线Ⅱ，与虚线Ⅱ′平行。

截留速度 u_0 及水平流速 v 都与沉淀时间 t 有关，在数值上等于式（3-5）。

$$t = \frac{L}{v} = \frac{H}{u_0} \tag{3-5}$$

式中 L——沉淀区长度，m；

  v——水平流速，m/s；

  H——沉淀区水深，m；

  t——水流在沉淀区内的理论停留时间，s；

  u_0——颗粒截留速度或临界流速，m/s。

于是，可以得出式（3-6）：

$$u_0 = \frac{Q}{A} \tag{3-6}$$

式中 A——沉淀池的表面积，也是沉淀池在水平面上的投影，即沉淀面积。

上式中的 Q/A，通常称为表面负荷或溢流率，是给水、排水处理厂中沉淀池的设计指标之一。当一个悬浮颗粒在理论停留时间内通过一段恰好等于池深的距离时而沉淀，其沉降速度称作溢流率或表面负荷率。单位为 $m^3/(m^2 \cdot h)$，即 m/s。沉淀池的效率通常以表面负荷率为基础。当颗粒物的沉降速度大于表面负荷（$V_s > q$）时，才能有效沉降到池底，完成固液分离。

（3）沉淀去除效率计算

按上述假设，沉速为 u_i 的颗粒（$u_i < u_0$）从进水区水面进入沉淀池，将被水流带出池外。如果从水面以下距池底 h_i 高度处进入沉淀池，在理论停留时间内，正好沉到池底，即认为已被去除。如果原水中沉速等于 u_i 的颗粒质量浓度为 C_i，进入整个沉淀池中沉速等于 u_i 颗粒的总量为 $HBvC_i$。由 h_i 高度内进入沉淀池中沉速等于 u_i 颗粒的总量是 $h_i B \text{-} vCt$，则沉淀去除的数量占该颗粒总量之比，即为沉速等于 u_i 颗粒的去除率，用 E_i 表示：

$$E_i = \frac{h_i/t}{H/t} = \frac{u_i}{u_0} = \frac{u_i}{Q/A} \tag{3-7}$$

由此可知，悬浮颗粒在理想沉淀池中的去除率除与本身的沉速有关外，还与沉淀池表面负荷有关，而与其他因素如池深、池长、水平流速、沉淀时间无关。不难理解，沉淀池表面积不变，改变沉淀池的长宽比或池深，在沉淀过程中，水平流速将按长、宽、深改变的比例变化，从最不利点进入沉淀池的沉速为 w 的颗粒，在理论停留时间内同样沉到终端池底。

3. 影响沉淀效果主要因素

在讨论理想沉淀池时，假定水流稳定，流速均匀，颗粒沉速不变。而实际的沉淀池因受外界风力、温度、池体构造等影响时偏离理想沉淀条件，主要在以下几个方面影响了沉淀效果：

（1）短流影响

短流影响，即部分水流通过滤层的时间快一些。在理想沉淀池中，垂直于水流方向的过水断面上各点流速相同，在沉淀池的停留时间 t_0 相同。而在实际沉淀池中，有一部分水流通过沉淀区的时间小于 t_0，而另一部分则大于 t_0，该现象称为短流。引起短流的原因有：进水的惯性作用；出水堰产生的水流抽吸作用；由于水温和密度的差异引起的异重流；风浪引起的短流；池内存在的导流壁和刮泥设施等。这些因素导致池内顺着某些流程的水流速度大于平均值，而在另一些区域流速小于平均值，甚至形成死角（局部静水、打回流等），因此一部分水通过沉淀池的时间低于平均值而另一部分水却大于平均值，从而影响了沉淀效果。

短流的出现，有时形成流速很慢的"死角"、减小了过流面积、局部地方流速更快，本来可以沉淀去除的颗粒被带出池外。从理论上分析，沿池深方向的水流速度分布不均匀时，表层水流速度较快，下层水流流速较慢。沉淀颗粒自上而下到达流速较慢的水流层后，容易沉到终端池底，对沉淀效果影响较小。而沿宽度方向水平流速分布不均匀时，沉淀池中间水流停留时间小于 t_0，将有部分颗粒被带出池外。靠池壁两侧的水流流速较慢，有利于颗粒沉淀去除，一般不能抵消较快流速带出沉淀颗粒的影响。

（2）水流状态影响

在平流式沉淀池中，雷诺数和弗劳德数是反映水流状态的重要指标。水流属于层流或

是紊流用雷诺数 Re 判别，表示水流的惯性力和黏滞力两者之比。

$$Re = \frac{vR}{\nu} \tag{3-8}$$

式中　v——水平流速，m/s；

　　　R——水力半径，m，$R = \omega/\chi$；

　　　ω——过水断面面积，m^2；

　　　χ——湿周，m；

　　　ν——水的运动黏滞系数，m^2/s。

对于平流式沉淀池这样的明渠流，当 $Re < 500$，水流处于层流状态，$Re > 2000$，水流处于紊流状态。大多数平流式沉淀池的 $Re = 4000 \sim 20000$，显然处于紊流状态。在水平流速方向以外产生脉动分速，并伴有小的涡流体，对颗粒沉淀产生不利影响。

水流稳定性以弗劳德数判别，表示水流惯性力与重力的比值：

$$Fr = \frac{v^2}{Rg} \tag{3-9}$$

式中　　v——水平流速，m/s；

　　　　R——水力半径，m；

　　　　g——重力加速度，$9.81 m/s^2$。

当惯性力的作用加强或重力作用减弱时，Fr 值增大，抵抗外界干扰能力增强，水流趋于稳定。

在实际沉淀池中存在许多干扰水流稳定的因素，提高沉淀池的水平流速和 Fr 值，异重流等影响将会减弱。一般认为，平流式沉淀池的 Fr 值大于 10^{-5} 为宜。

比较式（3-8）、式（3-9）可知，减小雷诺数、增大弗劳德数的有效措施是减小水力半径 R 值。沉淀池纵向分格，可减小水力半径。因减小水力半径有限，还不能达到层流状态。提高沉淀池水平流速 v，有助于增大弗劳德数，减小短流影响，但会增大雷诺数。由于平流式沉淀池内水流处于紊流状态，再适当增大雷诺数不至于有太大影响，故希望适当增大水平流速，不过分强调雷诺数的控制。

（3）絮凝作用影响

平流式沉淀池水平流速存在速度梯度以及脉动分速，伴有小的涡流体。同时，沉淀颗粒间存在沉速差别，因而导致颗粒间相互碰撞聚结，胶体杂质浓度过高或过低都不利于混凝。用无机金属盐作混凝剂时，胶体浓度不同，所需脱稳的 Al^{3+} 和 Fe^{3+} 的用量亦不同。

4. 平流式沉淀池构造与设计计算

（1）平流式沉淀池的构造

平流式沉淀池由进水区、沉淀区、出水区和存泥区四部分组成。

1）进水区

进水区的主要功能是使水流分布均匀，减小紊流区域，减少絮凝体破碎。常用的有穿孔花墙、栅板等布水方式。从理论上分析，欲使进水区配水均匀，应增大进水流速来增大过孔水头损失。如果增大水流过孔流速，势必增大沉淀池的紊流段长度，造成絮凝颗粒破碎。目前，大多数沉淀池属混凝沉淀，而进水区或紊流区段占整个沉淀池长度比例很小，故首先考虑絮凝体的破碎影响，所以多按絮凝池末端流速作为过孔流速设计穿孔墙过水面积，且池底积泥面上 0.3m 至池底范围内不设进水孔。

2）沉淀区

沉淀区即泥水分离区。根据理论分析，沉淀池深度与沉淀效果无关。但考虑到后续构筑物，不宜埋深过大。同时考虑外界风吹不使沉泥泛起，常取有效水深 3~3.5m，超高 0.3~0.5m。沉淀池长度 L 与水量无关，而与水平流速 v 和停留时间 T 有关。一般要求长深比 $L/H>10$，即为水平流速是截留速度的 10 倍以上。沉淀池宽度 B 和处理水量有关，即 $B=Q/Hv$。宽度 B 越小，池壁的边界条件影响就越大，水流稳定性越好。一般设计 $B=3~8m$，最大不超过 15m，当宽度较大时可中间设置导流墙。设计要求长宽比 $L/B>4$。

3）出水区

沉淀后的清水在池宽方向能否均匀流出，对沉淀效果有较大影响。多数沉淀池出水采用淹没式孔口出流、齿形堰、薄壁堰集水。其中，薄壁堰、齿形堰集水不易堵塞，其单宽出水流量分别与堰上水头的 1.5 次方、2.5 次方成正比。而淹没式孔口集水，其孔口流量与淹没水位的 0.5 次方成正比。

显然，以淹没式孔口集水的沉淀池水位变化时，不会立刻增大出水流量。为防止集水堰口流速过大产生抽吸作用带出沉淀杂质，堰口溢流率以不大于 300m³/（m·d）为宜。目前，新建沉淀池大多采用增加集水堰长或指形出水槽集水，效果良好。加长堰长或指形槽集水，相当于增加沉淀池的中途集水作用，既降低了堰口负荷，又因集水槽起端集水后，减少后段沉淀池中水平流速，有助于提高沉淀去除率或提高沉淀池处理水量。

4）存泥区和排泥方法

平流式沉淀池下部设有存泥区，根据排泥方式的不同，存泥区高度也不同。小型沉淀池常设置为斗式、穿孔管排泥方式，存泥区高度需根据设计的排泥斗间距或排泥管间距确定。目前，平流式沉淀池基本都设计有机械排泥装置，池底为平底，一般不再设置排泥斗、泥槽和排泥管。

机械排泥是指用机械抽吸或刮除净水构筑物内沉淀污泥的方法。适用于原水浊度较高，排泥较频繁的水厂。机械排泥效果好，一般不需要定期放空清洗，并减小劳动强度。但必须加强维护，保证运行正常。排泥机械形式很多，有用于平流、斜管、斜板沉淀池和澄清池等各类处理构筑物的排泥机械。按机械构造，可分为桁架式、牵引式、中心悬挂式；按排泥方式，可分为吸泥机和刮泥机等。

桁架式机械排泥装置分为泵吸式和虹吸式两种。其中虹吸式排泥是利用沉淀池内水位和池外排水渠水位差排泥，节约泥浆泵和动力，目前应用较多。当沉淀池内水位和池外排水渠水位差较小，虹吸排泥管不能保证排泥均匀时可采用泵吸式排泥。

上述两种排泥装置安装在桁架上，利用电机、传动机构驱动滚轮，沿沉淀池长度方向运动。为排出进水端较多积泥，有时设置排泥机在前 1/3 长度处返还一次。机械排泥较彻底，但排出积泥浓度较低。为此，有的沉淀池把排泥设备设计成只刮不排装置，即采用牵引小车或伸缩杆推动刮泥板把沉泥刮到底部泥槽中，由泥位计控制排泥管排出。

（2）平流式沉淀池的设计计算

在设计平流式沉淀池时，表面负荷率和停留时间是重要的控制指标，同时考虑水平流速。当确定沉淀池表面负荷率 $[Q/A]$ 之后，即可确定沉淀面积，根据停留时间和水平流速便可求出沉淀池容积及平面尺寸。有时先行确定停留时间，用表面负荷率复核。

目前，我国大多数平流式沉淀池设计的表面负荷率 $[Q/A]=1\sim2.3m^3/(m^2\cdot h)$，停留时间 $T=1.5\sim3h$，水平流速 $v=10\sim25mm/s$，并避免过多转折。

平流式沉淀池设计方法如下：

1）按截留速度计算沉淀尺寸

沉淀池面积 A 下式计算：

$$A=\frac{Q}{3.6u_0} \tag{3-10}$$

式中　A——沉淀池面积，m^2；

u_0——截留速度，mm/s；

Q——设计水量，m^3/h。

沉淀池长度 L 按下式计算：

$$L=3.6vT \tag{3-11}$$

式中　L——沉淀池长度，m；

v——水平流速，mm/s；

T——水流停留时间，h。

沉淀池宽度 B 按下式计算：

$$B=\frac{A}{L} \tag{3-12}$$

沉淀池深度 H 按下式计算：

$$H=\frac{QT}{A} \tag{3-13}$$

式中　H——沉淀池有效水深，m；

Q——设计水量，m^3/h；

T——水流停留时间，h。

2）按停留时间 T 计算沉淀池尺寸

沉淀池容积 V 按下式计算：

$$V=QT \tag{3-14}$$

式中　V——沉淀池容积，m^3；

Q——设计水量，m^3/h；

T——水流停留时间，h。

沉淀池面积 A 按下式计算：

$$A=\frac{V}{H} \tag{3-15}$$

式中　A——沉淀池面积，m^2；

H——沉淀池有效水深，一般取 3～3.5m。

沉淀池长度 L 按下式计算：

$$L=3.6vT \tag{3-16}$$

沉淀池每格宽度（或导流墙间距）宜为 3～8m。用下式计算：

$$B=\frac{V}{LH} \tag{3-17}$$

3）校核弗劳德数 Fr

控制 $Fr=1\times10^{-4}\sim1\times10^{-5}$。

4）出水集水槽和放空管尺寸

出水通常采用指形槽集水，两边进水，槽宽 0.2~0.4m，间距 1.2~1.8m。

指形集水槽集水流入出水渠。集水槽、出水渠一般设计成矩形断面，当集水槽底、出水渠底为平底时，自由跌落出水时起端水深 h 按下式计算：

$$h=\sqrt{3}\sqrt[3]{\frac{q^2}{gB^2}}\tag{3-18}$$

式中　q——集水槽、出水渠流量，m^3/s；

　　　B——槽（渠）宽度，m；

　　　g——重力加速度，$9.81m/s^2$

为保证排水顺畅，槽底标高应高于排水渠起端水面 100~200mm。

沉淀池放空时间 T 按变水头非恒定流盛水容器放空公式计算，并取外圆柱形管嘴流量系数 $\mu=0.82$，按下式求出排泥、放空管管径 d：

$$d\approx\sqrt{\frac{0.7BLH^{0.5}}{T}}\tag{3-19}$$

式中　T——沉淀池放空时间，s。

其余符号同前。

5. 斜板、斜管沉淀池

（1）斜板、斜管沉淀池沉淀原理

斜板沉淀池的相邻两块平行斜板间相当于有一个很浅的沉淀池，被处理的水（或废水）与沉降的污泥在沉淀浅层中相互运动并分离。根据其相互运动的方向可分为同向流、异向流和侧向流三种不同分离方式。斜板沉淀池运用浅层沉淀原理，缩短颗粒沉降距离，从而缩短了沉淀时间，并且增加了沉淀池的沉淀面积，提高了处理效率。

如果平流式沉淀池长为 L、深为 H、宽为 B，沉淀池水平流速为 v，截留速度为 u_0，沉淀时间为 T。将此沉淀池加设两层底板，每层水深变为 $H/3$，在理想沉淀条件下，则有如下关系：

$$u_0=\frac{H}{T}=\frac{H}{L/v}=\frac{Hv}{L}=\frac{HBv}{LB}=\frac{Q}{A}\tag{3-20}$$

设斜管沉淀池池长为 L，池中水平流速为 V，颗粒沉速为 u_0，在理想状态下，$L/H=V/u_0$。可见 L 与 V 值不变时，池深 H 越浅，可被去除的悬浮物颗粒越小。若用水平隔板将 H 分成 3 层，每层层深 $H/3$，在 u_0 与 v 不变的条件下，只需 $L/3$，就可以将 u_0 的颗粒去除，也即总容积可减少到原来的 1/3。如果池长不变，由于池深为 $H/3$，则水平流速可增加到 $3v$，仍能将沉速为 u_0 的颗粒除去，也即处理能力提高 3 倍。将沉淀池分成 n 层就可以把处理能力提高 n 倍。这就是 20 世纪初哈真（Hazen）提出的浅池理论。

在斜板沉淀池中，按水流与沉泥相对运动方向可分为上向流、同向流和侧向流三种形式。而斜管沉淀池只有上向流、同向流两种形式。水流自下而上流出，沉泥沿斜管、斜板壁面自动滑下，称为上向流沉淀池。水流水平流动，沉泥沿斜板壁面滑下，称为侧向流斜板沉淀池。上向流斜管沉淀池和侧向流斜板沉淀池是目前常用的两种基本形式。

斜板（或斜管）沉淀池沉淀面积是众多斜板（或斜管）的水平投影和原沉淀池面积之和，沉淀面积很大，从而减小了截留速度。又因斜板（或斜管）湿周增大，水流状态为层流，更接近理想沉淀池。

在沉淀池尺寸一定时，斜板间距 d 越小，斜板数越多，总沉淀面积越大。斜板倾角 θ 越小，越接近水平分隔的多层沉淀池。斜板间轴向流速 v_0 和斜板出口水流上升流速 v_s 有如下关系：

$$v_s = v_0 \sin Q \tag{3-21}$$

斜板沉淀池截流速度 u_0 等于处理流量 Q 与斜板投影面积、沉淀池面积之和的比值。

（2）斜管沉淀池设计计算

斜板、斜管沉淀池沉淀原理相同。给水处理中使用斜管沉淀池较多，故本节以介绍斜管沉淀池设计为重点，也适用于斜板沉淀池。

斜管沉淀池，分为清水区、斜管区、配水区、积泥区。在设计时应考虑以下几点：

1）斜板（管）之间间距一般不小于 50mm，斜板（管）长一般在 1.0～1.2m。

2）斜板的上层应有 0.5～1.0m 的水深，底部缓冲层高度为 1.0m。斜板（管）下为废水分布区，一般高度不小于 0.5m，布水区下部为污泥区。

3）池出水一般采用多排孔管集水，孔眼应在水面以下 2cm 处，防止漂浮物被带走。

4）废水在斜管内流速视不同废水而定，如处理生活污水，流速为 0.5～0.7mm/s。

5）斜板（管）与水平面呈 60° 角，斜板净距（或斜管孔径）一般为 80～100mm。

斜管沉淀池的表面负荷是一个重要的技术参数，是对整个沉淀池的液面而言，又称为液面负荷。用下式表示：

$$q = \frac{Q}{A} \tag{3-22}$$

式中　q——针对斜管沉淀池液面负荷，$m^3/(m^2 \cdot h)$；

　　　Q——斜管沉淀池处理水量，m^3/h；

　　　A——斜管沉淀池清水区面积，m^2。

上向流斜管沉淀池液面负荷 q 一般取 5.0～9.0$m^3/(m^2 \cdot h)$（相当于 1.4～2.5mm/s），不计斜管沉淀池材料所占面积及斜管倾斜后的无效面积，则斜管沉淀池表面负荷 q 等于斜管出口处水流上升流速。

小型斜管沉淀池采用斗式及穿孔管排泥，大型斜管沉淀池多用桁架虹吸机械排泥。

6. 其他沉淀池

（1）高密度沉淀池

DENSADEG 高密度沉淀池是一种新型的沉淀池，该沉淀池由混合絮凝区、推流区、泥水分离区、沉泥浓缩区、泥渣回流及排放系统组成。

该沉淀池特点之一是污泥回流，回流量约占处理水量的 5%～10%，发挥了接触絮凝作用。在絮凝区及回流污泥中投加高分子混凝剂有助于混凝颗粒聚结沉淀。沉淀出水经过斜管沉淀区，较大的沉淀面积进一步沉淀分离出了水中细小杂质颗粒。下部设有很大容积的污泥浓缩区，根据污泥浓度定时排放。高密度沉淀池池深达 8～9m。集合接触絮凝、斜管沉淀、污泥浓缩于一体。斜管出水区负荷很高，可达 20～25$m^3/(m^2 \cdot h)$（5.6～7mm/s）。排放污泥含固率在 3% 以上，可直接进入污泥脱水设备。

（2）辐流式沉淀池

辐流式沉淀池，池体平面圆形为多，也有方形的。直径（或边长）6～60m，最大可达100m，池周水深1.5～3.0m，池底坡度不宜小于0.05，废水自池中心进水管进入池中，沿半径方向向池周缓缓流动。悬浮物在流动中沉降，并沿池底坡度进入污泥斗，澄清水从池周溢流出水渠。辐流式沉淀池多采用回转式刮泥机收集污泥，刮泥机刮板将沉至池底的污泥刮至池中心的污泥斗，再借重力或污泥泵排走。为了满足刮泥机的排泥要求，辐流式沉淀池的池底坡度平缓。

（3）预沉池和沉沙池

当高浊度水源水中泥沙含量高且粒径大于0.03mm的颗粒占有较大比例时，容易淤积在絮凝池和沉淀池底部难以清除，通常采用预沉处理。

常用的预沉池有两种形式：一是结合浑水调蓄用的调蓄池，同时作为预沉池。二是辐流式预沉地。调蓄预沉池容积根据河流流量变化、沙峰延续时间和积泥体积确定。预沉时间一般10d以上。调蓄预沉池大多不设置排泥系统，采用吸泥船清除积泥。

主要用于去除水中粒径较大的泥沙颗粒的沉淀构筑物称为沉沙池。

给水处理中所需去除的泥沙来自天然水源，粒径较小，一般在0.1mm以上，沙粒表面附着的有机物很少，采用平流式沉沙池或水力旋流沉沙池即可，不采用曝气沉沙池。

3.4.3 澄清池

1. 澄清原理

水和废水的混凝处理工艺包括水和药剂的混合、反应及絮凝体与水的分离三个阶段。澄清池就是完成上述三个过程于一体的专门设备。

澄清池中起截留分离杂质颗粒作用的介质是呈悬浮状的泥渣。在澄清池中，沉泥被提升起来并使之处于均匀分布的悬浮状态，在池中形成高浓度的稳定活性泥渣层，该层悬浮物浓度约为3～10g/L。原水在澄清池中由下向上流动，泥渣层由于重力作用可在上升水流中处于动态平衡状态。当原水通过泥渣悬浮层时，利用接触絮凝原理，原水中的悬浮物便被泥渣悬浮层截留下来，使水获得澄清。清水在澄清池上部被收集。

泥渣悬浮层上升流速与泥渣的体积、浓度有关，因此，正确选用上升流速，保持良好的泥渣悬浮层，是澄清池取得较好处理效果的基本条件。

2. 澄清池分类

目前，在废水的处理中常用的澄清池有：机械加速澄清池、水力循环澄清池、悬浮澄清池、脉冲澄清池。其澄清原理大同小异，基本上可归纳为两种类型：

（1）泥渣悬浮型澄清池

悬浮澄清池用于处理水中杂质，使水中杂质与泥渣悬浮层的颗粒碰撞凝聚而分离。由于悬浮泥渣层类似过滤层，又称为泥渣过滤型澄清池。

泥渣悬浮型澄清池主要有悬浮澄清池和脉冲澄清池两类。

悬浮澄清池一般分为两格或三格。投加过混凝剂的原水经气水分离器分离空气后进入澄清池，经穿孔配水管分布到整个过水断面。水中的细小颗粒被悬浮层中的大粒径颗粒截流分离出来，清水从集水槽流出。泥渣浓缩室在强制排水管排出清水后，清水池水位低于澄清池的清水池水位，澄清池下部的高浓度泥渣层就会不断从排泥窗口扩散到泥渣浓缩室，定期排除。澄清池中锥形段水流上升速度大于上部悬浮层中的水流上升速度，把泥渣托起后保持平衡，则泥渣层基本上处于稳定状态。泥渣层浓度和接触絮凝活性通过排出沉泥控制。

脉冲澄清池进入悬浮层的水量忽大忽小，从而使悬浮泥渣层产生周期性的膨胀和收缩，不仅有利于悬浮泥渣与微絮凝颗粒接触絮凝，还可使悬浮层在全池扩散，浓度趋于均匀，防止颗粒在池底沉积。

悬浮型澄清池中悬浮泥渣层在水中的质量与上升水流的上托力必须保持平衡，原水浊度、温度、水量变化都会引起悬浮层浓度波动，影响澄清效果，所以，目前此类澄清池越来越少被采用。

（2）泥渣循环型澄清池

泥渣循环型澄清池是利用机械或水力的作用，使部分沉淀泥渣循环回流以增加与水中杂质的接触碰撞和吸附机会，提高混凝的效果。为了充分发挥泥渣接触絮凝作用，将大量泥渣回流，泥渣在池内循环流动，增加颗粒间的相互碰撞聚结概率。回流量一般为设计进水流量的 3～5 倍。借助水力提升的泥渣循环澄清池，简称水力循环澄清池。借助机械提升的泥渣循环澄清池，简称机械搅拌澄清池（又称机械加速澄清池）。

机械搅拌澄清池主要由第一絮凝室和第二絮凝室及分离室组成。整个池体上部是圆形，下部是截头圆锥形。投加药剂后的原水在第一絮凝室和第二絮凝室内与高浓度的回流泥渣相接触，达到较好的絮凝效果，聚结成大而重的絮凝体在分离室中分离。

有的澄清池混凝剂投加在澄清池的进水管上。这里的机械搅拌澄清池是混合、絮凝、泥水分离三种工艺在一个构筑物中综合完成的，各部分相互影响。所以计算工作不能一次完成，需运用水力学和几何知识一步步计算各部分尺寸，交互调整。其主要设计参数为：

第二絮凝室计算流量即为叶轮提升流量，取进水流量的 4～6 倍，叶轮直径可为第二絮凝室内径的 70%～80%，并应设置调整叶轮和开启度的装置。

分离室清水上升流速 0.8～1.0mm/s。澄清池总停留时间 1.2～1.5h，第一、二絮凝室停留时间 20～30min，按提升流量计算，第二絮凝室停留时间则为 0.5～1.0min。第一絮凝室、第二絮凝室（包括导流室）、分离室容积比一般控制在 2∶1∶7 左右。

第二絮凝室、导流室流速取 40～60mm/s。原水进水管流速取 1m/s 左右，三角配水槽自进水处向两侧环形配水，每侧流量按进水量的一半计算。配水槽和出水缝隙流速均采用 0.4m/s 左右。

集水槽布置力求避免产生上升流速过高或过低现象。在直径较小的澄清池中，一般沿池壁建造环形集水槽；直径较大的澄清池，大多加设辐射形集水槽。澄清池集水槽计算和沉淀池集水槽计算相同，超载系数取 1.2～1.5。

为防止进入分离室的水流直接流向外圈池壁进入环形集水槽，可增大内圈环形集水槽的集水面积，加大集水流量来减少短流影响。

3.4.4　气浮分离

1. 气浮分离原理和特点

气浮净水法是指气浮式澄清器在水中通入或设法使水体产生大量的微细气泡，附着于杂质颗粒上，密度小于水而浮至水面，从而完成固液分离的一种澄清设备。

普通澄清器依靠凝聚捕集，使水体中悬浮物质成为密度大于水的絮凝体，在沉淀分离部分进行固液分离，絮凝体沉降到污泥斗或澄清池底部，通过污泥斗排泥或底部排泥方法排出，澄清水从池子上部流出。上浮式澄清器是依靠气泡附着于杂质上，造成其密度小于水而上浮，达到固液分离的目的。上浮至池面的杂质通过刮渣装置或表面排渣装置排出，清水从池子底部引出。

水中存在着各种各样的有机杂质、无机杂质、净水药剂及微小的气泡，使气泡附着于杂质颗粒表面而上浮，这是一个复杂的物理化学过程，不仅与杂质的特性有关，而且与气相、液相介质都有密切关系。

气浮工艺在分离水中杂质的同时，还伴随着对水的曝气、充氧，对微污染及嗅、味明显的原水，更显示出其特有的效果。向水中通入空气或减压释放水中的溶解气体，都会产生气泡。水中杂质或微絮凝体颗粒黏附微细气泡后，形成带气微粒。因为空气密度仅为水密度的1/775，显然受到水的浮力较大。黏附一定量微气泡的带气微粒，上浮速度远远大于下沉速度，黏附气泡越多，上浮速度越大。其与沉淀池、澄清池相比，具有如下特点：

（1）经混凝后的水中细小颗粒周围黏附了大量微细气泡，很容易浮出水面，所以对混凝要求可适当降低，有助于节约混凝剂投加量；

（2）排出的泥渣含固率高，便于后续污泥处理；

（3）池深较浅、构造简单、操作方便，且可间歇运行；

（4）溶气罐溶气率和释放器释气率在95％以上；

（5）可去除水中90％以上藻类以及细小悬浮颗粒；

（6）需要配套供气、溶气装置和气体释放器。

2. 气浮池类型

电解法是向污水中通入5～10V的直流电，从而产生微小气泡，但由于电耗大电极板极易结垢，所以主要用于中小规模的工业废水处理。

曝气气浮法又称分散空气法，是在气浮池的底部设置微孔扩散板或扩散管，压缩空气从板面或管面以微小气泡形式从水中逸出。也有的在池底处安装叶轮，轮轴垂直于水面，而压缩空气通到叶轮下方，借叶轮高速转动时的搅拌作用，将大气泡切割成为小气泡。

溶解在水中的气体，在水面气压降低时就可以从水中逸出。有两种方法：①使气浮池上的空间呈真空状态，处在常压下的水流进池后即释出微气泡，称真空溶气法；②空气加压溶入水中达到饱和，溶气水流减压进入气浮池时即释出微气泡，称加压溶气法。后者较为常用。加压溶气水可以是所处理水的全部或一部分，也可以是气浮池出水的回流水。回流水量占所处理水量的百分比称回流比，是影响气浮效率的重要因素，须由试验确定。加压溶气法的设备有加压泵、溶气罐和空气压缩机等。溶气罐为承压钢筒，内部常设置导流板或放置填料。溶气罐出水通过减压阀或释放器进入气浮池。

3.5 过滤

3.5.1 过滤基本理论

1. 过滤机理

过滤是将悬浮在液体或气体中的固体颗粒分离出来的工艺。其基本原理：在压力差的作用下，悬浮液中的液体（或气体）透过可渗透性介质（过滤介质），固体颗粒为介质所截留，从而实现液体和固体的分离。在水处理中，一般采用石英砂、无烟煤、陶粒等粒状滤料截留水中悬浮颗粒，从而使浑水得以澄清。同时，水中的部分有机物、细菌、病毒等也会附着在悬浮颗粒上一并去除。在饮用水净化工艺中，经滤池过滤后，水的浊度可达 1NTU 以下。当原水常年浊度较低时，有时沉淀或澄清构筑物省略，采用直接过滤工艺。在自来水处理中，过滤是保证水质卫生安全的主要措施，是不可缺少的处理单元。

最早使用的滤池为慢滤池。慢滤池也称表层过滤，主要利用顶部的滤膜截留悬浮固体，同时发挥微生物对水质的净化作用。这种滤池产水量少、滤速慢（<10m/d）、占地大；特别是在污水处理过程中，需要从污水中去除并积存在滤床中的污泥量十分庞大；而且污泥黏而易碎，很快就会在滤料表面出现泥封；而当加大过滤水头时，则容易发生污染物穿透现象。慢滤池在水处理，特别是污水处理中应用较少。

快滤池形式很多，滤料级配、反冲洗方法各异，但去除水中杂质的原理基本相同。以单层石英砂滤料滤池为例，滤料粒径多为 0.5～1.0mm。经冲洗水力分选后，滤料粒径在滤层中自上而下由细到粗依次排列，滤层中孔隙尺寸也因此由上而下逐渐增大。表层滤料大多为粒径等于 0.5mm 的球体颗粒，滤料颗粒间的缝隙尺寸约为 80～200μm。经混凝沉淀后的水中悬浮物粒径小于 30μm，能被滤料层截留下来，不是简单的机械筛滤作用，主要是悬浮颗粒与滤料颗粒之间的黏附作用。

水流中的悬浮颗粒能够黏附在滤料表面，一般认为涉及以下两个过程。首先，悬浮于水中的微粒被输送到贴近滤料表面，即水中微小颗粒脱离水流流线向滤料颗粒表面靠近的输送过程，称为迁移。其次，接近或到达滤料颗粒表面的微小颗粒截留在滤料表面的附着过程，又称为黏附。

（1）颗粒迁移

在过滤过程中，滤料孔隙内水流挟带的细小颗粒随着水流流线运动。在物理作用、水力作用下，这些颗粒脱离流线迁移到滤料表面。通常认为发生如下作用：当处于流线上的颗粒尺寸较大时，会直接碰到滤料表面产生拦截作用；沉速较大的颗粒，在重力作用下脱离流线沉淀在滤料表面，即产生沉淀作用；随水流运动的颗粒具有较大惯性，当水流在滤料孔隙中弯弯曲曲流动时脱离流线而到达滤料表面，是惯性作用的结果；由相邻水层流速差产生的速度梯度，使微小颗粒不断旋转跨越流线向滤料表面运动，即为水动力作用；此外，细小颗粒的布朗运动或在其他微粒布朗运动撞击下扩散到滤料表面，属于扩散作用。

水中微小颗粒的迁移，可能是上述作用单独存在或者几种作用同时存在。还应指出，这些迁移机理影响因素比较复杂，如滤料尺寸、形状，水温，水中颗粒尺寸、形状和密度等都有可能对过滤结果造成影响。

（2）颗粒黏附

水中的悬浮颗粒在上述迁移机理作用下，到达滤料附近的固液界面，在彼此间静电力作用下，带有正电荷的铁、铝等絮体被吸附在滤料表面。或者在范德华引力及某些化学键以及某些化学吸附力作用下，黏附在滤料表面原先已黏附的颗粒上，如同颗粒间的吸附架桥作用。颗粒的黏附过程，主要取决于滤料和水中颗粒的表面物理化学性质。未经脱稳的胶体颗粒，一般不具有相互聚结的性能，不能满足黏附要求，滤料就不容易截留这些微粒。由此可见，颗粒的黏附过程与澄清池中泥渣层黏附过程基本相似，主要发挥了接触絮凝作用。另外，随着过滤时间增加、滤层中孔隙尺寸逐渐减小，在滤料表层就会形成泥膜，这时，滤料层的筛滤拦截将起很大作用。

（3）杂质在滤层中的分布

水中杂质颗粒黏附在砂粒表面的同时，还存在孔隙中水流剪切冲刷作用而导致杂质颗粒从滤料表面脱落的趋势。过滤初期，滤料较干净，孔隙率最大，孔隙中水流速度最小，水流剪力较弱，颗粒黏附作用占优势。滤层表面截留的杂质逐渐增多后，孔隙率逐渐减小，孔隙中的水流速度增大，剪切冲刷力相应增大，将使最后黏附的颗粒首先脱落下来，连同水流挟带不再黏附的后续颗粒一并向下层滤料迁移，下层滤料截留作用渐次得到发挥。对于某一层滤料而言，颗粒黏附和脱落，在黏附力和水流剪切冲刷力作用下，处于相对平衡状态。

由于水力筛选结果，密度大致相同的同种非均匀滤料会自发地自上而下、由细到粗排列，其孔隙尺寸由小到大，势必在滤料表层积聚大量杂质以至于形成泥膜。显然，所截留的悬浮杂质在滤层中分布很不均匀。以单位体积滤层中截留杂质的质量进行比较，上部滤料层截留量大，下部滤料层截留量小。在一个过滤周期内，按整个滤层计算，单位体积滤料中的平均含污量称为滤层含污能力（单位：g/m^3 或 kg/m^3）。可见，在滤层深度方向截留悬浮颗粒的量有较大差别的滤池，滤层含污能力较小。

为了改变上细下粗滤层中杂质分布不均匀现象，提高滤层含污能力，便出现了双层滤料、三层滤料及均质滤料滤池。双层滤料是上部放置密度较小、粒径较大的轻质滤料（如无烟煤），下部放置密度较大、粒径较小的重质滤料（如石英砂）。经水反冲洗后，自然分层，轻质滤料在上层，重质滤料位于下层。虽然每层滤料仍是从上至下粒径从小到大，但就滤层整体而言，上层轻质滤料的平均粒径大于下层重质滤料的平均粒径，上层滤料孔隙尺寸大于下层滤料孔隙尺寸。于是，很多细小悬浮颗粒就会迁移到下层滤料，使得整个滤层都能较好地发挥作用。因而可增加杂质穿透深度。穿透深度曲线与坐标纵轴所包围的面积除以滤层的厚度等于滤层含污能力。显然，双层滤料的含污能力大于单层滤料。

双层滤料滤池是重力过滤法中的一种水处理构筑物。滤池中滤料分两层。上层滤料层厚 0.4～0.5m，常采用颗粒状的无烟煤（或陶粒、塑料等），粒径 0.8～1.8mm。下层采用石英砂，厚 0.4～0.5m，粒径为 0.5～1.2mm。上层大颗粒滤料截留水中主要污染物，下层截留剩余污染物。截污能力比快滤池高 2～2.5 倍，由于煤相对密度较大，冲洗后仍自动分层。滤池工作流速为 10m/h，反冲洗强度采用 12～15L/（$m^2 \cdot s$），冲洗时间 6～7min，滤料膨胀率 50%，耗水量为 2%～2.5% 生产水量。池体构造与快滤池相同。优点是截污能力大，滤速高，适于快滤池改建；缺点是滤料选择要求高，价格贵，滤料易流失，冲洗困难，易积泥球。

三层滤料是在双层滤料下部再铺设一层密度更大、粒径更小的重质滤料，如石榴石、磁铁矿石。使整个滤层滤料粒径从大到小分为三层，可进一步发挥下层滤料截留杂质的作用。实践证明，双层滤料、三层滤料含污能力是单层滤料的 1.5 倍以上。

由上述分析可知，截留的悬浮颗粒在滤层中的分布状况和滤料粒径有关，同时，还和滤料形状、过滤速度、水温、过滤水质有关。一般说来，滤料粒径越大、越接近于球状、过滤速度由快到慢、进水水质浊度越低、杂质在滤层中的穿透深度越大，下层滤料越能发挥作用，整个滤层含污能力相对较大。

（4）直接过滤

直接过滤是指原水不经沉淀而直接进入滤池过滤。直接过滤充分体现了滤层中特别是深层滤料中的接触絮凝作用。

直接过滤有两种方式：

1）原水经加药后直接进入滤池过滤，滤前不设任何絮凝设备，这种过滤方式一般称为接触过滤。

2）滤池前设一简易微絮凝池，原水加药混合后先经微絮凝池，形成粒径相近的微絮凝颗粒后（粒径 $40\sim60\mu m$）即可进入滤池过滤，这种过滤方式称微絮凝过滤。

接触过滤、微絮凝过滤仅适用浊度和色度较低且水质变化较小的水源水，一般不含大量藻类。

原水进入滤池前，无论是接触过滤还是微絮凝过滤，均不应形成大的絮凝体以免很快堵塞滤层表面孔隙。为提高微小絮粒的强度和黏附力，有时需投加高分子助凝剂以发挥高分子在滤层中的吸附架桥作用，避免黏附在滤料上的杂质脱落穿透滤层。助凝剂投加在混凝剂投加点之后的滤池进水管上。

2. 过滤水力学

在过滤过程中，滤层中截留的悬浮杂质不断增加，必然导致过滤水力条件发生变化。讨论过滤过程中水头损失变化和滤速变化的规律，即为过滤水力学的内容。

（1）清洁砂层水头损失

开始过滤时，滤层中没有截留杂质，认为是干净的。水流通过干净滤层的水头损失称为清洁滤层水头损失或起始水头损失。

清洁滤层水头损失变化与滤料粒径、孔隙度大小、过滤滤速、滤层厚度等因素有关。清洁滤层水头损失表达式很多，所包含的因素基本一致，计算结果相差很小。常用的卡曼-康采尼（Carman-Kozony）公式适用于清洁砂层中的水流呈层流状态，水头损失变化与滤速的一次方成正比。

随着过滤时间延长，滤层中截留的悬浮物量逐渐增多，滤层孔隙率降低，过滤水头损失必然增加。或者水头损失保持不变，则过滤滤速必须减小。这就出现了等速过滤和变速过滤（实为减速过滤）两种基本过滤方式。

（2）等速过滤过程中的水头损失变化

当滤池过滤速度保持不变，亦即单格滤池进水量不变的过滤称为等速过滤。虹吸滤池和无阀滤池属于等速过滤滤池。普通快滤池可以设计成变速过滤也可设计成等速过滤。

上述清洁滤层水头损失和滤速 v 的一次方成正比，可以简化为如下表达式：

$$H_0 = KL_0 v \qquad (3\text{-}23)$$

式中　K——包含水温等因素的过滤阻力系数；

　　　L_0——滤层厚度，m；

　　　v——滤速，m/h，等于过滤水量除以滤池表面积。

随着过滤时间的延长，滤层中截留的悬浮物量逐渐增多，滤层孔隙率逐渐减小。当滤料粒径、形状、滤层级配和厚度以及水温已定时，如果孔隙率减小，则在水头损失保持不变的条件下，将导致滤速降低；反之，在滤速保持不变的情况下，将导致水头损失增加。

滤层中水头损失的增加速率和滤层中杂质的分布状况有关。如前所述，当杂质穿透深度较大，杂质在上、下滤层中分布趋于均匀，水头损失变化的速率较小。所以，滤料粒径越大，越接近球状，水头损失变化速率越小。在保证过滤水质条件下，清洁砂层过滤时，较大的滤速有助于悬浮杂质向滤层深度迁移，也会使水头损失增加缓慢。

（3）变速过滤过程中的滤速变化

变速过滤是一种过滤处理的运行方式，即在变水头下过滤。在过滤周期中，随着滤料中截留的悬浮物污染杂质的增加，水流阻力增大，如不采用滤速调节措施，则在原有过滤水头作用下，滤速相应减小，生产力降低。变速过滤中，水量不断减少，但出水水质能够得到保证。因不需要专门的设备来调节滤速，运行较简单。如图 3-2 所示，一组四格滤池，过滤开始时，四格滤池内的工作水位和出水水位相同，也就是总的过滤水头损失基本相等。过滤过程中，滤层中截污量最少的滤池滤速最大，截污量最多的滤池滤速最小。在整个过滤过程中，四格滤池的平均滤速始终不变，以保持该组滤池总的进水、出水流量平衡。

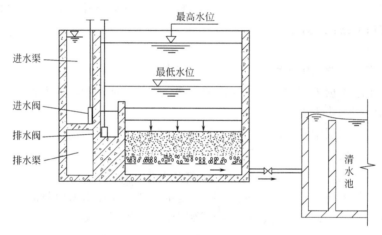

图 3-2 减速过滤

其中一格滤池的滤速变化情况如图 3-3 所示。实际工况是，当一格滤池滤层截污达到最大值时，滤速最小，需停止过滤进行冲洗。该格滤池冲洗前过滤的水量由其他三格滤池承担，每格滤池滤速按照各自滤速大小成比例地增加。短时间的滤速变化，图中未显示。

当一格滤池反冲洗结束后投入过滤时，过滤滤速最大，其他三格滤池滤速依次降低。任何一格滤池的滤速均会出现如图 3-3 所示的阶梯形变化曲线。

冲洗结束后，各格滤池滤速重新变化。第四格滤池滤速最大。其他几格依次减少。如果不计滤池反冲洗期间短时间的滤速变化，则每格滤池在一个过滤周期内都发生 4 次滤速变化。由此可见，当一组滤池的分格数越多，则两格滤池冲洗间隔时间越短，阶梯形滤速下降折线将变为近似连续下降曲线。

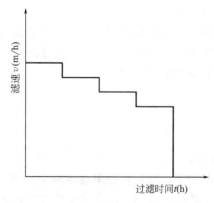

图 3-3 一组四格滤池滤速变化

当一组滤池分很多格,其中一格滤池反冲洗时,过滤水量变化对其他多格影响很小,砂面水位变化幅度微乎其微时,有可能达到近似等水头变速过滤状态。等速过滤时,悬浮杂质在滤层中不断积累,滤料孔隙流速越来越大,从而使悬浮颗粒不易附着或使已附着的固体脱落,并随水流迁移至下层或带出池外。相反,减速过滤时,过滤初期,滤料干净,滤料层孔隙率较大,允许较大的滤速把杂质带到深层滤料之中。过滤后期,滤层孔隙率减小,因滤速减慢而孔隙流速变化较小,水流冲刷剪切作用变化较小,悬浮颗粒仍较容易附着或不易脱落,从而减少杂质穿透,出水水质稳定。同时,变速过滤过程中,承托层和配水系统中的水头损失随滤速的降低而减小,所节余的这部分水头可用来补偿滤层,使滤层有足够大的水头克服砂层阻力,延长过滤周期。

(4)过滤过程中的负水头现象

在过滤过程中,当滤层截留了大量杂质以致石英砂滤层某一深度处的水头损失超过该处的水深,便出现负水头现象。

负水头会导致水中气体释放出来形成气囊,对过滤有破坏作用。一是减少有效过滤面积,增加滤层水头损失及滤层中孔隙流速;二是气囊穿过滤料层上升,有可能把部分细滤料或轻质滤料带走,破坏滤层结构。在冲洗时气囊更容易把滤料带出滤池。避免滤池中出现负水头的两个方法:一是增加石英砂滤料层面上的水深;二是令滤池出口位置等于或高于滤层表面。

3.5.2　滤池滤料

1. 滤料

滤料的选用是影响过滤效果的重要因素。滤料选用涉及滤料粒径、滤层厚度和级配。

(1)滤料选用基本要求

1)具有足够的机械强度,防止冲洗时产生磨损和破碎现象;

2)化学稳定,与水不产生化学反应,不恶化水质,不增加水中杂质含量;

3)具有一定颗粒级配和适当的孔隙率;

4)就地取材,货源充沛,价格便宜。

滤料(filtering media)主要分为两大类:一类是用以水处理设备中的进水过滤的粒状材料,通常指石英砂、砾石、无烟煤、鹅卵石、锰砂、磁铁矿滤料、果壳滤料、泡沫滤珠、瓷砂滤料、陶粒、石榴石滤料、麦饭石滤料、海绵铁滤料、活性氧化铝球、沸石滤料、火山岩滤料、颗粒活性炭、纤维球、纤维束滤料、彗星式纤维滤料等;另一类是物理分离的过滤介质,主要包括过滤布、过滤网、滤芯、滤纸,以及最新的膜。

(2)滤料粒径、级配和滤层组成

根据滤池截留杂质的原理分析,滤料粒径的大小对过滤水质和水头损失变化有着很大影响。滤料粒径比例不同,过滤水头损失不同,截污量也不同。所以,选用滤料时不仅要考虑粒径大小,还应注意不同粒径的级配。表示滤料粒径的方法有以下两种:

有效粒径法:以滤料有效粒径 d_{10} 和不均匀系数 K_{80} 表示。

$$K_{80} = \frac{d_{80}}{d_{10}} \tag{3-24}$$

式中　d_{10}——通过滤料质量 10% 的筛孔孔径,mm;

d_{80}——通过滤料质量80%的筛孔孔径，mm。

式（3-24）中d_{10}反映滤料中细颗粒尺寸，d_{80}反映滤料中粗颗粒尺寸。一般说来，过滤水头损失主要决定于d_{10}的大小。d_{10}相同的滤池，其水头损失大致相同。不均匀系数K_{80}越大，表示滤料粗细颗粒尺寸相差越大、越不均匀。选用这种滤料，在过滤时，大量杂质将被截留在表层，使滤层含污能力减小，水头损失增加很快。而在反冲洗时，为满足下层粗滤料膨胀摩擦，表层细颗粒滤料就有可能被冲出池外。若仅满足细颗粒滤料膨胀要求，则粗颗粒滤料不能很好冲洗。如果选用K_{80}接近于1，即为均匀滤料，过滤、反冲洗效果较好，但需筛除大量的其他粒径滤料，价格提高。我国常用的是有效粒径法，单层、多层及均匀级配粗砂滤料滤池滤速和滤料组成见表3-2。

滤池滤速及滤料组成　　　　　　　　表 3-2

类别	滤料组成				正常滤速（m/h）	强制滤速（m/h）
	粒径（mm）	密度（g/cm³）	不均匀系数 K_{80}	滤层厚度（mm）		
单层细砂滤料	石英砂 $d_{10}=0.55$	2.5~2.7	<2.0	700~800	7~9	9~12
双层滤料	无烟煤 $d_{10}=0.85$	1.4~1.6	<2.0	300~400	9~12	12~16
	石英砂 $d_{10}=0.55$	2.5~2.7	<2.0	400		
三层滤料	无烟煤 $d_{10}=0.85$	1.4~1.6	<1.7	450	16~18	20~24
	石英砂 $d_{10}=0.50$	2.5~2.7	<1.5	250		
	重质矿石 $d_{10}=0.25$	4.4~5.2	<1.7	70		
均匀级配粗砂滤料	石英砂 $d_{10}=0.9~1.2$	2.5~2.7	<1.4	1200~1500	8~10	10~13

如前所述，粒径较小的滤料，具有较大的比表面积，黏附悬浮杂质的能力较强，但同时具有较大的水头损失值。双层或多层滤料滤池就整个滤层来说，滤料粒径上大下小，截留的污泥趋于均匀分布，具有较大的含污能力。

双层滤料或三层滤料，根据所选滤料的粒径大小、密度差别、形状系数及反冲洗强度大小，有可能出现正常分层、分界处混杂或分层倒置几种情况。这就需要掌握合理的反冲洗强度，尽量减少混杂的可能。生产经验表明，煤、砂交界面混杂厚度5cm左右，对过滤效果不会产生影响。

最大粒径、最小粒径法：有一些水厂在筛选滤料时简单地用最大、最小两种筛孔筛选。取$d_{max}=1.2$mm，$d_{min}=0.5$mm，筛除大于1.2mm和小于0.5mm的滤料。

满足上述要求的滤料，将有一系列的不同选择。例如，确定了d_{10}和d_{80}，无法确定其他不同粒径滤料占所有滤料的比例。有可能d_{20}、d_{30}的滤料粒径接近d_{10}、d_{80}，过滤和反冲洗的效果存在一定差别。

（3）滤料孔隙率和形状

滤料层中孔隙所占的体积与滤料层体积比称为滤料层孔隙率。孔隙率m的大小可用称重法测定后按下式计算：

$$m = 1 - \frac{G}{\rho_s V} \qquad (3\text{-}25)$$

式中 m——滤料孔隙率；

      G——烘干后的砂重，g；

      ρ_s——烘干后砂的密度，g/cm³；

      V——滤料层体积，cm³。

滤料层孔隙率与滤料颗粒形状、均匀程度以及密实程度有关。一般所用石英砂滤料孔隙率在 0.42 左右。

天然滤料经风化、水流冲刷、相互摩擦，表面凹凸不平，大都不是圆球状的。即使体积相同的滤料，形状并不相同，因而表面积也不相同。为便于比较，引用了球形度系数 ψ 的概念，定义为：同体积球体表面积与颗粒实际表面积的比值。

根据实际测定和滤料形状对过滤和反冲洗水力学特性影响推算，天然砂滤料球形度系数 ψ 值一般为 0.75～0.80。

2. 承托层

承托层（graded gracel layer）是在过滤时防止滤料从集水系统中流失，在滤池滤料层下面铺设的级配砾石层。在反冲洗时可起一定的均匀布水辅助作用。

承托层的设置既要考虑上层承托层的最大孔隙尺寸应小于紧靠承托层的滤料最小粒径，不使滤料漏失，又要考虑反冲洗时，足以抵抗水的冲力，不发生移动。

滤料组成不同，反冲洗配水方式不同，所选用的承托层组成有一定差别。气水反冲洗滤池，通常采用长柄滤头（滤帽）配水布气系统，承托层一般用粒径 2～4mm 粗石英砂，保持滤帽顶至滤料层之间承托层厚度为 50～100mm。

3.5.3 滤池冲洗

滤池反冲洗是为恢复滤池正常工作所采用的以反向水流冲洗滤层的操作过程。滤池工作一段时间后，由于被截留的污染物穿透滤层，使水质急剧恶化，或由于滤层过滤阻力增大至超过最大允许的阻力，需要利用反向水流（自下而上）对滤层进行冲洗，使滤层再生，滤池恢复工作能力。

截留在滤层中的杂质，一部分滞留在滤层缝隙之中，采用水流反向冲洗滤层，很容易把污泥冲出池外。而一部分附着在滤料表面，需要扰动滤层，使之摩擦脱落，冲出池外。于是便采用如下的反冲洗方式：高速水流反冲洗；气水反冲洗；表面辅助冲洗、高速水流冲洗。这里主要讨论高速水流反冲洗和气水反冲洗有关内容。

1. 高速水流反冲洗

高速水流反冲洗是普通快滤池常用的冲洗方法。以正常过滤滤速 4～5 倍以上的高速水流自下而上冲洗滤层时，滤料因受到绕流阻力作用而向上运动，处于膨胀状态。操作时，水流经底部排水系统反向通过滤池，以冲洗掉滤料中的堵塞物质，并减少产生水头损失的因素。不同类型的滤池具有不同的反冲洗强度与反冲洗时间，对于快滤池反冲洗强度为 36～54m/h，反冲洗时间为 5～10min，滤层膨胀率达 40%～50%。另外，在采用离子交换法处理水或废水时，以及树脂再生操作前也需先进行反冲洗，其目的在于松动树脂层和去除树脂层中的杂质、破碎颗粒等。

（1）滤层膨胀率

冲洗滤池时，当滤层处于流态化状态后，即认为滤层将发生膨胀。膨胀后增加的厚度与膨胀前厚度的比值称为滤层膨胀率，其计算公式为：

$$e = \frac{L - L_0}{L_0} \times 100\% \tag{3-26}$$

式中　e——滤层膨胀率，又称为滤层膨胀度，%；

　　　L_0——滤层膨胀前的厚度，cm 或 m；

　　　L——滤层膨胀后的厚度，cm 或 m。

滤层膨胀率的大小和冲洗强度有关，并直接影响了冲洗效果。实践证明，单层细砂级配滤料在水反冲洗时，膨胀率为 45% 左右，具有较好的冲洗效果。

由于滤料层膨胀前后滤池中的滤料体积没有变化，只是滤料间的孔隙体积增加，则有 $L_0(1-m_0)=L(1-m)$，代入上式后，得式（3-27）：

$$e = \frac{m - m_0}{1 - m} \tag{3-27}$$

式中　m_0——滤料层膨胀前孔隙率；

　　　m——滤料层膨胀后孔隙率。

按照两式所求的是同一种粒径滤料滤层的膨胀率。对于不同粒径组成的非均匀滤料层，在相同的冲洗流速下，不同粒径滤料具有不同的膨胀率。假定第 i 层滤料的质量占滤层总质量之比为 P_i，则膨胀前第 i 层滤料厚 $L_i = P_i L_0$，膨胀后变为：

$L_i = P_i L_0 (1+e_i)$。膨胀后的滤层总厚度为各层厚度之和。

（2）滤层水头损失

在反冲洗时，水流从滤层下部进入滤层。如果反冲洗流速较小，则反冲洗相当于反向过滤，当滤层膨胀起来后，处于悬浮状态下的滤料受到水流的作用力主要是水流产生的绕流阻力，在数值上等于滤料在水中的质量。

$$\rho g h = (\rho_s - \rho) g (1-m) L$$

变形得：

$$h = \frac{(\rho_s - \rho)}{\rho}(1-m)L \tag{3-28}$$

式中　h——滤层处于膨胀状态时，冲洗水流水头损失值，cm；

　　　ρ_s——滤料密度，g/cm^3 或 kg/m^3；

　　　ρ——水的密度，g/cm^3 或 kg/m^3；

　　　m——滤层处于膨胀状态时的孔隙率；

　　　L——滤层处于膨胀状态时的厚度，cm；

　　　g——重力加速度，981cm/s^2。

对于不同粒径的滤料，其比表面积不同，在相同的冲洗流速作用下，所产生的水流阻力不同。因此，使不同粒径滤料处于膨胀状态时的水流流速是不相同的。

（3）反冲洗强度

滤料层反冲洗时单位面积上的冲洗水量称为反冲洗强度，单位为 L/（m^2·s）。反冲洗强度和水的动力黏度有关，冬天水温低时，动力黏度增大，在相同的冲洗强度条件下，滤层膨胀率增大。

滤层反冲洗强度的计算，关键在于滤层中最大粒径滤料的最小流态化速度的大小，一般通过实验求得。20℃水温，滤料粒径 $d=1.2$mm 的石英砂滤料，$v_{mf} \approx 1.0 \sim 1.2$cm/s。有研究提出滤层中最大粒径滤料流态化时的雷诺数 Re_{mf} 值计算方法，从中求出 v_{mf} 值，计算过程复杂。

（4）冲洗时间

当冲洗强度或滤层膨胀率符合要求，但冲洗时间不足时，也不能充分清洗掉滤料层中的污泥。而且，冲洗废水也不能完全排出，导致被冲洗出的污泥重返滤层。不同的滤池滤料，在水温 20℃ 时的冲洗强度、膨胀率和冲洗时间参照表 3-3 确定。在实际操作中，冲洗时间可根据排出冲洗废水的浊度适当调整。

冲洗强度和冲洗时间表　　　　　　　　　　　　　　表 3-3

滤料组成	冲洗强度[L/(m²·s)]	膨胀率(%)	冲洗时间(min)
单层细砂级配滤料	12～15	45	7～5
双层煤、砂级配滤料	13～16	50	8～6
三层煤、砂、重质矿石级配滤料	16～17	55	7～5

单水冲洗滤池的冲洗强度及冲洗时间还和投加的混凝剂或助凝剂种类有关，也与原水含藻情况有关。单水冲洗滤池的冲洗周期一般 12～24h。

2. 气水反冲洗

滤池气水反冲洗是指空气和水共同作用于滤料的冲洗方式。气水反冲洗具有节水（约降低耗水量 20%～30%）、节能、冲洗洁净度高和过滤周期长等优点。

（1）气水反冲洗原理

在滤层结构不变或稍有松动条件下，利用高速气流扰动滤层，促使滤料互撞摩擦，以及气泡振动对滤料表面擦洗，使表层污泥脱落，然后利用低速水流冲洗污泥排出池外，即为气水反冲洗的基本原理。低速水流冲洗后滤层不产生明显分层，仍具有较高的截污能力。气流、水流通过整个滤层，上层和下层滤料都有较好冲洗效果，允许选用较厚的粗滤料滤层。由此可见，气水反冲洗方法不仅提高冲洗效果，延长过滤周期，而且可节约一半以上的冲洗水量。所以，气水反冲洗滤池得到广泛应用。

（2）气水冲洗强度及冲洗时间

选用气水反冲洗方法，根据滤料组成不同，冲洗方式有所不同，一般有以下几个阶段：

1）气水反冲洗一般采用先气、后水的两段式冲洗或先气、后气水同时、最后水的三段式冲洗方式。

2）气冲洗阶段，利用空气对滤层的扰动以及滤料相互碰撞与摩擦形成的剪力，剥落滤料表面附着的污泥。

3）气水同时冲洗时，一定的气冲强度可使滤层保持流化状态，配以较低的水冲强度使气冲洗阶段脱落的污泥被有效地托至滤层表面。

4）水冲洗阶段，滤层可处在膨胀或微膨胀状态，较低的水冲强度将滤层以上的高浓度泥水排出，同时进一步清除滤层内剩余的脱落污泥，使滤层经漂洗达到较彻底的净化。

3. 滤池配水配气系统

滤池配水配气系统，是安装在滤池滤料层底部、承托层之下（或承托层之中）的布水布气系统。过滤时配水系统收集滤后水到出水总管之中。反冲洗时，将反冲洗水（气）均匀分布到整个滤池之中。配水配气大多共用一套系统，也有分为两套系统的。

当反冲洗水流经过配水系统时，将产生一定阻力。按照滤池配水系统反冲洗阻力大小，常用滤池的配水系统分为大阻力配水系统、中阻力和小阻力配水系统。其中，中阻力配水系统应属于小阻力配水系统范畴。

4. 反冲洗供水供气

冲洗水供给根据滤池形式不同而不同，这里仅介绍普通快滤池单水冲洗供水方法和气水反冲洗滤池的空气供给方式。

普通快滤池采用单水反冲洗时，冲洗水量较大，通常采用高位水箱（水塔）或水泵冲洗。

（1）高位水箱、水塔冲洗

滤池反冲洗高位水箱建造在高处，以便利用位置水头，又称为屋顶水箱。水塔一般建造在两组滤池之间。在两格滤池冲洗间隔时间内、由小型水泵抽取滤池出水渠中清水，或抽取清水池中水送入水箱或水塔。因位置水头的原因，水箱（塔）中的水深变化，会引起反冲洗水头变化，直接影响冲洗强度的变化，使冲洗初期和末期的冲洗强度有一定差别。所以水箱（塔）水深越浅，冲洗越均匀，一般设计水深 1~2m，最大不超过 3m。

高位水箱（塔）的容积按单格滤池冲洗水量的 1.5 倍计算：

$$V = \frac{1.5qFt \times 60}{1000} = 0.09qFt \qquad (3-29)$$

式中　V——高位水箱或水塔的容积，m^3；

　　　q——反冲洗强度，$L/(m^2 \cdot s)$；

　　　F——单格滤池面积，m^2；

　　　t——冲洗历时，min。

冲洗水箱、水塔底高出滤池冲洗排水槽顶的高度 H_0 按下式计算：

$$H_0 = h_1 + h_2 + h_3 + h_4 + h_5 \qquad (3-30)$$

式中　h_1——冲洗水箱（水塔）至滤池之间管道的水头损失值，m；

　　　h_2——滤池配水系统水头损失，m；

　　　h_3——承托层水头损失，m；

　　　h_4——滤料层水头损失；

　　　h_5——富余水头，一般取 1~1.5m。

（2）水泵冲洗

水泵冲洗原理和高位水池一样，只不过把用位置水头提供的能量换成了机械能，是设置专用水泵抽取清水池或储水池中清水直接送入反冲洗水管的冲洗方式。因冲洗水量较大，将会导致用电负荷短时间骤然增加。若全厂用电负荷较大，冲洗水泵短时间耗电量所占比例很小，不会因此而增大变压器容量时，可考虑水泵冲洗。由于水泵扬程、流量稳定，使得滤池的冲洗强度变化较小，是一种造价低于高位水箱（水塔）的冲洗方式。

冲洗水泵的流量 Q 等于冲洗强度 q 乘以单格滤池面积。水泵扬程按下式计算：

$$H = H_0 + h_1 + h_2 + h_3 + h_4 + h_5 \qquad (3-31)$$

式中　H——滤池冲洗排水槽顶与吸水池最低水位的高差，m；

H_0——滤池冲洗排水槽顶与吸水池最低水位的高差，m；

h_1——吸水池到滤池之间最长冲洗管道的局部水头损失、沿程水头损失之和，m；

h_2——滤池配水系统水头损失，m；

h_3——承托层水头损失，m；

h_4——滤料层水头损失；

h_5——富余水头，一般取 $1\sim1.5$m。

气水反冲洗滤池的水冲洗流量比普通快滤池单水冲洗流量小，一般用水泵冲洗，水泵流量按最大冲洗强度计算。水泵扬程计算同式（3-31），但式中的滤池配水系统水头损失 h_2、滤料层水头损失值 h_4 的计算方法不同，即：

h_2——配水系统中滤头水头损失，按照厂家提供数据计算，一般设计取 $0.2\sim0.3$m；

h_4——按未膨胀滤层水头损失，设计时多取 1.50m 左右。

其余符号同上。

（3）供气

气水反冲洗滤池供气系统分为鼓风机直接供气和空压机串联储气罐供气。因操作方便，目前多采用鼓风机直接供气的方式。鼓风机风量等于空气冲洗强度 q 乘以单格滤池过滤面积，其出口处静压力按下式计算：

$$H_A = h_1 + h_2 + 9810kh_3 + h_4 + h_5 \qquad (3\text{-}32)$$

式中　H_A——鼓风机出口处静压力，Pa；

h_1——输气管道压力总损失，Pa；

h_2——配气系统的压力损失，Pa；

k——安全系数，取 $1.05\sim1.10$；

h_3——配气系统出口至空气溢出面的水深，m，采用长柄滤头时，取 $h_3 = 2.5 \times 9810 = 24500$Pa；

h_4——富余压力，取 $h_4 = 0.5 \times 9810 = 4905$Pa。

在实际的长柄滤头配水配气系统的滤池中，$H_A \approx 39240$Pa，相当于 4.0m 水柱。

3.5.4　滤池形式

1. 滤池分类

滤池分类有多种方式：

① 按滤速大小：慢滤池、快滤池、高速滤池。

② 按水流过滤层的方向：上向流、下向流、双向流。

③ 按滤料种类：砂滤池、煤滤池、煤-砂滤池。

④ 按滤料层数：单层滤料、双层滤料、多层滤料。

⑤ 按水流性质：压力滤池、重力滤池。

⑥ 按进出水及反冲洗水的供给和排出方式：普通快滤池、虹吸滤池和无阀滤池。

2. 普通快滤池

（1）构造特点

普通快滤池（rapid filter）指的是传统的快滤斌布置形式，滤料一般为单层细砂级配滤料或煤、砂双层滤料，冲洗采用单水冲洗，冲洗水由水塔（箱）或水泵供给。

过滤时，滤池进水和清水支管的阀门开启，原水自上而下经过滤料层、承托层，经过配水系统的配水支管收集，最后经由配水干管、清水支管及干管后进入清水池。当出水水质不满足要求或滤层水头损失达到最大值时，滤料需要进行反冲洗。为使滤料层处于悬浮状态，反冲洗水经配水系统干管及支管自下而上穿过滤料层，均匀分布在滤池平面，冲洗废水流入排水槽、浑水渠排走。

普通快滤池有"浑、排、冲、清"四个阀门，先后开启、关闭各一次，即为一个工作周期。其中，清水出水阀门在工作周期内开启度由小到大。为了减少阀门数量，开发了双阀滤池。即用虹吸管代替过滤进水和反冲洗排水的阀门。在管廊间安装真空泵，抽吸虹吸管中空气形成真空，浑水便从进水渠中虹吸到滤池，反冲洗废水从滤池排水渠虹吸到池外排水总渠。

在实际运行过程中，抽吸虹吸管中空气形成真空的时间不便控制，且抽气管、虹吸管需严密不漏气。对自动化控制、运行具有不利影响，所以，近年来设计的自动化控制的滤池仍以四阀滤池为主，各阀门为电动或气动控制。

（2）设计要点

1）滤池的数量不得少于2个，滤池少于5个时宜采用单行排列，反之可用双行排列，单个滤池面积大于50m² 时，管廊中可设置中央集水渠。

2）单个滤池的面积一般不大于100m²，长宽比大多数在（1.25∶1）～（1.5∶1）之间，小于30m² 时可用1∶1，当采用旋转式表面冲洗时可采用1∶1、2∶1、3∶1。

3）滤池的设计工作周期一般在12～24h，冲洗前的水头损失一般为2.0～2.5m。

4）对于单层石英砂滤料滤池，饮用水的设计滤速一般采用8～10m/h，当要求滤后水浊度为1NTU时，单层砂滤层设计滤速4～6m/h，煤、砂双层滤层的设计滤速6～8m/h。

5）滤层上面水深一般为1.5～2.0m，滤池的超高一般采用0.3m。

6）单层滤料滤池的冲洗强度一般采用12～15L/（s·m²），双层滤料滤池冲洗强度12～16L/（s·m²）。

7）单层滤料滤池的冲洗时间7～5min，双层滤料滤池冲洗时间8～6min。

3. V型滤池

V型滤池是快滤池的一种形式，因其进水槽形状呈V字形而得名，也称为均粒滤料滤池（其滤料采用均质滤料，即均粒径滤料）、六阀滤池（各种管路上有6个主要阀门），是我国于20世纪80年代末从法国Degremont公司引进的技术。近年来，V型滤池在我国应用广泛，适用于大、中型水厂。

（1）构造和工艺流程

V型滤池一组滤池通常分为多格，每格构造相同。多格滤池共用一条进水总渠、清水出水总渠，反冲洗进水管和进气管道。反冲洗水排入同一条排水总渠后排出。滤池中间设双层排水、配水干渠，将滤池分为左右两个过滤单元。渠道上层为冲洗废水排水渠，顶端呈45°斜坡，防止冲洗时滤料流失。下层是气水分配渠，过滤后的清水汇集在其中。反冲洗时，气、水从分配渠中均匀流入两侧滤板之下。滤板上安装长柄滤头，上部铺设 $d = 2\sim4mm$ 粗砂承托层，覆盖滤头滤帽50～100mm。承托层上面铺 $d = 0.9\sim1.2mm$ 的滤料层，厚1200～1500mm。滤池侧墙设过滤进水V形槽和冲洗表面扫洗进水孔。

待滤水由进水总渠经进水阀和方孔后，溢过堰口再经侧孔进入被待滤水淹没的V形槽，分别经槽底均匀的配水孔和 V 形槽堰进入滤池，被均质滤料滤层过滤的滤后水经长柄滤头流入底部空间，由方孔汇入气水分配管渠，再经管廊中的水封井、出水堰、清水渠流入清水池。

反冲洗时，关闭进水阀，但有一部分进水仍从两侧常开的方孔流入滤池，由 V 形槽一侧流向排水渠一侧，形成表面扫洗。而后开启排水阀将池面水从排水槽中排出直至滤池水面与 V 形槽顶相平，反冲洗过程常采用"气冲→气水同时反冲→水冲"三步。

气冲。打开进气阀，开启供气设备，空气经气水分配渠的上部小孔均匀进入滤池底部，由长柄滤头喷出，将滤料表面杂质擦洗下来并悬浮于水中，被表面扫洗水冲入排水槽。

气水同时反冲洗。在气冲的同时启动冲洗水泵，打开冲洗水阀，反冲洗水进入气水分配渠，气、水分别经小孔和方孔流入滤池底部配水区，经长柄滤头均匀进入滤池，滤料得到进一步冲洗，表扫仍继续进行。停止气冲，单独水冲，表扫仍继续，最后将水中杂质全部冲入排水槽。

气、水同时冲洗时，空气冲洗强度不变，水冲洗强度 2.5~3L/（m² · s）。气水同时冲洗 4~5min。最后停止空气冲洗，关闭进气阀门，单独用水漂洗（后水冲洗），适当增大反冲洗强度到 4~6L/（m² · s），冲洗 5~8min。整个反冲洗过程历时 10~12min。

（2）工艺特点

从滤料级配、过滤过程、反冲洗方式等方面考虑，均质滤料滤池具有以下工艺特点：

1）滤层含污量大。所选滤料粒径 d_{max} 和 d_{min} 相差较小，趋于均匀。气水反冲洗时滤层不发生膨胀和水力分选，不发生滤料上细下粗的分级现象。又因为该种滤料孔隙尺寸相对较大，过滤时，杂质穿透深度大，能够发挥绝大部分滤料的截污作用，因而滤层含污量增加，过滤周期延长。

2）等水头过滤。滤池出水阀门根据砂面上水位变化，不断调节开启度，用阀门阻力逐渐减小方法，克服滤层中增大的水头损失，使砂面水位在过滤周期内趋于平稳状态。虽然上层滤料截留杂质后，孔隙流速增大，污泥下移，但因滤层厚度较大，下层滤料仍能发挥过滤作用，确保滤后水质。当一格反冲洗时，进入该池的待滤水大部分从 V 形槽下扫洗孔流出进行表面扫洗，不至于使其他未冲洗的几格滤池增加过多水量或增大滤速，也就不会产生冲击作用。

3）滤料反复摩擦，污泥及时排出；空气反冲洗引起滤层微膨胀，发生位移，碰撞。气水同时冲洗，增大滤层摩擦及水力冲刷，使附着在滤料表面的污泥脱落，随水流冲出滤层，在侧向表面冲洗水流作用下，及时推向排水渠，不沉积在滤层。与处于流态化的滤层相比，气、水同时冲洗的摩擦作用更大。

4）配水布气均匀。滤池滤板表面平整，同格滤池所有滤头滤帽或滤柄顶表面在同一水平高程，高差不超过 ±5mm。从底部空间进入每一个滤头的气量、水量基本相同。底部空间高 600~900mm，气、水通过时，流速很小，各点压力相差很小，可以保证气、水均匀分布，冲洗到滤层各处，不产生泥球，滤层不板结。

（3）设计要点

1）单池面积

滤池过滤面积等于处理水量除以滤速。单池面积与分格数有关。根据均质滤料滤池的工艺特点可知,当一格滤池反冲洗时,如果进入该格的待滤水量参与表面扫洗,仅有少许水量增加到其他几格,不会出现较大的强制滤速。如果滤池冲洗时不用待滤水表面扫洗,则应按照强制滤速进行计算。

滤速可达 7~20m/h,一般为 12.5~15.0m/h。采用单层加厚均粒滤料,粒径一般为 0.95~1.35mm,允许扩大到 0.7~2.0mm,不均匀系数 1.2~1.6 或 1.8 之间。对于滤速 7~20m/h 的滤池,其滤层高度在 0.95~1.5m 之间选用,对于更高的滤速还可相应增加。

底部采用带长柄滤头底板的排水系统,不设砾石承托层。滤头采用网状布置,约 55 个/m。

反冲洗一般采用气冲、气水同时反冲和水冲三个过程,反冲洗效果好,大大节省反冲洗水量和电耗,气冲强度为 50~60m/(h·m²),即 13~16L/(s·m²),清水冲洗强度为 13~15m/(h·m²),即 3.6~4.1L/(s·m²),表面扫洗用原水,强度一般为 5~8m/(h·m²),即 1.4~2.2L/(s·m²)。

整个滤料层在深度方向的粒径分布基本均匀。在反冲洗过程中滤料层不膨胀,不发生水力分级现象,保证深层截污,滤层含污能力高。滤层以上的水深一般大于 1.2m,反冲洗时水位下降到排水槽顶,水深只有 0.5m。

2)滤池深度

气水反冲洗滤池底部空间高 700~900mm;

滤板厚 100~130mm;

承托层厚 130~200mm;

滤料层 1200~15300mm;

滤层砂面以上水深 1200~1300mm;

进水系统跌落(从进水总渠到滤池砂面上水位)300~400mm;

进水总渠超高 300mm;

则滤池深度约 4000~4500mm。

每格滤池的出水都经过出水堰口流入清水总渠,砂面上水位标高和出水堰口水位标高之差即为最大过滤水头损失值。均质滤料滤池冲洗前的滤层水头损失值一般控制在 2m 左右。

3)配水、配气系统

均质滤料气水反冲洗滤池具有均匀的配水配气系统。通常由配水配气渠、滤板、长柄滤头组成。

配水、配气渠位于排水渠之下,起端安装空气进气管,进气管管顶和渠顶平接。下面安装冲洗水进水管,进水管管底和渠底平接。配水配气渠起端和末端宽度相同。当气、水同时进入配水配气渠时,空气处于压缩状态,其体积占冲洗水的 20%~30%。配水干管进口端流速 1.5m/s 左右。空气输送管或配气干管进口端空气流速 10~13m/s。

配水、配气渠上方两侧开配气孔,出口流速 10m/s 左右。沿渠底开配水孔,配水孔过孔水流流速 1.0~1.5m/s。

滤板搁置在配水、配气渠和池壁之间的支撑小梁上,每平方米滤板上安装长柄滤头 50~60 个。每个滤头缝隙面积约 2.5~5.65cm²。根据安装滤头个数便可计算出长柄滤头滤帽缝隙总面积与滤池过滤面积的比值(开孔比)。

4. 虹吸滤池

虹吸滤池（siphon filter），是以虹吸管代替进水和排水阀门的快滤池。滤池各格出水互相连通，反冲洗水由其他过滤水补给。每个滤格均在等滤速变水位条件下运行。它的特点是利用虹吸原理进水和排走洗砂水，因此节省了两个闸门。

（1）工艺特点

不需要大型的闸阀及相应的电动或水力等控制设备，可以利用滤池本身的出水量、水头进行冲洗，不需要设置洗水塔或水泵；可以在一定范围内，根据来水量的变化自动均衡地调节各单元滤池的滤速，不需要滤速控制装置；滤过水位永远高于滤层，可保持正水头过滤，不至于发生负水头现象；设备简单，管廊面积小，控制闸阀和管路可集中在滤池中央的真空罐周围，操作管理方便，易于自动化控制，减少生产管理人员，降低运转费用；在投资上与同样生产能力的普通快滤池相比造价低 20%～30%，节约金属材料 30%～40%。

与普通快滤池相比，池深较大（5～6m）；采用小阻力配水系统单元滤池的面积不宜过大，因冲洗水头受池深的限制，最大在 1.3m 左右，没有富余的水头调节，有时冲洗效果不理想。

（2）设计要点

1）虹吸滤池设计时首先考虑滤池的分格多少。由于滤池冲洗水来自本组滤池其他几格滤池的过滤水，故当其中一格反冲洗时，其他几格的过滤水量必须满足冲洗水量。

2）由于一组虹吸滤池每格的进水堰口标高相同，则进入每格小池的过滤水量相同。当任何一格滤池冲洗或者检修、翻砂时，其他几格都增加相同的水量。全部滤池均在工作的正常滤速和其中一格冲洗或其中一格检修、翻砂停运时其他几格的强制滤速符合下列关系式：

$$nv = (n - n')v' \tag{3-33}$$

式中　　n——组虹吸滤池分格数；

　　　　v——全部滤池工作时的滤速，m/h；

　　　　n'——停止过滤运行的格数；

　　　　v'——停运 n 格滤池后其他几格滤池的强制滤速，m/h。

3）虹吸滤池冲洗前的过滤水头损失允许达到 1.5m。反冲洗时，清水集水渠内的水位与冲洗排水槽口标高差（即冲洗水头）宜采用 1.0～1.2m，并应有调整冲洗水头的措施。当冲洗水头确定后，也就确定了冲洗强度。

4）虹吸进水管流速取 0.6～1.0m/s，虹吸排水管流速取 1.4～1.6m/s，依此计算管道断面。

5. 重力式无阀滤池

重力式无阀滤池是指一种不设闸阀利用水力条件自动控制反冲洗的小型过滤构筑物。20 世纪 70 年代由日本引进，适用于中小型水厂。重力式无阀滤池是根据过滤水头损失随过滤延续时间而增长，利用虹吸作用原理造成反向压差进行自动反冲洗的一种小型快滤池。

（1）重力式无阀滤池的构造

重力式无阀滤池主要由进水分配槽、U 形进水管、过滤单元、冲洗水箱、虹吸上升管、虹吸下降管、虹吸破坏系统组成。

（2）重力式无阀滤池设计计算

重力式无阀滤池要求各管道设计严密、标高计算准确，完全按照水力计算结果自动运行，涉及内容较多，仅对主要部位的设计计算进行简要说明。

1）反冲洗水箱

反冲洗水箱置于滤池顶部，一般加设盖板或密封（留出人孔）。水箱容积按照一格滤池冲洗一次所需要的水量计算：

$$V = 0.06qFt \tag{3-34}$$

式中　V——冲洗水箱容积，m^3；

　　　q——冲洗强度，$L/(m^2 \cdot s)$，一般采用平均冲洗强度 $15L/(m^2 \cdot s)$；

　　　F——单格滤池过滤面积，m^2；

　　　t——冲洗历时，min，一般取 $4 \sim 6min$。

多格滤池合用一座冲洗水箱，水箱水深可以减少很多。反冲洗时的最大冲洗水头 H_{max} 和最小冲洗水头 H_{min}，分别指的是冲洗水箱最高、最低水位和排水堰口标高的差值。当冲洗水箱水深变浅后，最大冲洗水头和最小冲洗水头差别变小，反冲洗强度变化较小，能使反冲洗趋于均匀。

需注意的是这里和普通快滤池水箱冲洗公式不同，因为这里不考虑 1.5 倍的余量。另外就是，当一格滤池冲洗时，其他几格过滤水量必须小于该格冲洗水量。这和虹吸滤池的分格要求正好相反。否则，其他几格过滤水量等于或大于一格反冲洗水量时，无阀滤池将会一直处于反冲洗状态。因此，一组无阀滤池合用一座反冲洗水箱时，其分格数一般不超过 3 个。当一格滤池冲洗即将结束时，其余两格滤池过滤水量不至于随即淹没虹吸破坏管口，使虹吸得以彻底破坏。

2）进水分配槽

进水分配槽一般由进水堰和进水井组成。过滤水通过堰顶溢流进入各格滤池，同时保持一定高度，克服重力流过滤过程中的水头损失。进水堰顶标高＝虹吸辅助管管口标高＋U 形进水管、虹吸上升管内各项水头损失＋保证堰上自由跌水高度（0.1～0.15m）。

无阀滤池的运行会受到堰后进水分配井平面尺寸和水深的一定影响。当滤料为清洁砂层或冲洗不久过滤时，水头损失很小，虹吸上升管及进水分配井中水位高出冲洗水箱水面很少，这样从进水堰上跌落的水流就会卷入空气，而从进水管带入滤池。这些空气要么逸出积聚在虹吸上升管顶端，要么积存在滤池顶盖之下，越积越多。虹吸上升管中水位上升后，或者大量水流冲洗滤池时，积聚在滤池顶盖之下的气囊就会冲入虹吸上升管顶端，有可能使反冲洗中断。

可采用减小进水管、进水分配井的流速，保持进水分配井有足够水深，设计分配井底与滤池冲洗水箱顶相平或低于冲洗水箱水面等方法来避免此类问题的发生。同时，放大进水分配井平面尺寸到（0.6m×0.6m）～（0.8m×0.8m），均有助于散除水中气体，防止卷入空气。

3）U 形进水管

如果进水分配井出水直接进入虹吸上升管，而不设 U 形弯管，就会导致反冲洗时，虹吸上升管中流量强烈抽吸三通处接入管中水流，无论进水管是否停止进水都会将进水管中大部分存水抽出而吸入空气，破坏虹吸。为此，加设 U 形管进行水封，并将 U 形管管底设置在排水水封井水面以下，U 形管中存水就不会排往排水井，也就不可能从进水管处吸入空气。

4）虹吸上升管

从反冲洗过程可知，冲洗水箱水经连通渠、承托层、滤层进入虹吸上升管、下降管排入排水井，其水量等于冲洗强度乘以滤池面积。设计时，冲洗强度采用平均冲洗强度，即按照 H_{max} 和 H_{min} 平均值及计算的冲洗强度。如果冲洗的一格不能自动停水，进入该格的过滤水直接进入虹吸上升管、虹吸下降管排出，则虹吸管的流量等于这两部分流量之和。

在能够利用地形高差的地方建造无阀滤池，将排水井放在低处，增大平均冲洗水头后，可以减小虹吸管管径。设计时，虹吸下降管管径比上升管管径小 1～2 级。虹吸下降管管口安装冲洗强度调节器，用改变阻力大小方法调节冲洗强度。

5）虹吸破坏斗

虹吸破坏斗和虹吸辅助管相连接，是破坏虹吸、结束反冲洗的关键部件。

由虹吸破坏管抽吸破坏斗中存水时，水斗中存水抽空后再行补充的间隔时间长短直接影响到虹吸破坏程度。当冲洗水箱中水位下降到破坏斗缘口以下时，水箱水仍能通过两侧的小虹吸管流入破坏斗。只有破坏斗外水箱水位下降到小虹吸管口以下，破坏斗停止进水。虹吸破坏管很快抽空斗内存水后，管口露出进气，虹吸上升管排水停止，冲洗水箱内水位开始上升。当从破坏斗两侧小虹吸管管口上升到管顶向破坏斗充水时，需要间隔一定时间。于是，就有足够的空气进入虹吸管，彻底破坏虹吸。

6）虹吸辅助管

虹吸辅助管是加快虹吸上升管、虹吸下降管形成虹吸、减少虹吸过程中水量损失的主要部件。当虹吸上升管中水位到达虹吸辅助管上端管口后，从辅助管内下降的水流抽吸虹吸上升管顶端积气，加速虹吸形成。虹吸上升管中的水位很快就会充满全管，所以用虹吸辅助管上端管口标高作为过滤过程中砂面上水位上升的最大值。虹吸辅助管管口标高和冲洗水箱中出水堰口标高的差值即为期终允许过滤水头损失值 H。为防止虹吸辅助管管口被水膜覆盖，通常设计成比辅助管管径大一号的管口。

6. 压力滤池

压力滤池是在密闭的容器中进行压力过滤的滤池，池体是密闭的钢罐，里面装有与快滤池相似的配水系统和滤料等，在压力下进行工作。在工业给水处理过程中，它常与离子交换软化器串联使用，过滤后的水往往可以直接送到用水装置。由于单池过滤面积较小，所以通常用作软化、除盐系统的预处理工艺，也可以用于工矿企业、小城镇及游泳池等小型或临时供水工程。

压力滤池像无阀滤池一样设有进水系统、过滤系统和配水系统，池体外侧设置各种管道、阀门和其他附属设备。

7. 翻板阀滤池

翻板阀滤池是反冲洗排水阀板在工作过程中来回翻转的滤池。滤池冲洗时，根据膨胀的滤料复原过程变化阀板开启度，及时排出冲洗废水。对于多层滤料或轻质滤料滤池采用不同的反冲洗强度时具有较好控制作用。

（1）翻板阀滤池构造

翻板阀的阀板在物料重力作用下自动开启，物料下落后，配重杠杆系统使阀板自动复位，从而完成物料的输送。主要有单、双门翻板阀，双层翻板阀主要利用上下阀门在不同时间的开关使设备中间始终有一层阀板处于关闭隔断状态，防止空气窜流。如果是在正压输送下，气动的双层锁气阀还可起到平衡及增压阀的助流作用，使设备既能连续脉动给料，同时又具有锁气的功能，满足气力输送粉粒体物料的要求。

（2）翻板阀滤池的运行

1）过滤：过滤水流由进水渠经进水阀板和溢流堰进入滤池，每格滤池的进水量相同。滤池中的水流以重力流方式渗透穿过滤层、石英砂垫层和砾石承托层进入横向排水管，从竖向列管组中流入配水配气总渠，再通过出水管流入清水池。和 V 型滤池一样，在过滤时，根据砂面上水位变化，调整出水管上的阀门开启程度，用阀门阻力逐渐减小方法，克服滤层中增大的水头损失，使砂面水位在过滤周期内趋于平稳状态，可使翻板阀滤池在恒水头条件下过滤。

2）反冲洗：翻板阀滤池中的滤料可以选择颗粒活性炭下铺石英砂垫层，或者采用双层滤料。按照滤池反冲洗效果考虑，应以最小的反冲洗水量使冲洗后滤层残留的污泥最少，同时又不使双层滤料乱层。翻板阀滤池通常采用气水反冲洗形式。

滤池反冲洗时滤层上的水位决定了翻板阀滤池后水反冲洗的时间。当滤池滤料层上水位最低时开始反冲洗，水位到达滤池水位最大允许值时停止，经数十秒后逐渐打开排水阀板（翻板阀）排水。

排水翻板阀安装在滤层以上 200mm 处，设有 50％开启度和 100％开启度两个控制点。反冲洗开始时，冲洗水流自下而上冲起滤料层，排水阀处于关闭状态。当反冲洗水流上升到滤层以上距池顶 300mm 时，反冲洗进水阀门关闭或反冲洗水泵停泵。20～30s 后排水翻板阀逐步打开，先开启 50％开启度，然后再开启 100％开启度。经 60～80s 滤层上水位下降至翻板阀下缘，即淹没滤层 200mm 左右，关闭翻板阀，再开始另一次的反冲洗。

每格滤池冲洗时，都如此操作 2～3 次，即可使滤料冲洗干净，并且把附着在滤料上的细小气泡冲出池外。

（3）翻板阀滤池的主要特点

翻板阀滤池用气或水反冲洗时允许有较大的反冲洗强度，水冲强度可达 15L/（s·m²）以上。这对于含污量较高的滤层，可较好地恢复过滤功能。从水流冲洗滤料所产生的剪切冲刷作用考虑，将反冲洗速度瞬间增大，有利于把滤料表面的污泥冲刷下来排出池外，同时也能冲刷掉附着在滤料表面的气泡。

翻板阀滤池的配水布气管多为马蹄形，上部半圆形部分开 $d=3～5$mm 布气孔。就布水布气系统而言，其简易程度都小于一般气水反冲洗滤池。

翻板滤池的一大特点是缓时排水、避免滤料流失。当反冲洗进水结束后，部分滤料和被冲洗下来的污泥一并悬浮起来，因滤料粒径或密度大于冲洗下来的污泥颗粒的粒径、密度，先行下沉复位，随即打开排水阀，能使含泥废水几乎在 60s 以内完全排出。这种反冲洗缓时排水方法，允许有较高的反冲洗强度，又可避免排放废水时引起滤料流失。

（4）翻板阀滤池设计要点

1）滤料组成

单层滤料：石英砂滤料 $d=0.9～1.20$mm，厚 1200mm。活性炭滤料 $d=2.5$mm，厚 1500～2000mm。

双层滤料：石英砂滤料 $d=0.7\sim1.20mm$，厚 800mm；无烟煤滤料 $d=1.6\sim2.5mm$，厚 700mm。

2）设计滤速：滤池滤速大小主要考虑进出水水质特点，当进水浊度小于 10NTU，出水浊度小于 0.5NTU，设计滤速取 $6\sim10m/h$。

3）过滤水头损失 2m。

4）气水反冲洗，空气冲洗：冲洗强度 $16\sim17L/（m^2 \cdot s）$，历时 $3\sim4min$。

气水同时冲洗：空气冲洗强度 $16\sim17L/（m^2 \cdot s）$，水冲洗强度 $4\sim5L/（m^2 \cdot s）$，历时 $4\sim5min$。后水冲洗：冲洗强度 $15\sim16L/（m^2 \cdot s）$，历时 1min。

8. 移动罩滤池

移动罩滤池是由许多滤格为一组构成的滤池，它采用小阻力配水系统，利用一个可以移动的冲洗罩轮流对各滤格进行冲洗。冲洗方法：移动罩先移动到待冲洗的滤格处，然后"落床"扣在该滤格上，启动虹吸排水系统（也有采用泵吸式排水系统的）从所冲洗的滤格上部向池外排水，使其他滤格的滤后水从该滤格下面的配水系统逆向流入，向上冲洗滤格中的滤料层。每个滤间的过滤运行方式为恒水头减速过滤。每组移动罩滤池设有池面水位恒定装置，控制滤池的总出水量，设计过滤水头可采用 $1.2\sim1.5m$。

3.6　工业给水处理的特殊工艺

对于印染、纺织、造纸等很多行业的工业用水来说，水中的铁、锰等离子都会影响最终产品的质量，所以对水中的铁、锰离子有着严格要求。

3.6.1　含铁含锰地下水水质

铁、锰离子一般在地下水中含量较高，在地表水中根据河流流经区域而差别较大，但因地表水中含氧量较丰富，会将水中铁、锰离子氧化为不溶物，所以总体含量较少，而有一些地方地下水中铁离子或者铁、锰离子的含量较高，直接影响了居民生活使用和工业应用。铁和锰可共存于地下水中，在大多数情况下，含铁量高于含锰量。我国地下水的含铁量一般小于 15mg/L，但也有的高达 $20\sim30mg/L$，含锰量约在 $0.5\sim2.0mg/L$ 之间。

由于 Fe^{3+}、Mn^{4+} 的溶解度低，易被地层滤除，所以水中溶解性铁、锰主要以二价离子的形态存在。其中，铁主要为 Fe^{2+}，以重碳酸亚铁（$Fe（HCO_3）_2$）假想组合形式存在，在酸性矿井水中以硫酸亚铁（$FeSO_4$）形式存在。锰主要为 Mn^{2+}，以重碳酸亚锰（$Mn（HCO_3）_2$）假想组合形式存在。

地表水中含有一定量的溶解氧，铁、锰主要以不溶解的 $Fe（OH）_3$ 和 MnO_2 状态存在，所以铁、锰含量不高。而在地下水和一些较深的湖泊水库的底层，由于水中缺少溶解氧，以至于部分地层中的铁、锰被还原为溶解性的二价铁和二价锰，引起水中铁、锰含量升高。

含有铁、锰的地下水接触大气后，二价铁和二价锰会被大气中的氧所氧化，形成氢氧化铁（脱水后成为三氧化二铁，即铁锈）、二氧化锰等沉淀物析出。含有较高浓度铁、锰的水的色度升高，并有铁腥味。三氧化二铁析出物会使用水器具产生黄色、棕红色锈斑，二氧化锰析出物的颜色还要更深，为棕色或棕黑色。铁、锰含量高，在饮用水中会影响口

感；在工业用水中会影响产品的质量，如纺织、印染、造纸会出现黄色或棕黄色斑渍。铁质沉淀物 Fe_2O_3 会滋生铁细菌，阻塞管道，有时出水会出现红水。

3.6.2 地下水除铁

1. 除铁原理

由于地下水中不含有溶解氧，不能将 Fe^{2+} 氧化为 Fe^{3+}，所以认为含铁地下水中不含有溶解氧是 Fe^{2+} 稳定存在的必要条件。如果把水中溶解的二价铁（Fe^{2+}）氧化成三价铁（Fe^{3+}），使其以 $Fe(OH)_3$ 形式析出，再经沉淀或过滤去除，即能达到除铁的目的，这就是地下水除铁的基本原理。空气中氧氧化 Fe^{2+} 的反应式为：

$$4Fe^{2+} + O_2 + 2H_2O =\!=\!= 4Fe^{3+} + 4OH^- \tag{3-35}$$

常用的氧化剂有空气中的氧气、氯和高锰酸钾等。由于利用空气中的氧既方便又经济，所以生产上应用最广。所以重点介绍空气自然氧化和接触催化氧化除铁方法。此外，在除铁处理设备中所生长的微生物，如铁细菌等，具有生物除铁作用，可以提高处理效果。

对于含铁量略高的地表水，只要在常规的混凝、沉淀、过滤处理工艺中加强预氧化（如预氯化），就可以把二价铁氧化成三价铁，所形成的氢氧化铁在沉淀过滤中去除，不必单独设置除铁处理设施。对于含铁量较高以及其他水质指标不符合饮用水标准的含铁地下水，常规处理不能达到用水标准时，就需要考虑另加地下水的除铁工艺或去除其他杂质工艺。

2. 空气自然氧化法除铁

含铁地下水经曝气充氧后，空气中的 O_2 将 Fe^{2+} 氧化成 Fe^{3+}，与水中的氢氧根作用形成 $Fe(OH)_3$ 沉淀物析出而被去除，习惯上称为曝气自然氧化法除铁。

根据上边的反应方程式可以得出：每氧化 1mg/L 的二价铁，理论上需耗氧 $(2\times16)/(4\times55.8)=0.14mg/L$。生产中实际需氧量远高于此值。一般按照下式计算：

$$[O_2] = 0.14a[Fe^{2+}] \tag{3-36}$$

式中　$[O_2]$——水中溶解氧浓度，mg/L；

　　　$[Fe^{2+}]$——水中 Fe^{2+} 浓度，mg/L；

　　　a——实际需氧量的浓度与理论的比值，又称为过剩溶氧系数，通常取 $a=$ 2~5。

水中 Fe^{2+} 浓度随时间的变化速率就是 Fe^{2+} 的氧化速度，其大小与水中溶解氧浓度、Fe^{2+} 浓度和氢氧根浓度（或 pH）有关。一般情况下，水中 Fe^{2+} 自然氧化速度较慢，故经曝气充氧后，需要有一段反应时间，才能保证 Fe^{2+} 充分地氧化和沉淀下来。

Fe^{2+} 的氧化速度与 OH^- 浓度的平方成正比。由于水的 pH 是氢离子浓度的负对数，因此，水的 pH 每升高 1 个单位，二价铁的反应速度将增大 100 倍。采用空气氧化时，一般要求水的 pH 大于 7.0，方可使氧化除铁顺利进行。

对于含有较多 CO_2 而 pH 较低的水，曝气除了提供氧气以外，还可以起到吹脱散除水中 CO_2 气体，提高水的 pH 作用，加速氧化反应的作用。

自然氧化除铁一般采用如图 3-4 所示的工艺系统。

此法适用于原水含铁量较高的情况。曝气的作用主要是向水中充氧。曝气装置有多种

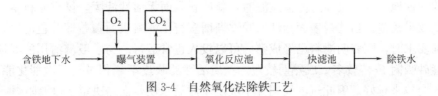

图 3-4　自然氧化法除铁工艺

形式，常用的有曝气塔、跌水曝气、喷淋曝气、压缩空气曝气及射流曝气等。为提高 Fe^{2+} 氧化速度，通常采用在曝气充氧时还散除部分 CO_2，以提高水的 pH 的曝气装置，如曝气塔等。

曝气后的水进入氧化反应池停留时间一般在 1h 左右，以便充分氧化 Fe^{2+} 为 Fe^{3+}，发挥 $Fe(OH)_3$ 絮凝体的沉淀作用，减轻后续快滤池的负荷。

除铁工艺中的快滤池是用来截留三价铁絮凝体的。除铁用得快滤池与一般澄清用得快滤池相同，只是滤层厚度根据除铁要求稍有增加，可取 $800\sim1200\text{mm}$。原水含铁量大于 6mg/L 时，可采用天然锰砂或石英砂滤料的二级过滤工艺。

3. 接触催化氧化法除铁

含铁地下水经天然锰砂滤料或石英砂滤料滤池过滤多日后，滤料表层会覆盖一层具有很强氧化除铁能力的铁质活性滤膜，以此进行地下水除铁的方法称为接触催化氧化除铁。

铁质活性滤膜由 $Fe(OH)_3 \cdot 2H_2O$ 组成，主要是 Fe^{2+} 的氧化生成物。含铁地下水通过含有铁质活性滤膜的滤料时，活性滤膜首先以离子交换方式吸附水中 Fe^{2+}：

$$Fe(OH)_3 \cdot 2H_2O + Fe^{2+} \Longrightarrow Fe(OH)_2(OFe) \cdot 2H_2O^+ + H^+$$

因水中含有溶解氧，被吸附的 Fe^{2+} 在活性滤膜催化作用下，迅速氧化成 Fe^{3+}，并水解成 $Fe(OH)_3$，形成新的催化剂：

$$Fe(OH)_2(OFe) \cdot 2H_2O^+ + \frac{1}{4}O_2 + \frac{5}{2}H_2O \Longrightarrow 2Fe(OH)_3 \cdot 2HO + H^+$$

试验证明，天然锰砂不仅是铁质活性滤膜的载体和附着介质，而且对 Fe^{2+} 具有很好的吸附去除能力。需要注意的是，吸附水中铁离子形成的铁质活性滤膜对低价铁离子的氧化具有催化作用，而锰砂中的锰质化合物不起催化作用。因此认为，二价铁离子氧化生成物（铁质活性滤膜）是催化剂，除铁氧化过程是一个自催化过程。

曝气接触氧化除铁工艺系统如图 3-5 所示。

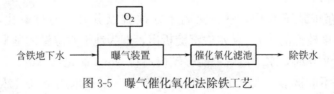

图 3-5　曝气催化氧化法除铁工艺

接触催化氧化除铁工艺简单，不需设置氧化反应池，只需把曝气后的含铁水通过含有活性滤膜滤料的滤池，即可在滤层中完成 Fe^{2+} 的氧化过程。催化氧化除铁过程中的曝气主要是为了充氧，不要求有散除 CO_2 的功能，故曝气装置也比较简单。常用的有射流曝气、跌水曝气、压缩空气曝气、穿孔管或莲蓬头曝气等。

接触催化氧化除铁滤池中的滤料中，锰砂对铁的吸附容量大于石英砂和无烟煤。曝气充氧后的含铁地下水直接经过滤池过滤时，新滤料表面无活性滤膜，仅靠滤料本身吸附作用，除铁效果较差。当滤料表面活性滤膜逐渐增多直至滤料表面覆盖棕黄色滤膜，出水含铁量达到要求时，则表明滤料已经成熟，可以投入正常运行。与一般澄清用的滤池不同的是，因锰砂吸附 Fe^{2+} 较多，成熟期较短。铁质活性滤膜逐渐累积量越多，催化能力越强，滤后水质会越来越好。因此过滤周期并不决定于滤后水质，而是决定于过滤阻力。

可根据原水含铁量、曝气方式和滤池形式等确定接触催化氧化除铁滤池滤料粒径、滤层厚度和滤速。滤料粒径通常为 0.5~2.0mm，滤层厚度在 700~1500mm 范围内（压力滤池滤层一般较厚），滤速在 5~10m/h 之间，含铁量高的采用较低滤速，含铁量低的采用较高滤速。也有天然锰砂除铁滤池的滤速高达 20~30m/h。

对于锰砂滤料，因其密度为 3.2~3.6g/cm³，需采用较大反冲洗强度。大多锰砂除铁滤池工作周期 8~24h，反冲洗时间 10~15min。

水中硅酸盐能与三价铁形成溶解性较高的铁与硅酸的复合物。对于含有较多硅酸盐的原水，如果曝气过多，水的 pH 升高，则二价铁的氧化反应过快，所生成的三价铁将会与硅酸盐反应形成铁与硅酸的复合物，造成滤后出水含铁偏高。因此，当水中可溶解性硅酸浓度超过 40mg/L 时，就不能应用曝气氧化法除铁工艺，而应采用接触氧化法工艺流程。

4. 氧化剂氧化法除铁

在天然地下水的 pH 条件下，氯和高锰酸钾都能迅速将二价铁氧化为三价铁。当用空气中的氧氧化除铁有困难时，可以在水中投加强氧化剂，如氯、高锰酸钾等。此法适用于铁、锰超标的地表水常规处理。

药剂氧化时可以获得比空气氧化法更为彻底的氧化反应。用作地下水除铁的氧化药剂主要是氯。氯是比氧更强的氧化剂，当 pH>5 时，即可将二价铁迅速氧化为三价铁，反应方程式为：

$$2Fe^{2+} + HOCl \longrightarrow 2Fe^{3+} + Cl^- + OH^-$$

按此理论反应式计算，每氧化 1mg/L 的 Fe^{2+} 理论上需要 $2 \times 35.5/(2 \times 55.8) = 0.64mg/L$ 的 Cl。由于水中含有其他能与氯反应的还原性物质，实际上所需投氯要比理论值高一些。

3.6.3 地下水除锰

铁和锰常共存于地下水中，铁、锰离子往往难以分开。通过氧化，将溶解状态的 Mn^{2+} 氧化为溶解度较低的 Mn^{4+} 从水中沉淀析出，即为地下水除锰的基本原理。

当水的 pH>9.0 时，水中溶解氧能够较快地将 Mn^{2+} 氧化成 Mn^{4+}，而在中性 pH 条件下，Mn^{2+} 几乎不能被溶解氧氧化。所以在生产上一般不采用空气自然氧化法除锰，而是用催化氧化法、生物氧化法和化学氧化剂氧化法。

1. 催化氧化除锰

接触催化氧化法除锰工艺和接触催化氧化法除铁类似，即在中性 pH 条件下，含锰地下水经过天然锰砂滤料或石英砂滤料滤池过滤多日后，滤料表面会形成黑褐色锰质活性滤膜，吸附水中的 Mn^{2+}，在锰质活性滤膜催化作用下，氧化成 Mn^{4+} 后去除，称为接触催化氧化法除锰。

活性滤膜化学成分有多种说法，有的认为是 MnO_2，有的认为是 Mn_3O_4 或某种待定混合物 Mn_xO，也有认为是某种待定化合物，可用 $Mn_xFe_yO_z \cdot xH_2O$ 表示。以 MnO_2 起催化作用为例，则 Mn^{2+} 的催化氧化反应为：

$$Mn^{2+} + MnO_2 \longrightarrow MnO_2 \cdot Mn^{2+} \quad （吸附）$$

$$MnO_2 \cdot Mn^{2+} + \frac{1}{2}O_2 + H_2O \longrightarrow 2MnO_2 + 2H^+ \quad （氧化）$$

综合反应式表示为：

$$2Mn^{2+} + O_2 + 2H_2O \longrightarrow 2MnO_2 + 4H^+$$

由于二氧化锰沉淀物的表面催化作用，使得二价锰的氧化速度明显加快，这种反应生成物又起催化作用的氧化过程是一种自催化过程。则每氧化 $1mg/L$ 的 Mn^{2+}，理论上需氧量为 $32/（2 \times 54.9）= 0.29mg/L$。实际需氧量约为理论值的 2 倍以上。

催化氧化除锰工艺流程如图 3-6 所示。

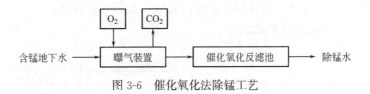

图 3-6　催化氧化法除锰工艺

除铁除锰滤池滤料宜采用含有二氧化锰的天然锰砂，有的含有四氧化三锰，形成锰质活性滤膜的时间（滤层成熟期）较短。二价锰的氧化反应和二氧化锰的凝聚过滤都在滤料层中完成。对于普通石英砂滤料，经过 3～4 个月的运行时间，滤料颗粒表面上也会形成深褐色的二氧化锰覆盖膜，起到很好的催化作用，熟化后的砂滤料可以获得与锰砂相同的良好的除锰效果。在长期运行的除锰滤池中还会逐步滋生出大量的除锰菌落，具有生物催化氧化除锰的作用，明显提高除锰效果。

铁、锰共存的地下水除铁除锰时，由于铁的氧化还原电位低于锰，更容易被 O_2 氧化。在相同的 pH 条件下，二价铁比二价锰的氧化速率快。同时，Fe^{2+} 又是 Mn^{4+} 的还原剂，阻碍二价锰的氧化，使得除锰比除铁困难。对于同时含有较低浓度铁、锰的水，可以一步同时去除。如果铁、锰含量较高，需先除铁再除锰。图 3-7 是一种先除铁后除锰的两级曝气两级过滤工艺系统。

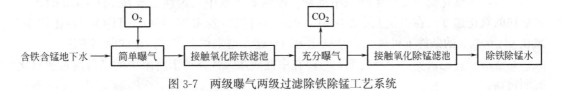

图 3-7　两级曝气两级过滤除铁除锰工艺系统

当地下水中铁的含量不高（$<2mg/L$）且满足 pH$\geqslant$7.5 时，两级曝气两级过滤除铁除锰工艺系统可简化为一次曝气一次过滤的工艺，滤池上层除铁下层除锰，在同一滤层中完成，不至于因锰的泄漏而影响水质。

如果铁含量高于 5mg/L 以上同时含有锰时，则除铁滤层的厚度增大后，剩余的滤层已无足够能力截留水中的锰，会使二价锰泄漏。为了更好地除铁除锰，可在一个流程中建

造两座滤池，采用两级过滤，第一级过滤除铁，第二级过滤除锰。

2. 生物法除锰

在自然曝气除铁除锰滤池中，不可避免会滋生一些微生物，其中就有一些能够氧化二价铁、二价锰的铁细菌，具有加速水中溶解氧氧化二价铁、二价锰的作用。在自然氧化除铁过程中，铁细菌的作用不是很明显。而在中性 pH 条件下自然氧化除锰困难时，生物作用可以发挥较好的除锰效果。该方法又称为生物法除锰。

曝气后的含铁含锰水进入滤池过滤，铁细菌氧化水中 Fe^{2+}、Mn^{2+} 并进行繁殖。利用生物法除铁除锰的滤池，称为生物除铁除锰滤池。经数十日后，滤池便能有良好的除铁除锰效果，即认为生物除锰滤层已经成熟。如果用成熟滤池中的铁泥对新的滤料层微生物接种、培养、驯化，则可以加快滤层成熟速度。一般认为，生物除铁除锰原理是：铁、锰氧化细菌胞内酶促反应以及铁、锰氧化细菌分泌物的催化反应，使 Fe^{2+} 氧化成 Fe^{3+}，Mn^{2+} 氧化成 Mn^{4+}。

生物除铁除锰工艺简单，可在同一滤池内完成，如图 3-8 所示。

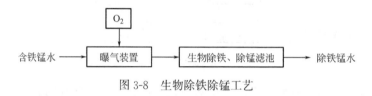

图 3-8　生物除铁除锰工艺

生物除铁除锰需氧量较少，只需简单曝气即可（如跌水曝气），曝气装置简单。滤池中滤料仅起微生物载体作用，可以是石英砂、无烟煤和锰砂等。目前，生物除铁除锰法我国已有生产应用，在 pH＝6.9 条件下，允许含锰量 $2\sim3mg/L$，含铁量高达 $8mg/L$。

3. 化学氧化除锰

和化学氧化除铁相似，氯、二氧化氯、臭氧、高锰酸钾等强氧化剂能把二价锰氧化成四价锰沉淀析出，具有除锰作用，容易发生化学反应的反应式为：

$$HOCl + Mn^{2+} + H_2O \longrightarrow MnO_2 + HCl + 2H^+$$

理论上，每氧化 $1mg/L$ 的 Mn^{2+} 需要 $2\times35.5/54.9=1.29mg/L$ 的氯。

$$2ClO_2 + 5Mn^{2+} + 6H_2O \longrightarrow 5MnO_2 + 2HCl + 10H^+$$

$$O_3 + Mn^{2+} + H_2O \longrightarrow MnO_2 + O_2 + 2H^+$$

其中，二氧化氯、臭氧生产工序复杂。用氯氧化水中二价锰需要在 pH＞9.5 时才有足够快的氧化速度，在工程上不便应用。如果通过滤料表面的 $MnO_2 \cdot H_2O$ 膜催化作用，氯在 pH＝8.5 的条件下可将二价锰氧化为四价锰，是工程上能够接受的除锰方法。

高锰酸钾是比氯更强的氧化剂，可以在中性或微酸性条件下将水中的二价锰迅速氧化成四价锰：

$$3Mn^{2+} + 2KMnO_4 + 2H_2O \longrightarrow 5MnO_2 + 2K^+ + 4H^+$$

理论上，每氧化 $1mg/L$ 的 Mn^{2+} 需要 $2\times158.04/(3\times54.9) = 1.92mg/L$ 的高锰酸钾。

3.7　工业车间常用用水系统

工业用水指工业生产中直接和间接使用的水量，利用其水量、水质和水温 3 个方面。

主要用途：①原料用水，直接作为原料或作为原料一部分而使用的水；②产品处理用水；③锅炉用水；④冷却用水等。其中冷却用水在工业用水中占 60%～70%。工业用水量虽大，但实际消耗量并不多，一般耗水量约为其总用水量的 0.5%～10%，即有 90% 以上的水量使用后经适当处理仍可以重复利用。

根据《中国水资源公报 2019》，2019 年，全国用水总量 6021.2 亿 m³。其中，生活用水 871.7 亿 m³，占用水总量的 14.5%；工业用水 1217.6 亿 m³，占用水总量的 20.2%；农业用水 3682.3 亿 m³，占用水总量的 61.2%；人工生态环境补水 249.6 亿 m³，占用水总量的 4.1%。

工业产品千差万别，其水质、水量在不同工业领域也是各不相同。

按照行业可以分为：制药、电子、化工、印染、纺织等。

按照水质可分为：一次水、纯水、超纯水、注射水等。

按照水温可分为：冷却水、冷冻水、低温盐水、热水等。

这里只选取部分比较有代表性的工业纯水和注射用水进行讨论。

3.7.1　工业纯水和注射水系统

前文已有述及，水是一种良好的溶剂，能溶解各种固态、液态和气态的物质，因此天然水中含有各种盐类和化合物，二氧化碳，还有胶体（包括硅胶和腐殖质胶体），天然水中还存在大量的非溶解性物质，包括黏土、沙石、微生物、藻类、浮游生物、热源等；另外还包括由于排放造成的废水、溶解在水中的废气和废渣等有害的物质。因此，自然界的水是不纯的，所谓的纯水是要通过复杂的工艺才能制造出来的。水中的杂质与水源有直接关系，不同水源中杂质的成分、种类和含量也不同——它们也就是工艺用水处理的对象。

1. 电解质

电解质是指在水中以离子状态存在的物质，包括可溶性的无机物、有机物及带电的胶体离子等，另外还有有机酸（腐殖酸、烷基苯磺酸等）离子。电解质具有导电性，可以通过测量水的电阻率或电导率的方法来反映此类杂质在水中的相对含量，以离子色谱法及原子吸收光谱法等分析方法来测定水中各种阴、阳离子的含量。水的电阻率是指某一温度下（一般为 25℃），边长为 1cm 的立方体水柱的相对两侧面间的电阻值，其单位为欧姆·厘米（$\Omega \cdot cm$）。电导率为电阻率的倒数，单位为西门子/厘米（S/cm）。理论的"纯水"应无任何杂质离子，不导电。

2. 有机物

水中所含有机物主要指天然或人工合成的有机物质，如有机酸、有机金属化合物等。这类物质体积庞大，常以阴性或中性状态存在，通常用总有机碳（TOC）测定仪或化学耗氧量法分析此类物质在水中的含量。

3. 颗粒物质

水中的颗粒物质包括泥沙、尘埃、有机物、微生物及胶体颗粒等，可用颗粒计数器来反映这类杂质在水中的含量。

4. 微生物

水中的微生物具有个体非常微小、种类繁杂、分布广、繁殖快、容易发生变异等特点，特别是细菌，为纯化水制备中难以对付的一个方面，包括病毒和热原在内，粒径属于微米级及纳米级，并且条件适当时它们就会在离子交换树脂、活性炭、贮水罐以及各种阀门与管道中高速繁殖。

5. 溶解的气体

水中的溶解气体，包括 N_2、O_2、Cl_2、H_2S、CO_2、CH_4 等，可用气相色谱及液相色谱和化学法测定其含量。水源中的杂质的种类和数量各不相同，即使同一水源中的水，其杂质成分与含量也随着时间、地点和气候而变化，不能一概而论，因此在设计制水工艺流程时应考虑原水在一年甚至数年内水质数据的变化。

在电子厂房中，无论是前道工序还是后续的封装测试，对水质都有较高要求，而在药厂中，因菌尘共生，不仅要求使用超纯水，直接注入人体的大输液和水针剂的配液要求无热源，需要用多级蒸馏法制出注射水以满足工艺需求。一些高精尖产业都有类似的要求，这也是本书优先介绍纯水和注射水的原因。

3.7.2 软化与除盐概述

1. 软化除盐基本方法

无论是工业生产用水还是生活用水均对水的硬度、含盐量有一定的要求，特别是锅炉用水对硬度指标要求严格。含有硬度、盐类的水进入锅炉，会在锅炉内生成水垢，降低传热效率、增大燃料消耗，甚至因金属壁面局部过热而烧损部件。因此，对于低压锅炉，一般要进行水的软化处理，对于中、高压锅炉，则要求进行水的软化与脱盐处理。

软化处理主要去除水中的部分硬度或者全部硬度，常用药剂软化、离子交换方法。除盐处理是针对水中的各种离子以减少水中溶解盐类的总量，满足中、高压锅炉用水以及医药、电子工业的生产用水要求。去除部分离子、降低含盐量、海水淡化和苦咸水淡化也是除盐处理的内容。

除盐处理的基本方法是：离子交换法、膜分离（反渗透、电渗析）法和蒸馏法等。

2. 离子浓度表示方法

按照法定计量单位，硬度应统一采用物质的量浓度及法定单位 mol/L 或 mmol/L 表示。1mol 的某一物种是指 6.022×10^{23} 个该物种粒子（分子、离子和电子）的质量，记为 C（Ca）、C（Mg），表示 Ca^{2+}、Mg^{2+} 的摩尔浓度。可以看出，物质的量 m（mol）与基本单元 X 的粒子数 N 之间有如下关系：

$$m(X) = N(x)/6.022 \times 10^{23} \tag{3-37}$$

以 Ca^{2+}、Mg^{2+} 硬度为例，根据基本单元 X 的表示方法，可以是 Ca^{2+}、Mg^{2+}，亦可采用 $\frac{1}{2}Ca^{2+}$、$\frac{1}{2}Mg^{2+}$，表示当量粒子浓度，它们之间的关系是：

$$n\left(\frac{1}{2}Ca^{2+}\right) = 2n(Ca^{2+})$$

式中　n——Ca^{2+} 当量粒子个数。

写成通式为：

$$n\left(\frac{X}{z}\right) = zn(X) \tag{3-38}$$

式中　z——离子电荷。在实用中，称 X/z 为当量离子。以当量粒子 $\frac{1}{2}Ca^{2+}$、$\frac{1}{2}Mg^{2+}$ 表

示硬度时，符合软化除盐反应中各反应物质等当量反应的规律，meq/L 浓度和 mmol/L 浓度完全相同。在计算离子平衡时，以往的"meq/L"可代之以"mmol/L"而数值保持不变，既符合法定计量单位的使用规则，又保留了当量浓度表示方法的某些优点，有许多方便之处，得到了广泛采用。

水处理中所采用的基元当量粒子有以下几种：

（1）阳离子：H^+、Na^+、K^+、$\frac{1}{2}Ca^{2+}$、$\frac{1}{2}Mg^{2+}$。

（2）阴离子：OH^-、HCO_3^-、$\frac{1}{2}CO_3^{2-}$、$\frac{1}{2}SO_4^{2-}$、Cl^-。

（3）酸、碱、盐：HCl、$\frac{1}{2}H_2SO_4$、$NaOH$、$\frac{1}{2}CaO$、$\frac{1}{2}CaCO_3$。

软化除盐有关的阳离子、阴离子、酸、碱、盐的当量粒子摩尔质量见表 3-4。

软化除盐中有关的当量粒子摩尔质量　　　　表 3-4

阳离子	当量离子摩尔质量 (mg/mmol)	阴离子	当量离子摩尔质量 (mg/mmol)	酸碱盐	当量离子摩尔质量 (mg/mmol)
Ca^{2+}	20	HCO_3^-	61	HCl	36.5
Mg^{2+}	12	SO_4^{2-}	48	H_2SO_4	49
Na^+	23	CL^-	35.5	NaOH	40
K^+	39	CO_3^{2-}	30	CaO	28
H^+	1	OH^-	17	$CaCO_3$	50

上述离子浓度表示方法，一般适用于离子含量较高的情况。经软化除盐后的工业用水中离子浓度很低，不足几个毫克/升，远小于 1meq/L，用质量浓度表示时测定麻烦，不如电导性测定简便。为此，通常采用水的导电指标（电阻率或电导率）来表示水的纯度。水的纯度越低，含盐量越大，水的导电性能越强，电阻越弱。反之，导电性能很弱，电阻很大的水必然是含盐量很低的水。

水的电阻率是指断面 1cm×1cm、长 1cm 体积的水所测得的电阻，单位为"欧姆·厘米"，写作"$\Omega \cdot cm$"。水的电阻率和水的温度有关。我国规定测量电阻率均以水温 25℃时数值为标准。在 25℃时，理论上的纯水电阻率约等于 $18.3 \times 10^6 \Omega \cdot cm$。一般井水、河水的电阻率只有几百到 $1000\Omega \cdot cm$。

纯水的电阻率很大，为方便起见，常用电阻率的倒数表示，称为电导率。表示纯水电导率的单位是 $\mu S/cm$"微西门子/厘米（写作 $\mu S/cm$）"，$1\mu S/cm = 10^{-6} S/cm$）。纯水电阻率 $25 \times 10^6 \Omega \cdot cm$ 相当于电导率 $0.04\mu S/cm$。

常见的除盐水、纯水、高纯水 25℃导电指标见表 3-5。

除盐水、纯水、高纯水电导率和残余含盐量　　　　表 3-5

	除盐水	纯水	高纯水	理论纯水
电导率($\mu S/cm$)	10～1	1～0.1	<0.1	0.0548
残余含盐量(mg/L)	1～5	1	0.1	≈0

注：仅去除电介质的水称为除盐水，不仅去除电介质还去除非电介质的水成为纯水。

3. 水的净化技术

纯化水制备是以原水（如饮用水、自来水、地下水或地表水）为原料，经逐级提纯水质，使之符合要求的过程，然后再通过蒸馏等方法获得注射用水。因此水的净化是一个多级过程，每一级都去除掉一定量的污染物，为下一级做准备。对某一独特的水源，应根据其水质特性及供水对象来设计净化系统。纯化水系统的设计及建造必须考虑到原水的水质、原水中常见污染物的特点及对生产的影响。例如，水源中有机物质含量和浓度较高，需加强凝聚、活性炭处理、过滤等预处理，水源中硬度高，需要增加软化工序。就脱盐工序来说，可以用电滤析（EDI）、反渗透（RO）和离子交换树脂除盐，也可以用三者的不同组合来脱盐，要视水中含盐量的多少而定。若原水中的可溶性盐（TDS）含量很低，在预处理后可以直接使用离子交换树脂系统而不必用电光析或反渗透。对含 SO_2 高的原水还需采用脱气装置。对含有机物高的原水需采用大孔树脂或活性炭处理。对含细菌多的原水需采用加氯或紫外灯或臭氧杀菌。对颗粒的截留可采用各种膜过滤或超过滤技术。制水是各种纯化手段的组合应用，既要受原水性质、用水标准与用水量的制约，又要考虑制水效率的高低、消耗的大小、设备的繁简、管理维护的难易和成本。纯化水的制备通常由前处理、脱盐和后处理三大部分组成。

（1）前处理：前处理有物理、化学和电化学等方法。其中物理方法有澄清、砂滤、脱气、膜过滤、活性炭吸附等，化学方法有混凝、加药杀菌、消毒、氧化-还原、络合、离子交换等；电化学方法有电凝聚等，以去除原水中的悬浮物、胶体、微生物等为主，并消除过高的硬度。

（2）脱盐：脱盐工序有电渗析、反渗透、离子交换等。近年来电再生混合床（EDI）技术得到了飞速发展，可取代传统的离子交换法，该方法无须酸、碱再生。

（3）后处理：由臭氧发生器、气液混合器、紫外线灭菌器、精密过滤器等组成。

3.7.3 水的药剂软化

水的药剂软化是根据溶度积原理，在水中投加一些药剂（如石灰、苏打），使之和水中的钙、镁离子反应生成难溶化合物如 $CaCO_3$ 和 $Mg(OH)_2$，通过沉淀去除，达到软化的目的。

药剂软化或加热时，Ca^{2+}、Mg^{2+}、Fe^{2+}、Mn^{2+}、Al^{3+} 等形成的难溶盐类和氢氧化物都会沉淀下来。在一般天然水中，Ca、Mg 的结晶沉淀物较多，其他离子氢氧化物含量很少。构成硬度的是 Ca^{2+}、Mg^{2+}，所以通常以水中钙、镁离子的总含量称为水的总硬度。硬度又可分为碳酸盐硬度和非碳酸盐硬度。碳酸盐硬度在加热时易沉淀析出，称为暂时硬度；而非碳酸盐硬度在加热时不沉淀析出，称为永久硬度。

水处理中常见的一些难溶化合物的溶度积见表 3-6 所列。

几种难溶化合物（25℃）的溶度积　　　　表 3-6

化合物	$CaCO_3$	$CaSO_4$	$Ca(OH)_2$	$MgCO_3$	$Mg(OH)_2$	$Fe(OH)_3$
溶度积	4.8×10^{-9}	6.1×10^{-5}	3.1×10^{-5}	1.0×10^{-5}	5.0×10^{-12}	3.8×10^{-38}

水的软化处理药剂有石灰、苏打、苛性钠，根据水质特点通常采用一种药剂或采用两种药剂配合使用。目前使用较多的是石灰、苏打药剂软化。

软化水生产工艺流程：原水→原水箱→原水泵→石英砂过滤器→活性炭过滤器→软水器→保安过滤器→一级高压泵→一级 RO 系统→二级高压泵→二级 RO 系统→产水箱→分配泵→紫外线杀菌器→用水点。

软化水产水系统由预处理系统（原水箱、原水泵、石英砂过滤器、活性炭过滤器、软水器）、双级 RO 系统（保安过滤器、高压泵、双级 RO 系统）、分配系统（RO 产水箱、分配水泵、紫外线杀菌器）组成。

1. 原水箱、原水泵

原水箱可采用 PE 或者碳钢、不锈钢材质，这里需要注意的是不锈钢会与自来水中的氯离子反应，导致原水箱迅速腐蚀，所以以自来水为原水进行处理的时候，不能使用不锈钢材质的原水箱。原水泵提供足够的压力将水送往预处理系统。原水泵可采用不锈钢卧式泵。

2. 石英砂过滤器

原水经过石英砂过滤器的多层机械过滤，可以滤除掉原水中的泥沙、铁锈、大颗粒物以及悬浮物等，石英砂过滤器本体材质可为玻璃钢（FRP）。

3. 活性炭过滤器

活性炭过滤器去除水中留有的胶体、游离氯、异味、色度以及部分铁锰和有机物等，属于吸附过滤方式。过滤罐本体选用玻璃钢（FRP）材质。活性炭过滤器本体配全自动多路阀，实现全自动运行及反洗。

4. 软化器

软化器通过钠离子交换技术，能彻底去除水中的钙镁离子硬度，满足用户水质要求，$5\mu m$ 保安过滤器的作用是截留生水带来的大于 $5\mu m$ 的颗粒，以防止其进入反渗透系统。这种颗粒经高压泵加速后可能击穿反渗透膜组件，造成大量漏盐的情况，同时划伤高压泵的叶轮。采用切线方向进水，提供旋转水流及离心力，可在滤芯外侧去除一部分杂质颗粒。过滤器中的滤元为可更换聚丙烯绕丝滤芯。该滤芯的绝对精度为 $5\mu m$，采用独特密封方式，不会发生短路或泄漏，且易于更换。当过滤器进出口压差大于设定的值（通常为 $0.07\sim0.1MPa$）时，应当更换。

5. 高压泵

高压泵的作用是为反渗透本体装置提供足够的进水压力，保证反渗透膜的正常运行。根据反渗透本身的特性，需有一定的推动力去克服渗透压等阻力，才能保证达到设计的产水量。

6. RO 膜系统

双级 RO 系统采用的抗污染反渗透膜，主要去除水中溶解盐类、有机物、二氧化硅胶体、大分子物质，去除水中大部分盐分。RO 膜的表皮上布满了许多极细的膜孔，膜的表面选择性地吸附了一层水分子，盐类溶质则被膜排斥，化合价态越高的离子被排斥越远，膜孔周围的水分子在反渗透压力的推动下，通过膜的毛细血管作用流出纯水而达到除盐目的。

3.7.4 软化水分配系统材质要求

软化水分配系统管道按照纯化水分配系统相关标准进行安装，管道的材质为 316L。

使用的标准为 ASME BPE SF1 标准及管道抛光度要求。ASME BPE 标准在 1997 年首次出版，旨在为保证制药、生物制药和个人护理行业产品生产所使用的生产设备能够达到一定的统一并可以接受的质量水平。该标准由材料和设备制造商及供应商、工程设计和安装公司、咨询公司、检验机构和设备使用者组成的跨领域的专家共同发起制定并定期修订。其背景是几家主要的生物技术、制药、工程设计公司和设备供应商认为在高纯度行业缺乏并非常需要标准化设计规范及制造质量标准。

该标准阐述了与设计要求相关的问题：无菌系统、元件尺寸、材料接合、产品接触表面光洁度、设备密封件、聚合物基础材料和基础验收标准。这个标准还包括一些验收与检验文件的推荐性标准模板，帮助加快新设施的验证和运行。2009 年版在 2009 年 7 月出版，涵盖了一些新章节，如：施工用的金属材料、供应商资质证明，以及新的非强制性附录，包括适宜的电抛光问题、耐腐蚀测试、残留铁含量、红锈现象和钝化等。

ASME BPE 标准仅适用于新系统安装和现有系统改造，不适用于那些在二手市场上流通的旧设备，也无意强制规范正在运行的生产系统。规范运行系统以确保公共安全是政府监管机构（例如 FDA）的职能。这些机构通常借助 ASME BPE 这样的标准来保证健康及个人护理产品的生产商所使用的设备能够安全运行，同时生产商也有责任使用 cGMP 运行规范以确保公共安全。

管道切割必须使用专业的洁净管道施工工具，一般施工用 GF 锯。切割工作应在临时搭建的洁净间内进行。

将待切割管道伸入管夹内，调整管道到合适位置，夹牢。避免过度锁紧造成管道变形。开启切割机，均匀缓慢施加压力，匀速旋转一周完成切割。如果第一个端面不垂直，则必须进行齐头处理。避免一次性施加压力过度，造成进刀过厚，损伤刀片、锯条。使用不锈钢专用合金刀片、锯条，刀片、锯条钝口后应及时更换，避免造成管口圆周变形。

松动管夹，将切割完成后管道取出，倾斜切割管口向下，用手轻轻敲打管壁将活动碎屑倒入废料箱内。切割完成，倒出碎屑后应及时对切割断面进行平口，使端口垂直度满足要求。使用专用平口机进行平口操作。平口完成后，使用合金材质不锈钢锉刀清除管道端口内壁毛刺。清除毛刺过程用力应集中，避免损伤管道内壁，避免使端口出现圆弧角。

管道切割及平口，清除毛刺后倾斜管道将活动碎屑倒入废料箱内，用无尘布蘸取浓度不低于 70% 的酒精或丙酮溶液轻拭管口。

检查管道端口圆整度是否符合要求。用管道端盖封闭管道（一次下多根管料时应用不含硫磺和碳素的记号笔在管道表面做好管段号标记），备用。洁净区首选抛光型 304 不锈钢卫生型支架，活动支架的横担应使用镀锌 C 型钢，吊杆应为镀锌全通丝杆，丝杆直径不小于 $\phi 6$。

洁净区卫生型支架底板与墙壁之间应打硅胶密封，硅胶颜色应为无色或与洁净室主色调一致。管道支架安装时应满足设计文件和甲方用户需求说明中对管道铺设坡度的要求。当设计文件和甲方用户需求说明无明确要求时，首选安装坡度应为 10‰，最低不得小于 5‰。坡度的方向宜与管道内介质流向一致。

管道公称直径小于 $DN25$，两个支架的间距应为 2m。管道公称直径大于等于 $DN25$，小于 $DN50$，两个支架的间距应为 2.5m。管道的连接方式应符合设计文件及甲方用户需求说明的要求，如无特殊说明，卫生型系统应首选全自动轨道焊接，因条件限制不能实施处例外。

各元件的装配都应遵守装配原则，以使管线排水合格，死角满足 3D 要求，并能避免污染和细菌生长，同时能够保证便于检测。3D 是指从主管道外壁到分支管段密封面处的长度应小于分支管道内径的 3 倍，简称 3D 要求。

1. 管道焊接

焊工资格确认，焊工应经过正规焊接培训，并具备 6 个月以上现场工作经验。只有持有焊接资格证书的焊工才能从事焊接。焊工必须按照相应的焊接工艺取得对应的资质。

焊工要持有国家安全生产监督管理总局颁发的《中华人民共和国特种作业操作证》或地区级、省级劳动社保部门颁发的职业资格证书，并注明等级。

在最终的档案（IQ 支持文件）中应当备有焊工的证明文件。

焊机电极一般为 2％钍（或铈）钨极，符合 AWS-ASTM EWTH 2 或 AWS-ASTM EW Ce 2 分级。这种电极必须是磨尖的，就像略带钝头的铅笔尖，但要有细长光洁的外表面，否则要清洁电极、重新磨尖，以使其适合焊接对缝的要求。

焊接电极如污染严重须更换。

一般用 ARGON 4.8（99.999％纯度）作为净化气或背衬气。对照检查每一气瓶的"ARGON 4.8"或"99.999％纯度"标记。最后每个气瓶的氩气剩气量少于 0.5～1.0MPa 时，应及时更换新瓶。

2. 点焊

实施点焊（图 3-9），不得添加填充材料。管道和配件必须校直对准，将偏向降低到最小。对焊的两个端口要求是平的、直的，并沿轴线对齐，沿轴线偏差在 0.5°以内。只有在有背衬气流时进行点焊。点焊点应为尽量小的熔点，不能大于 1.5mm 直径。对于小于 0.4 英寸的管道，临时焊点的数量不允许超过 4 个。

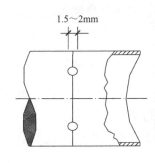
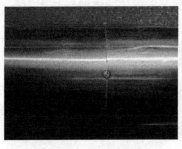
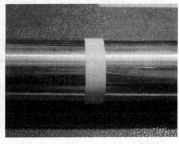

图 3-9 点焊

点焊点不能超过壁厚，不可出现在管内。在点焊后，必须检查对口情况，在正式焊接前，不能接受的错口必须被纠正。

3. 焊接

在工作环境中如存在较强气流流动情况，焊接操作过程必须采取必要的保护措施，以减小对氩气保护气体工作的影响。两头使用适当的焊接挡板，并使焊接区域尽量变窄。每一个焊点都应当被编号，并制作标签、永久标记。

手动焊接：手动 TIG 焊接参数主要决定于材料和管道的壁厚。手动 TIG 焊接只有经验丰富的焊工才能执行。所有手动 TIG 焊接的焊口应全部进行内窥镜检查。

轨迹焊接：轨迹焊接是基于不同的基本程序，这些程序的参数必须适合焊接材料的情况。适合一种焊缝情况的记录文件可以储存在记忆卡中，也可以将其打印出来放入该项目的存档文件中。如果在相同的时间里有多个系统被加工制作，各自的程序都可以保存在记忆卡内。

根据每种管道的规格、壁厚、外径和不同标准特性，焊接程序需要对应的调整和完善。必须最少两次被视为可接受的试验后，确立一个初始化的定义程序。如果焊接程序得以修改，同样还是要通过这一程序得到至少两个合格可被接受的焊接才可以保存该编号程序。

在设定一个焊机焊接程序时，需要注意的一些事项（但不局限于此）：

（1）预送气：确保氧气含量是否低到可接受的程度，注意预送气的持续时间大于30s。

（2）内部保护气：连续流量为15～25L/min。

（3）焊接的背衬气体：连续放气流量10～20L/min。

（4）滞后断气时间：大于20s（温度低于200℃）。

焊接电流一般为直流单极电流（负极）。每个焊机建议使用单独的供电回路，如果要共用电源，必须保证正确的连接，才允许使用。为实现质量控制，所有的焊点和焊接样品都要由专门的焊接检查员进行检查，如有需要也要经甲方、监理检查。

所有按照此说明书指示的不满足要求的焊接要被取代。任何造成缺陷的焊接原因要被指出，并表明纠正该错误的适当的行动，避免重复犯错。

每一个焊点必须记录在《焊缝日志记录》文件中，而且其他必要信息要反映在对应的轴测图纸上。

完成焊接后的部件要进行适当的保护。

4. 外观检查

焊工自己检查所焊焊缝的外观，以焊接的参照样品作为参考。检查结果填入焊缝日志记录。

100%的焊点均要进行外观检查（外部检查）。

100%的焊样均要进行外观检查（外部和内部检查）。

外观检查可以借助反射镜和灯具等工具。所有的焊接都必须焊透，在四个断面上都要显示是同样的结果。额外的焊接成型部分（不能超出一般管壁厚度的10%～15%）。

作为一般的原则，焊缝内部的宽度大约为管道厚度的1.0～2.5倍。焊缝的宽窄沿管道一圈要做到基本相同。

焊缝向内凹陷，不能超过10%的管道壁厚。

焊缝向外突出，最大不超过0.015in（0.38mm），向内突出不超过壁厚的10%。

焊缝最好是只有最小的颜色改变。亮黄或淡黄色是允许的。黑褐色或黑色是很差的形成色。焊接应沿着四个断面均呈现出一种有规律的脉冲波纹，每一个波纹至少有50%的部分被上一个波纹覆盖着，露出的部分是小于50%的，否则将不可接受。在焊接过程中，通过焊接机械阻力的牵制，使波纹的覆盖接近75%的理想结果。

5. 内窥镜检查

通常要求，大约30%的焊点要进行内窥镜检查。

当用内窥镜检查焊缝内部时，需要检查以下项目：焊透、对口、背衬结果的颜色和光洁度。

用内窥镜对一个焊缝的整个一圈进行内部焊缝的完整检查。根据管道的直径大小，内窥镜检查结果的文件要附有若干照片支持。试验流程：检查系统所有部位已经连接完毕——检查系统固定支架安装完毕——采用盲板等设施将非试验设备隔离——将试压系统封闭——系统气压预试验——给系统内注入去离子水——缓慢升压至试验压力——观察压力表指示数据——降压至工作压力——保压并检查连接部位是否泄漏——泄压放水——填写记录。

强度试验的试验压力应优先符合设计要求，当设计无要求时试验压力为工作压力的1.5倍。严密性试验的试验压力应优先符合设计要求，当设计无要求时试验压力为工作压力。试验用水中氯离子含量不超过25mg/L。

在试压过程中，如发现试压管道有异常声响、压力突降等现象，应立即停压检查。

6. 系统清洗和酸洗钝化

管道焊接完成后，还要进行酸洗钝化镀膜，其目的是清除管材和焊接过程中的各类油污、锈、氧化皮、焊斑等污垢，并在管道内壁表面形成一层氧化膜，处理后表面变成均匀银白色，大大提高不锈钢抗腐蚀性能，适用于各种型号不锈钢零件、板材及其设备。其常规流程：系统预清洗——系统碱洗——系统漂洗——系统钝化——系统漂洗——钝化效果检查。

清洗钝化前应具备的条件：

(1) 水压试验已经完成，试验结果合格。

(2) 清洗及钝化试样已被客户确认。

(3) 本操作规程已经通过客户确认。

(4) 清洗及钝化专项施工方案已被客户及监理批准。

现场清洗钝化用水、电、气已经接通。化学制剂已经运抵现场指定位置。安全警示标志已在显著位置张贴，已划定并隔离主要操作区域。在可能会发生酸碱液泄漏的高危险区域设置明显的安全警示标志，并不允许非操作人员进入。溶液配制区、卡盘、法兰连接处、临时管道连接点都属于高危险区域。操作人员在高风险区域内操作相关作业时，应穿戴全身式防护服、全面式防毒面罩、长袖橡胶手套。酸碱液配置时，应缓慢将酸/碱倒入提前装好去离子水的储罐内，并不断搅拌。在系统每次进液前，都应确认所有用水点处阀门处于关闭状态。

操作过程中如发现较大的渗漏，应立即通知水泵操作人员停泵，在漏点附近的用水点处放空液体后，用胶带纸缠绕包扎漏点。万一有酸液流到地面上、吊顶上，应立即用干布擦拭干净。操作过程中应避免与碱类、活性金属粉末接触。

3.7.5 制药厂房对纯化水、注射用水系统的规定

纯化水、注射用水的制备、储存和分配应能防止微生物的滋生和污染。储罐和输送管道所用的材料应无毒、耐腐蚀。管道的设计和安装应避免死角，盲管。储罐和管道要按规定清洗、灭菌。注射用水储罐的通气口应安装不脱落纤维的疏水性除菌滤器。注射用水的贮存可采用80℃以上保温、65℃以上保温循环或4℃以下存放。

纯化水、注射用水的预处理设备所用的管道一般采用ABS工程塑料，也有采用PVC、PPR或其他合适材料的。但纯化水及注射用水的分配系统应采用与化学消毒、巴氏消毒、

热力灭菌等相适应的管道材料，如 PVDF、ABS、PPR 等，最好采用不锈钢，尤以 316L 为最佳。不锈钢是总称，严格而言分为不锈钢及耐酸钢两种。不锈钢是耐大气、蒸汽和水等弱介质腐蚀的钢，但并不耐酸，耐酸钢是耐酸、碱、盐等化学侵蚀性介质腐蚀的钢，并具有不锈性。

1. 纯化水、注射用水系统的特点

为了有效控制微生物污染且同时控制细菌内毒素的水平，纯化水、注射用水系统的设计和制造出现了两大特点：一是在系统中越来越多地采用消毒、灭菌设施；二是管路分配系统从传统的送水管路演变为循环回路。此外还要考虑到管内流速对微生物繁殖的影响。当雷诺数 Re 达到 1 万形成稳定的湍流时，才能有效地造成不利于微生物生长的环境条件。相反，如果没有注意到水系统设计及建造中的细节，造成流速过低、管壁粗糙或管路存在盲管，或者选用了结构不适当的阀门等，微生物完全有可能依赖由此造成的客观条件，构筑自己的温床——生物膜，对纯化水、注射用水系统的运行及日常管理带来风险及麻烦。

2. 纯化水、注射用水系统的基本要求

纯化水、注射用水系统是由水处理设备、储存设备、分配系统及管网等组成的。制水系统存在着由原水及制水系统外部原因所致的外部污染的可能，而原水的污染则是制水系统最主要的外部污染源。美国药典、欧洲药典及中国药典均明确要求制药用水的原水至少要达到饮用水的质量标准。若达不到饮用水质量标准的，先要采取预净化措施。由于大肠杆菌是水质遭受明显污染的标志，因此国际上对饮用水中大肠杆菌均有明确的要求。其他污染菌则不进行细分，在标准中以"细菌总数"表示，我国规定的细菌总数限度为 100 个/mL，这说明符合饮用水标准的原水中也存在着微生物污染，而危及制水系统的污染菌主要是革兰阴性菌。其他如储罐的排气口无保护措施或使用了劣质气体过滤器，水从污染了的出口倒流等也可导致外部污染。此外在制水系统制备及运行过程中还存在着内部污染。内部污染与制水系统的设计、选材、运行、维护、贮存、使用等因素密切相关。各种水处理设备可能成为微生物的内部污染源，如原水中的微生物被吸附于活性炭、去离子树脂、过滤膜和其他设备的表面上，形成生物膜，存活于生物膜中的微生物受到生物膜的保护，一般消毒剂对它不起作用。另一个内部污染源存在于分配系统里。微生物能在管道表面、阀门和其他区域生成菌落并在那里大量增殖，形成生物膜，从而成为持久性的污染源。因此国外一些企业对制水系统的设计有着比较严格的标准。

对预处理设备的要求：纯化水的预处理设备可根据原水水质情况配备，要求先达到饮用水标准。多介质机械过滤及软水器要求能自动反冲、再生、排放。活性炭过滤器为有机物集中地，为防止细菌、细菌内毒素的污染，除要求能自动反冲外，还可用蒸汽消毒。由于紫外灯激发的 255nm 波长的光强与时间成反比，要求有记录时间的仪表和光强度仪表，其浸水部分采用 316L 不锈钢，石英灯罩应可拆卸。通过混合床等去离子器后的纯化水必须循环，使水质稳定。但混合床只能去除水中的阴、阳离子，对去除热原是无用的。

对纯化水制取设备的要求：纯化水一般可以通过以下任一种方法来获得，去离子器、反渗透装置、蒸馏水机。三种设备有不同的要求。去离子器可采用混合床，应能连续再生，并具有在无流量和低流量时连续流动的措施。反渗透装置在进口处须安装 $3.0\mu m$ 的水过滤器。蒸馏水机宜采用多效蒸馏水机，其 316L 不锈钢材料内壁电抛光并进行钝化处理。

对注射用水（清洁蒸汽）制取设备的要求：注射用水可通过蒸馏法、反渗透法、超滤法等获得。各国对注射用水的生产方法有十分明确的规定，如美国药典规定"注射用水必须由符合美国环境保护协会或欧共体或日本法定要求的饮用水经蒸馏或反渗透纯化而得"，欧洲药典规定"注射用水为符合法定标准的饮用水或纯化水经适当方法蒸馏而得"，中国药典规定"（注射用水）为纯化水经蒸馏所得的水"。可见注射用水用纯化水经蒸馏而得是世界公认的首选方法，而清洁蒸汽可用同一台蒸馏水机或单独的清洁蒸汽发生器获得。蒸馏法对原水中不挥发性有机物、无机物，包括悬浮物、胶体、细菌、病毒、热原等杂质有很好的去除作用。蒸馏水机的结构、性能、金属材料、操作方法以及原水水质等因素，均会影响注射用水的质量。多效蒸馏水机的"多效"主要是节能，可将热能多次合理使用。蒸馏水机去除热原的关键部件是汽水分离器。

对蒸馏水机的要求：采用 316L 医药级不锈钢制的多效蒸馏水机或清洁蒸汽发生器。电抛光并进行钝化处理；装有测量、记录和自动控制电导率的仪器，当电导率超过设定值时可自动转向排水。

对贮水容器（储罐）的基本要求：防止生物膜的形成，减少腐蚀，便于用化学品对储罐消毒，储罐要密封，内表面要光滑，有助于热力消毒和化学消毒并能阻止生物膜的形成。储水罐对水位的变化要进行补偿，通常有两种补偿方法：一个办法是采用呼吸器；另一个办法是采用充氮气的自控系统，在用水高峰时，经无菌过滤的氮气送气量自动加大，保证储罐能维持正压，在用水量小时送气量自动减少，但仍对储罐外维持一个微小的正压，这样做的好处是能防止水中氧含量的升高，防止二氧化碳进入储罐并能防止微生物污染。储罐采用 316L 不锈钢制作，内壁电抛光并进行钝化处理。储水罐上安装 $0.2\mu m$ 疏水性的通气过滤器（呼吸器），可以加热消毒或有夹套。能经受至少 121℃ 高温蒸汽的消毒。排水阀应采用不锈钢隔膜阀。若充以氮气，须装 $0.2\mu m$ 的疏水性过滤器过滤。

对管路及分配系统的基本要求：管路分配系统的建造应考虑到水在管道中能连续循环，并能定期清洁和消毒，不断循环的系统易于保持正常的运行状态。水泵的出水应设计成紊流式，以阻止生物膜的形成。分配系统的管路安装应有足够的坡度并设有排放点，以便系统在必要时能够完全排空。水循环的分配系统应避免低速，隔膜阀具有便于去除阀体内溶解杂质和微生物不易繁殖的特点。

对管路分配系统的要求：采用 316L 不锈钢管材，内壁电抛光并进行钝化处理。管道采用热熔式氩弧焊焊接，或者采用卫生夹头分段连接。阀门采用不锈钢聚四氟乙烯隔膜阀，卫生夹头连接。管道有一定的倾斜度，便于排除存水。管道采取循环布置，回水流入储罐，采用并联或串联的连接方法较好。使用点阀门处的"盲管"段长度，对于加热系统不得大于 6 倍管径，对于冷却系统不得大于 4 倍管径。管路用清洁蒸汽消毒，消毒温度 121℃。

对纯化水和注射用水输送泵的基本要求：采用 316L 不锈钢制（浸水部分），电抛光并进行钝化处理。卫生夹头作连接件。润滑剂用纯化水或注射用水本身。可完全排除积水。

对热交换器的基本要求：热交换器用于加热或冷却注射用水，或者作为清洁蒸汽冷凝器。采用 3161L 不锈钢制。按卫生要求设计。电抛光和钝化处理。可完全排除积水。

3. 纯化水和注射用水系统的运行方式

纯化水和注射用水系统的运行需考虑到管道分配系统的定期清洁和消毒，通常有两种运行方式。一种是将水像产品一样做成批号，即批量式运行方式，如图 3-10 所示。批量式运行方式主要是出于安全性的考虑，因为这种方法能在化验期内将一定数量的水分隔开来，直到化验有了结论为止。另一种是连续制水的直流式运行方式，如图 3-11 所示，可以一边生产一边使用。

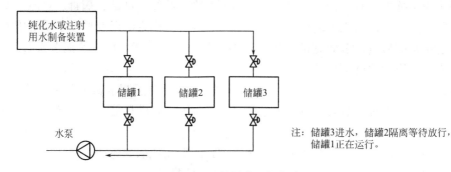

注：储罐3进水，储罐2隔离等待放行，储罐1正在运行。

图 3-10　批量式运行方式

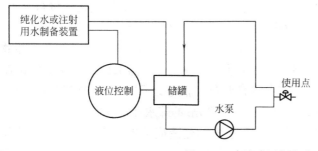

注：1. 根据液位控制信号使水处理设备自动工作或停止。
　　2. 根据电阻率可自动冲洗和排放。

图 3-11　直流式运行方式

4. 纯化水、注射用水系统的日常管理

制水系统的日常管理包括运行、维修，它对验证及正常使用关系极大，所以应建立监控、预修计划，以确保水系统的运行始终处于受控状态。这些内容应包括：制水系统的操作、维修规程。关键的水质参数和运行参数的监测计划，包括关键仪表的校准、定期消毒、灭菌计划、水处理设备的预防性维修计划、关键水处理设备（包括主要零部件）、管路分配系统及运行条件变更的管理方法。

5. 纯化水、注射用水系统的验证

水在制药工业中是应用最广泛的工艺原料，用作药品的成分、溶剂、稀释剂等。制药用水作为制药原料，各国药典定义了不同质量标准和使用用途的工艺用水，并要求定期检测。水极易滋生微生物并助其生长，微生物指标是其最重要的质量指标，在水系统设计、安装、验证、运行和维护中需采取各种措施抑制其生长。根据药典的要求，需要对纯化水、注射用水系统进行验证，对其要求和方法简介如下：

制药用水系统理论的研究及其应用技术的开发对实施 GMP、保证用药安全、提高药品质量发挥了重要作用。对于纯化水及注射用水等工艺用水的水质，人们也把目光从最终的检验转移到水系统的设计、运行、监控及管理的多个方面。工艺用水验证的基本思路是：证明水系统在已有的或未来的操作情况下，工艺用水的质量与预期设计一致。因此，验证必须用文件证明根据设计的操作方法和规程管理工艺用水系统时，系统能够稳定地生产出一定数量和质量的水。纯化水和注射用水（包括清洁蒸汽）是两个独立的系统，应单独进行验证。但是纯化水和注射用水制备系统的预处理设备往往是共用的，所以这些预处理设备的安装确认、运行确认可以一起完成。

验证通常要进行适当的挑战性试验（苛刻条件试验）。工艺用水系统最大的问题在于微生物及细菌内毒素污染隐患。但是，实际用水系统人为地接种微生物或加入细菌内毒素是不切实际的实验方法。美国食品药品监督管理局（FDA）认为，考核并验证系统的可靠性应当采用以下方法：一是定期监测微生物学指标（常见污染菌种类及污染水平的波动范围）；二是在特定的监控部位安装监控装置，对水系统各有关部位取样检验，以确保整个系统始终达标运行。

水系统验证方案的重要内容有：对系统详细的描述资料；合格标准（设计标准，可作为上述资料的组成部分，并单独列出）；系统流程图；取样点位置及编号（在平面图上反映出来）；取样和监控计划；长期监控结果及数据表；偏差处理及对系统可靠性的评估。

在水系统验证的阶段，按FDA在高纯水检查指南中阐述的论点，纯化水、注射用水系统的验证可分为三个阶段，分别是初始验证阶段、运行阶段和长期考察阶段。①当确认所有设备和管路均已正确安装并能按要求运行后，则可进入水系统的初始验证阶段。在此阶段，应制定出运行参数、清洁、消毒规程及其频率。②运行阶段或称同步验证阶段，通过系统验证的第二阶段应能证明，按标准作业程序（SOP）运行，系统能始终稳定地生产出符合质量标准的水。取样方案及检测时间与第一阶段相同。③长期考察阶段，通过系统验证的第三阶段证明，按SOP运行，系统能在相当长的时间内始终生产出符合质量要求的水。在此阶段，应找出因原水的任何质量变化而给系统运行和成品水质所造成的影响，即寻找原水、水系统及出水水质的相关性。上述验证方案不是水系统验证的唯一方法，现在普遍采用的是二阶段制，即安装以后的验证和运行以后一年数据的积累。

纯化水、注射用水（清洁蒸汽）系统验证的文件：同空气净化系统验证一样，对于纯化水、注射用水系统的验证，除GMP、国家标准、行业标准外，企业还可以制定严于国家标准和行业标准的企业标准，这些文件有：验证管理程序方面的文件，如水系统验证的责任和定义（各相关部门的责任）；与验证一致的标准或规定，如纯化水系统的设计标准、注射用水系统的设计标准、纯化水系统的日常监测、注射用水系统的日常监测等；水系统安装确认、运行确认和验证指南，用于指导验证方案的编写和组织实施，如纯化水系统确认指南、注射用水系统确认指南、纯化水系统验证指南、注射用水系统验证指南；参考分析方法，如城市自来水细菌化验方法、水系统分析的容器准备和采样方法、异养生物平面计数的培养皿浇注方法、清洁蒸汽的监测计划、纯化水或注射用水微生物超标的调查等。

制药用水系统中，对微生物的控制是通过对水处理设备和分配系统管道的消毒灭菌来达到的，目的是将出水中的微生物数量控制在标准之内。通常纯化水的设备和管道消毒方法有巴氏消毒、紫外线消毒、臭氧消毒、蒸汽消毒等，注射用水的分配系统主要是纯蒸汽消毒。

（1）巴氏消毒器所采用的设备较简单，通常使用热交换器，以蒸汽或电加热作为热源，消毒的介质则是系统中的纯化水本身，也可以直接将储罐中的纯化水加热（通过夹套）作为消毒器。水温应控制在 80℃，开启水泵循环冲刷水处理设备和管道。

（2）臭氧消毒器利用臭氧发生器产生的臭氧直接对水系统进行消毒，也可制作臭氧水对储水罐等进行消毒。

（3）紫外线水中杀菌，波长为 254nm 的紫外线透过水层时能杀死水中的细菌。紫外线灭菌的特点如下：紫外杀菌速度快、效率高、效果好，一般经 3kW 的紫外线照射 10s后，对水中大肠杆菌的去除率达 98％左右；紫外线照射不会改变水的物理、化学性质，对纯水不会带入附加物造成的污染；能在各种水的流量下使用，操作简单，使用方便，只需定期清洗石英玻璃套管即可；体积小、轻便、耗电低、寿命长。

第4章 工业排水工程

4.1 工业厂房排水的特殊要求

4.1.1 工业废水分类

工业废水是指工业生产过程中产生的废水、污水和废液，其中含有随水流失的工业生产用料、中间产物和产品以及生产过程中产生的污染物。工业废水含有很多有毒有害物质，不但污染环境，更危害人类的健康，其处理一直是人们关注的热点，随着工业的迅速发展，废水的种类和数量迅猛增加，对水体的污染也日趋广泛和严重，威胁人类的健康和安全。因此，对于保护环境来说，工业废水的处理比城市污水的处理更为重要。工业废水又分为含酚废水、含汞废水、含油废水、重金属废水、含氰废水、造纸工业废水、印染废水、化学工业废水、冶金废水，酸碱废水等。不同的工业废水的处理方法也是不同的。工业废水的处理虽然早在19世纪末已经开始，并且在随后的半个世纪进行了大量的实验研究和生产实践，但是由于许多工业废水成分复杂，性质多变，仍有一些技术问题没有完全解决。这与城市污水处理是不同的。

分类方法通常有以下三种：

第一种是按工业废水中所含主要污染物的化学性质分类，含无机污染物为主的为无机废水，含有机污染物为主的为有机废水。例如，电镀废水和矿物加工过程的废水是无机废水，食品或石油加工过程的废水是有机废水。

第二种是按工业企业的产品和加工对象分类，如冶金废水、造纸废水、炼焦煤气废水、金属酸洗废水、化学肥料废水、纺织印染废水、染料废水、制革废水、农药废水、电站废水等。

第三种是按废水中所含污染物的主要成分分类，如酸性废水、碱性废水、含氰废水、含铬废水、含镉废水、含汞废水、含酚废水、含醛废水、含油废水、含硫废水、含有机磷废水和放射性废水等。

前两种分类法不涉及废水中所含污染物的主要成分，也不能表明废水的危害性。第三种分类法，明确地指出废水中主要污染物的成分，能表明废水一定的危害性。

此外也有从废水处理的难易度和废水的危害性出发，将废水中主要污染物归纳为三类：第一类为废热，主要来自冷却水，冷却水可以回用；第二类为常规污染物，即无明显毒性而又易于生物降解的物质，包括生物可降解的有机物，可作为生物营养素的化合物，以及悬浮固体等；第三类为有毒污染物，即含有毒性而又不易生物降解的物质，包括重金属、有毒化合物和不易被生物降解的有机化合物等。

实际上，一种工业可以排出几种不同性质的废水，而一种废水又会有不同的污染物和不同的污染效应。例如染料工厂既排出酸性废水，又排出碱性废水。纺织印染废水，由于织物和染料的不同，其中的污染物和污染效应就会有很大差别。即便是一套生产装置排出的废水，也可能同时含有几种污染物。如炼油厂的蒸馏、裂化、焦化、叠合等装置的塔顶油品蒸气凝结水中，含有酚、油、硫化物。在不同的工业企业，虽然产品、原料和加工过程截然不同，也可能排出性质类似的废水。如炼油厂、化工厂和炼焦煤气厂等，可能均有含油、含酚废水排出。

4.1.2 工业废水排放标准

1. 《污水综合排放标准》GB 8978—1996

该标准按污水排放去向，分年限规定了 69 种污染物最高允许排放浓度及部分行业最高允许排水量。该标准适用于现有单位水污染物的排放管理，以及建设项目的环境影响评价、建设项目环境保护设施设计、竣工验收及其投产后的排放管理。该标准将排放的污染物按其性质及控制方式分为两类。

第一类污染物是指总汞、烷基汞、总银、总铬、六价铬、总砷、总铅、总镍、苯并（α）芘、总钙、总 α 放射性和总 β 放射性等毒性大、影响长远的有毒物质。含有此类污染物的废水，不分行业和污水排放方式，也不分受纳水体的功能类别，一律在车间或车间处理设施排放口采样，其最高允许排放浓度必须达到本标准要求（采矿行业的尾矿坝出水口不得视为车间排放口）。

第二类污染物，指 pH、色度、悬浮物、BOD_5、COD、石油类等。这类污染物的排放标准，按污水排放去向分别执行一、二、三级标准，并与《地表水环境质量标准》GB 3838—2002 和《海水水质标准》GB 3097—1997 联合使用。

2. 《污水排入城镇下水道水质标准》GB/T 31962—2015

该标准规定了污水排入城镇下水道的水质、取样与监测要求。该标准适用于向城镇下水道排放污水的排水户和个人的排水安全管理。

根据城镇下水道末端污水处理厂的处理程度，将控制项目限值分为 A、B、C 三个等级：

（1）采用再生处理时，排入城镇下水道的污水水质应符合 A 级的规定；

（2）采用二级处理时，排入城镇下水道的污水水质应符合 B 级的规定；

（3）采用一级处理时，排入城镇下水道的污水水质应符合 C 级的规定。

3. 其他排放标准

（1）《电子工业水污染物排放标准》GB 39731—2020

（2）《船舶污染物排放控制标准》GB 3552—2018

（3）《合成树脂工业污染物排放标准》GB 31572—2015

（4）《石油炼制工业污染物排放标准》GB 31570—2015

（5）《无机化学工业污染物排放标准》GB 31573—2015

（6）《再生铜、铝、铅、锌工业污染物排放标准》GB 31574—2015

（7）《制革及毛皮加工工业水污染物排放标准》GB 30486—2013

（8）《电池工业污染物排放标准》GB 30484—2013

（9）《柠檬酸工业水污染物排放标准》GB 19430—2013

（10）《合成氨工业水污染物排放标准》GB 13458—2013

（11）《纺织染整工业水污染物排放标准》GB 4287—2012

（12）《钢铁工业水污染物排放标准》GB 13456—2012

（13）《炼焦化学工业污染物排放标准》GB 16171—2012

（14）《麻纺工业水污染物排放标准》GB 28938—2012

（15）《毛纺工业水污染物排放标准》GB 28937—2012

（16）《缫丝工业水污染物排放标准》GB 28936—2012

（17）《铁合金工业污染物排放标准》GB 28666—2012

（18）《铁矿采选工业污染物排放标准》GB 28661—2012

（19）《稀土工业污染物排放标准》GB 26451—2011

（20）《橡胶制品工业污染物排放标准》GB 27632—2011

（21）《发酵酒精和白酒工业水污染物排放标准》GB 27631—2011

（22）《弹药装药行业水污染物排放标准》GB 14470.3—2011

（23）《钒工业污染物排放标准》GB 26452—2011

（24）《磷肥工业水污染物排放标准》GB 15580—2011

（25）《硫酸工业污染物排放标准》GB 26132—2010

（26）《硝酸工业污染物排放标准》GB 26131—2010

（27）《镁、钛工业污染物排放标准》GB 25468—2010

（28）《铜、镍、钴工业污染物排放标准》GB 25467—2010

（29）《铅、锌工业污染物排放标准》GB 25466—2010

（30）《铝工业污染物排放标准》GB 25465—2010

（31）《陶瓷工业污染物排放标准》GB 25464—2010

（32）《油墨工业水污染物排放标准》GB 25463—2010

（33）《酵母工业水污染物排放标准》GB 25462—2010

（34）《淀粉工业水污染物排放标准》GB 25461—2010

（35）《制糖工业水污染物排放标准》GB 21909—2008

（36）《混装制剂类制药工业水污染物排放标准》GB 21908—2008

（37）《生物工程类制药工业水污染物排放标准》GB 21907—2008

（38）《中药类制药工业水污染物排放标准》GB 21906—2008

（39）《提取类制药工业水污染物排放标准》GB 21905—2008

（40）《化学合成类制药工业水污染物排放标准》GB 21904—2008

（41）《发酵类制药工业水污染物排放标准》GB 21903—2008

（42）《合成革与人造革工业污染物排放标准》GB 21902—2008

（43）《电镀污染物排放标准》GB 21900—2008

（44）《羽绒工业水污染物排放标准》GB 21901—2008

（45）《制浆造纸工业水污染物排放标准》GB 3544—2008

（46）《杂环类农药工业水污染物排放标准》GB 21523—2008

（47）《煤炭工业污染物排放标准》GB 20426—2006

（48）《皂素工业水污染物排放标准》GB 20425—2006

（49）《医疗机构水污染物排放标准》GB 18466—2005

（50）《啤酒工业污染物排放标准》GB 19821—2005

（51）《味精工业污染物排放标准》GB 19431—2004

（52）《兵器工业水污染物排放标准火炸药》GB 14470.1—2002

（53）《兵器工业水污染物排放标准火工药剂》GB 14470.2—2002

（54）《畜禽养殖业污染物排放标准》GB 18596—2001

（55）《航天推进剂水污染物排放与分析方法标准》GB 14374—93

（56）《肉类加工工业水污染物排放标准》GB 13457—92

（57）《海洋石油勘探开发污染物排放浓度限值》GB 4914—2008

4.1.3 工业废水处理方法优选

工业废水处理方法一般可参考已有的相同或相近企业的工艺流程选择。如无资料参考时，可通过试验确定。

1. 有机废水

（1）含悬浮物较多时，可用滤纸过滤，测定滤液的 BOD_5、COD。若滤液中的 BOD_5、COD 均在要求值以下，这种废水可采取物理处理方法，在悬浮物去除的同时，也能将 BOD_5、COD 一起去除。

（2）若滤液中的 BOD_5、COD 高于要求值，则需考虑采用生物处理方法。通过进行生物处理试验，确定能否将 BOD_5 与 COD 去除至达到相应的标准或要求。

好氧生物处理法去除废水中的 BOD_5 和 COD，由于工艺成熟，效率高且稳定，获得了十分广泛的应用，但由于需要供氧，故耗电较高。为了节能并回收沼气，也常采用厌氧法去除 BOD_5 和 COD，特别是处理高浓度（$BOD_5 > 1000mg/L$）废水时比较适用。但从厌氧法去除效率看，BOD_5 去除率不一定高，而 COD 去除率反而高些。这是由于难降解的 COD 经厌氧处理后转化为容易生物降解的 COD，高分子有机物转化为低分子有机物。例如，仅用好氧生物处理法处理焦化厂含酚废水，出水 COD 往往保持在 400～500mg/L，很难继续降低。如果采用厌氧作为第一级，再串以第二级好氧法，就可以使出水 COD 下降到 100～150mg/L。因此，厌氧法常用于含难降解 COD 工业废水的前处理。

（3）若经生物处理后 COD 不能降低到排放标准时，就要考虑采用深度处理。

2. 无机废水

（1）含悬浮物时，需要进行沉淀试验，若在常规的静置时间内达到排放标准时，这种废水可采用自然沉淀法处理。若在规定的静置时间内达不到要求值时，则需进行混凝沉淀处理。

（2）当悬浮物去除后，废水中仍含有有害物质时，可考虑采用调节 pH 值、化学沉淀、氧化还原等化学方法。

（3）对上述方法仍不能去除的溶解性物质，为了进一步去除，可考虑采用吸附、离子交换等深度处理方法。

3. 含油废水

首先做静置上浮分离除油试验，再进行分离乳化油的试验，通常采用隔油和气浮处理。

4.2　工业废水的收集与水量计算

4.2.1　工业废水排水系统的主要组成

在工业企业中，用管道将厂内各车间所排出的不同性质的废水收集起来，送至废水处理构筑物。经处理后的水可再利用，或排入水体，或排入城市排水系统。若某些工业废水不经处理允许直接排入城市排水管道时，就无须设置废水处理构筑物，而直接排入厂外的城市污水管道中。

工业废水排水系统，由下列几个主要部分组成：

（1）车间内部管道系统和设备：主要用于收集各生产设备排出的工业废水，并将其排至车间外部的厂区管道系统中。

（2）厂区管道系统：敷设在工厂内，用以收集并输送各车间排出的工业废水的管道系统。厂区工业废水的管道系统，可根据具体情况设置若干个独立的系统。

（3）废水泵站及压力管道。

（4）废水处理站，是处理废水与污泥的场所。

在管道系统上，同样也设置检查井等附属构筑物，在接入城市排水管道前宜设置检测设施。

4.2.2　工业废水排入城镇下水道

在规划工业企业排水系统时，对于工业废水的治理，首先应改革生产工艺和实施清洁生产，如采用无废水无害生产工艺，尽可能提高水的循环利用率和重复利用率，力求不排或少排废水，这是控制工业废水污染的有效途径。对于必须排出的废水，应采取下列措施：

（1）清污分流，生产污水和生产废水分别采用管道系统排除；

（2）按不同水质分别回收利用废水中的有用物质，创造财富；

（3）利用本厂和厂际的废水、废气、废渣，以废治废。

当工业企业位于城镇区域内时，应尽量考虑将工业废水直接排入城镇排水系统，利用城市排水系统统一排除和处理，这是比较经济的。但并不是所有工业废水都能直接排入城市排水系统，因为有些工业废水往往含有害和有毒物质，可能破坏排水管道，影响城市污水的处理以及造成运行管理困难等。所以，当解决工业废水能否直接排入城市排水系统或工业废水能否与城市污水合并处理的问题时，应考虑两者合并处理的可能性，以及对管道系统和运行管理产生的影响等。

总的来说，工业废水排入城镇排水系统的水质，应以不影响城镇排水管渠和城镇污水处理厂的正常运行，不对养护管理人员造成危害，不影响污水处理厂出水以及污泥的排放和利用为原则。我国《污水排入城镇下水道水质标准》GB/T 31962—2015 规定：

（1）严禁向城镇下水道倾倒垃圾、粪便、积雪、工业废渣、餐厨废物、施工泥浆等造成下水道堵塞的物质。

（2）严禁向城镇下水道排入易凝聚、沉积等导致下水道淤积的污水或物质。

（3）严禁向城镇下水道排入具有腐蚀性的污水或物质。

（4）严禁向城镇下水道排入有毒、有害、易燃、恶臭等可能危害城镇排水与污水处理设施安全和公共安全的物质。

（5）本标准未列入的控制项目，包括病原体、放射性污染物等，根据污染物的行业来源，其限值应按国家现行有关标准执行。

（6）水质不符合本标准规定的污水，应进行预处理，不得用稀释法降低浓度后排入城镇下水道。

我国《污水排入城镇下水道水质标准》GB/T 31962—2015 规定：根据城镇下水道末端污水处理厂的处理程度，将控制项目限值分为 A、B、C 三个等级，见表 4-1。

（1）下水道末端污水处理厂采用再生处理时，排入城镇下水道的污水水质应符合 A 级的规定。

（2）下水道末端污水处理厂采用二级处理时，排入城镇下水道的污水水质应符合 B 级的规定。

（3）下水道末端污水处理厂采用一级处理时，排入城镇下水道的污水水质应符合 C 级的规定。

（4）下水道末端无污水处理设施时，排入城镇下水道的污水水质不得低于 C 级的要求，应根据污水的最终去向，执行国家现行污水排放标准。

污水排入城镇下水道水质等级标准（最高允许值，pH 除外）　　　　表 4-1

序号	控制项目名称	单位	A 级	B 级	C 级
1	水温	℃	40	40	40
2	色度	倍	64	64	64
3	易沉固体	mL/(L·15min)	10	10	10
4	悬浮物	mg/L	400	400	250
5	溶解性固体	mg/L	1600	2000	2000
6	动植物油	mg/L	100	100	100
7	石油类	mg/L	15	15	10
8	pH		6.5～9.5	6.5～9.5	6.5～9.5
9	五日生化需氧量(BOD$_5$)	mg/L	350	350	150
10	化学需氧量(COD)	mg/L	500	500	300
11	氨氮(以 N 计)	mg/L	45	45	25
12	总氮(以 N 计)	mg/L	70	70	45
13	总磷(以 P 计)	mg/L	8	8	5
14	阴离子表面活性剂(LAS)	mg/L	20	20	10
15	总氰化物	mg/L	0.5	0.5	0.5
16	总余氯(以 Cl$_2$ 计)	mg/L	8	8	8
17	硫化物	mg/L	1	1	1
18	氟化物	mg/L	20	20	20
19	氯化物	mg/L	500	800	800
20	硫酸盐	mg/L	400	600	600

续表

序号	控制项目名称	单位	A 级	B 级	C 级
21	总汞	mg/L	0.005	0.005	0.005
22	总镉	mg/L	0.05	0.05	0.05
23	总铬	mg/L	1.5	1.5	1.5
24	六价铬	mg/L	0.5	0.5	0.5
25	总砷	mg/L	0.3	0.3	0.3
26	总铅	mg/L	0.5	0.5	0.5
27	总镍	mg/L	1	1	1
28	总铍	mg/L	0.005	0.005	0.005
29	总银	mg/L	0.5	0.5	0.5
30	总硒	mg/L	0.5	0.5	0.5
31	总铜	mg/L	2	2	2
32	总锌	mg/L	5	5	5
33	总锰	mg/L	2	5	5
34	总铁	mg/L	5	10	10
35	挥发酚	mg/L	1	1	0.5
36	苯系物	mg/L	2.5	2.5	1
37	苯胺类	mg/L	5	5	2
38	硝基苯类	mg/L	5	5	3
39	甲醛	mg/L	5	5	2
40	三氯甲烷	mg/L	1	1	0.6
41	四氯化碳	mg/L	0.5	0.5	0.06
42	三氯乙烯	mg/L	1	1	0.6
43	四氯乙烯	mg/L	0.5	0.5	0.2
44	可吸附有机卤化物(AOX,以 Cl 计)	mg/L	8	8	5
45	有机磷农药(以 P 计)	mg/L	0.5	0.5	0.5
46	五氯酚	mg/L	5	5	5

　　当工业企业排出的工业废水,不能满足上述要求时,应在厂区内设置废水局部处理设施,将废水处理到满足要求后,再排入城市排水管道。当工业企业位于城市远郊区或距离市区较远时,符合排入城市排水管道的工业废水,是直接排入城市排水管道或是单独设置排水系统,应根据技术经济比较确定。

　　在规划工业企业排水系统时,如果工业废水直接排入水体,水质应符合《污水综合排放标准》GB 8978—1996 及其他有关标准。

4.2.3　工业废水设计流量的确定

1. 工业生活废水设计流量

工业生活废水设计流量按下式计算:

$$Q_{in1} = \frac{A_1 B_1 K_1 + A_2 B_2 K_2}{3600T} + \frac{C_1 D_1 + C_2 D_2}{3600} \qquad (4-1)$$

式中　Q_{in1}——工业企业生活污水及淋浴污水设计流量，L/s；

A_1——一般车间最大班职工人数；

A_2——热车间最大班职工人数；

B_1——一般车间职工生活污水定额，以 25L/（人·班）计；

B_2——热车间职工生活污水定额，以 35L/（人·班）计；

K_1——一般车间生活污水量时变化系数，以 3.0 计；

K_2——热车间生活污水量时变化系数，以 2.5 计；

C_1——一般车间最大班使用淋浴的职工人数；

C_2——热车间最大班使用淋浴的职工人数；

D_1——一般车间的淋浴污水定额，以 40L/（人·班）计；

D_2——高温、污染严重车间的淋浴污水定额，以 60L/（人·班）计；

T——每班工作时数，h。

淋浴时间以下班后 60min 计。

2. 生产废水设计流量

生产废水设计流量按下式计算：

$$Q_{in2} = \frac{mMK_Z}{3600T} \qquad (4-2)$$

式中　Q_{in2}——生产废水设计流量，L/s；

m——生产过程中每单位产品的废水量，L/单位产品；

M——产品的平均日产量；

T——每日生产时数，h；

K_Z——总变化系数。

生产单位产品或加工单位数量原料所排出的平均废水量，也称生产过程单位产品的废水量定额。工业企业的生产废水量随行业类型、采用的原材料、生产工艺特点和管理水平等的不同而差异很大。随着我国工业快速发展，水资源的需求量也在逐年递增。为了符合节水型社会的发展要求，有关部门正在制定各行业的用水量标准定额。排水工程设计时应与之协调，《污水综合排放标准》GB 8978—1996 对矿山工业、焦化企业（煤气厂）、有色金属冶炼及金属加工、石油炼制工业、合成洗涤剂工业等部分行业规定了最高允许排水量或水重复利用率最低要求。在排水工程设计时，可根据工业企业的类别、生产工艺特点等情况，按有关规定选用工业废水量定额。

在不同的工业企业中，生产废水的排出情况很不一致。某些工厂的生产废水是均匀排出的，但很多工厂废水排出情况变化很大，甚至个别车间的生产废水也可能在短时间内一次排放。因而生产废水量的变化取决于工厂的性质和生产工艺过程。生产废水量的日变化一般较小，日变化系数一般可取为 1。时变化系数可实测。某些工业废水量的时变化系数大致如下，可供参考：冶金工业 1.0～1.1，化学工业 1.3～1.5，纺织工业 1.5～2.0，食品工业 1.5～2.0，皮革工业 1.5～2.0，造纸工业 1.3～1.8。

4.3 污水管渠系统的水力计算

4.3.1 污水在管渠中的流动特点

排水管渠系统的设计应以重力流为主，不设或少设提升泵站。当无法采用重力流或采用重力流不经济时，可采用压力流。排水管渠的重力流一般为非满流，即具有自由水面。以下分析废水重力流的流动特点。

废水由支管流入干管，再流入主干管，最后流入污水处理厂。管道由小到大，分布类似河流，呈树枝状，与给水管网的环流贯通情况完全不同。污水在管道中一般是靠管道两端的水面差从高向低处流动，管道内部不承受压力，即靠重力流动。

废水管道中的污水含有一定数量的有机物和无机物，其中相对密度小的漂浮在水面并随污水漂流；较重的分布在水流断面上并呈悬浮状态流动；最重的沿管底移动或淤积在管壁上，这种情况与清水的流动略有不同。但总的来说，污水中含水率一般在 99% 以上，所含悬浮物质的比例极少，因此可假定污水的流动一般遵循水流流动的规律，并假定管道内水流是均匀流。但对废水管道中水流流动的实测结果表明，管内的流速是变化的。这主要是因为管道小，水流流经转弯、交叉、变径、跌水等地时，水流状态发生改变，流速也就不断变化，同时流量也在变化，因此废水管道内水流不是均匀流。但在直线管段上，当流量没有很大变化且无沉淀物时，管内废水的流动状态可视为均匀流。如果在设计与施工中，注意改善管道的水力条件，则可使管内水流尽可能接近均匀流。

4.3.2 水力计算的基本公式

废水管道水力计算的目的，在于合理经济地选择管道断面尺寸、坡度和埋深。由于计算根据是水力学的规律，所以称为管道的水力计算。如前所述，如果在设计与施工中注意改善管道的水力条件，可使管内废水的流动状态尽可能地接近均匀流，考虑到变速流公式计算的复杂性和污水流动的变化不定，即使采用变速流公式计算也很难保证精确，为简化计算工作，目前排水管道的水力计算仍采用均匀流公式。常用的均匀流基本公式有：

流量公式：

$$Q = Av \tag{4-3}$$

流速公式：

$$v = C\sqrt{RI} \tag{4-4}$$

式中　Q——流量，m^3/s；

　　　A——过水断面面积，m^2；

　　　v——流速，m/s；

　　　R——水力半径（过水断面面积与湿周的比值）；

　　　I——水力坡度（等于水面坡度，也等于管底坡度）；

　　　C——流速系数或称谢才系数，一般按曼宁公式计算：

$$C = \frac{1}{n} R^{\frac{1}{6}} \quad\quad\quad (4-5)$$

将式（4-5）代入式（4-4）和式（4-3），得恒定流条件下，排水管渠的流速公式为：

$$v = \frac{1}{n} R^{\frac{2}{3}} I^{\frac{1}{6}} \quad\quad\quad (4-6)$$

$$Q = \frac{1}{n} A R^{\frac{2}{3}} I^{\frac{1}{2}} \quad\quad\quad (4-7)$$

式中　n——管壁粗糙系数。该值根据管渠材料而定，见表4-2。混凝土和钢筋混凝土污水管道的管壁粗糙系数一般采用0.014，塑料管采用0.009～0.011。

排水管渠粗糙系数　　　　　　　　　　　　　　表 4-2

管道类型	粗糙系数 n	管道类型	粗糙系数 n
UPVC管、PE管、玻璃钢管	0.009～0.011	浆砌砖渠道	0.015
石棉水泥管、钢管	0.012	浆砌石渠道	0.017
陶土管、铸铁管	0.013	干砌块石渠道	0.020～0.025
混凝土管、钢筋混凝土管	0.013～0.014	主明渠（包括带草皮）	0.025～0.030

4.3.3　污水管道水力计算参数

从水力计算公式可知，设计流量及设计流速与过水断面积有关，而流速则是管壁粗糙系数、水力半径和水力坡度的函数。为了保证污水管道的正常运行，在《室外排水设计标准》GB 50014—2021中对这些因素做了规定，在废水管道进行水力计算时应予遵守。

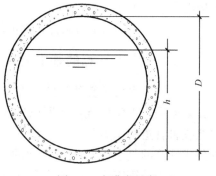

图 4-1　充满度示意

1. 设计充满度

在设计流量下，废水在管道中的水深 h 和管道直径 D 的比值称为设计充满度（或水深比），如图4-1所示。当 $h/D=1$ 时，称为满流；$h/D<1$ 时，称为不满流。我国废水管道按不满流进行设计，其最大设计充满度的规定见表4-3。

废水管道（渠）最大设计充满度　　　　　　　　表 4-3

管径 D 或暗渠高 H (mm)	最大设计充满度(h/D 或 h/H)
200～300	0.55
350～450	0.65
500～900	0.7
≥1000	0.75

注：在计算污水管道充满度时，不包括短时突然增加的污水量，但当管径小于或等于300mm时，应按满流复核。

规定废水管道的设计按不满流设计的原因是：

（1）废水流量时刻在变化，很难精确计算，而且雨水或地下水可能通过检查井井盖或管道接口渗入废水管道。因此，有必要保留一部分管道断面，为未预见水量的进入留有余地，避免废水溢出而影响环境卫生。

（2）废水管道内沉积的污泥可能分解析出一些有害气体。此外，废水中如含有汽油、苯、石油等易燃液体时，可能形成爆炸性气体。故需留出适当的空间，以利管道的通风，排除有害气体，对防止管道爆炸有良好效果。

（3）便于管道的疏通和维护管理。

2. 设计流速

与设计流量、设计充满度相应的水流平均速度称为设计流速。废水在管内流动缓慢时，废水中所含杂质可能下沉，产生淤积，当废水流速增大时，可能产生冲刷，甚至损坏管道。为防止管道中产生淤积或冲刷，设计流速不宜过小或过大，应在最大和最小设计流速范围之内。

最小设计流速是保证管道内不致发生淤积的流速，故又称不淤流速。这一最低的限值与废水中所含悬浮物的成分、粒度、管道的水力半径、管壁的粗糙系数等有关。从实际运行情况看，流速是防止管道中废水所含悬浮物沉淀的重要因素，但不是唯一的因素。引起废水中悬浮物沉淀的决定因素是充满度，即水深。一般管道水量变化大，水深变小时就容易产生沉淀。大管道水量大、动量大，水深变化小，不易产生沉淀。因此不需要按管径大小分别规定最小设计流速。根据国内废水管道实际运行情况的观测数据并参考国外经验，废水管道在设计充满度下最小设计流速定为 0.6m/s。含有金属、矿物固体或重油杂质的生产废水管道，其最小设计流速宜适当加大，可根据试验或运行经验确定。

最大设计流速是保证管道不被冲刷损坏的流速，故又称冲刷流速。该流速与管道材料有关，通常，金属管道的最大设计流速为 10m/s，非金属管道的最大设计流速为 5m/s。

非金属管道最大设计流速经过试验验证可适当提高。排水管道采用压力流时，压力管道的设计流速宜采用 0.7～2.0m/s，明渠流为 0.4m/s。

3. 最小管径

在废水管道系统的上游部分，设计废水流量一般很小，若根据流量计算，则管径会很小。根据养护经验，管径过小极易堵塞，比如 150mm 支管的堵塞次数可能达到 200mm 支管堵塞次数的 2 倍，使养护管道的费用增加。而 200mm 与 150mm 管道在同样埋深下，施工费用相差不多。此外，采用较大的管径，可选用较小的坡度，使管道埋深减小。因此，为了养护工作的方便，常规定一个允许的最小管径。在街区和厂区内最小管径为 200mm，在街道下为 300mm。在进行管道水力计算时，上游管段由于服务的排水面积小，因而设计流量小，按此流量计算得出的管径可能小于最小管径，此时应采用最小管径值。一般可根据最小管径在最小设计流速和最大充满度情况下，能通过的最大流量值进一步估算出设计管段服务的排水面积。若设计管段服务的排水面积小于此值，即直接采用最小管径和相应的最小坡度而不再进行水力计算。这种管段称为不计算管段。在这些管段中，当有适当的冲洗水源时，可考虑设置冲洗井。

4. 最小设计坡度

在废水管道系统设计时，通常采用直管段埋设坡度与设计地区的地面坡度基本一致，以减小埋设深度，但管道坡度造成的流速应等于或大于最小设计流速，以防止管道内产生沉淀，这在地势平坦或管道走向与地面坡度相反时尤为重要。因此，将相应于管内最小设计流速时的管道坡度称为最小设计坡度。

从水力计算式（4-6）看出，设计坡度与设计流速的平方成正比，与水力半径的 2/3 次方成反比。由于水力半径是过水断面积与湿周的比值，因此不同管径的废水管道应有不同的最小坡度。管径相同的管道，因充满度不同，其最小坡度也不同。当在给定设计充满度条件下，管径越大，相应的最小设计坡度值也就越小。所以只需规定最小管径的最小设计坡度值即可。如废水管最小管径 300mm，其最小设计坡度：塑料管为 0.002，其他管为 0.003。雨水等管道的最小管径对应的最小设计坡度值见表 4-4。

最小管径与相应的最小设计坡度 表 4-4

管道类型	最小管径(mm)	相应的最小设计坡度
废水管	300	塑料管为 0.002,其他管为 0.003
雨水管和合流管	300	塑料管为 0.002,其他管为 0.003
雨水口连接管	200	0.01
压力输泥管	150	—
重力输泥管	200	0.01

管道在坡度变陡处，其管径可根据水力计算确定由大改小，但不得超过两级，并不得小于相应条件下的最小管径。

在给定管径和坡度的圆形管道中，满流与半满流运行时的流速是相等的，处于满流与半满流之间的理论流速则略大一些，而随着水深降至半满流以下，则其流速逐渐下降，详见表 4-5。

圆形管道的水力因素 表 4-5

充满度	面积	水力半径		流速	流量
h/D	w'/w	R'/R	$(R'/R)^{1/2}$	v'/v	Q'/Q
1.00	1.000	1.000	1.000	1.000	1.000
0.90	0.949	1.190	1.030	1.123	1.065
0.80	0.856	1.214	1.033	1.139	0.976
0.70	0.746	1.183	1.029	1.119	0.835
0.60	0.625	1.110	1.018	1.072	0.671
0.50	0.500	1.000	1.000	1.000	0.500
0.40	0.374	0.856	0.974	0.902	0.337
0.30	0.253	0.635	0.939	0.777	0.196
0.20	0.144	0.485	0.866	0.618	0.080
0.10	0.052	0.255	0.796	0.403	0.021

4.3.4 污水管道的埋设深度和覆土厚度

废水管网的投资一般占废水工程总投资的 50%～75%，而构成废水管道造价的挖填沟槽、沟槽支撑、湿土排水、管道基础、管道铺设各部分的相对密度等，与管道的埋设深度及开槽支撑方式有很大关系。在实际工程中，同一直径的管道，采用的管材、接口和基础形式均相同，因其埋设深度不同，管道单位长度的工程费用相差较大。因此，合理地确定管道埋深对于降低工程造价是十分重要的。在土质较差、地下水位较高的地区，设法减小管道埋深，对于降低工程造价尤为重要。通常，管道埋设深度指管道内壁底到地面的距离。管道埋设深度确定后，管道外壁顶部到地面的距离即覆土厚度也就确定了。

为了降低造价，缩短施工期，管道埋设深度越小越好。但覆土厚度应有一个最小的限值，以满足技术上的要求，这个最小限值称为最小覆土厚度。废水管道的最小覆土厚度，一般应满足下述三个因素的要求：

1. 必须防止管道内废水冰冻和因土壤冻胀而损坏管道

我国东北、西北、华北及内蒙古等部分地区，气候比较寒冷，属于季节性冻土区。土壤冻深主要受气温和冻结期长短的影响，如内蒙古呼伦贝尔最冷月（1 月）平均气温为 $-18 \sim -30℃$，最大冻土深度平均值为 261.8cm。

当然，同一城市又会因地面覆盖的土壤种类不同以及阳面还是阴面、市区还是郊区的不同，冻深也有所差别。

冰冻层内废水管道埋设深度或覆土厚度，应根据流量、水温、水流情况和敷设位置等因素确定。由于废水水温较高，即使在冬季，废水温度也不会低于 4℃。比如，根据东北几个寒冷城市冬季废水管道情况的调查资料，满洲里、齐齐哈尔、哈尔滨的出户污水管水温，经多年实测在 $4 \sim 15℃$ 之间。齐齐哈尔的街道污水管水温平均为 5℃，一些测点的水温高达 $8 \sim 9℃$。最寒冷的满洲里和海拉尔的污水管道出口水温，在 1 月份实测为 $7 \sim 9℃$。此外，污水管道按一定的坡度敷设，管内污水具有一定的流速，经常保持一定的流量不断地流动。因此，污水在管道内是不会冰冻的，管道周围的泥土也不冰冻。因此没有必要把整个污水管道都埋在土壤冰冻线以下。但如果将管道全部埋在冰冻线以上，则会因土壤冰冻膨胀可能损坏管道基础，从而损坏管道。

《室外排水设计标准》GB 50014—2021 规定：一般情况下，排水管道宜埋设在冰冻线以下。当该地区或条件相似地区有浅埋经验或采取相应安全运行措施时，也可埋设在冰冻线以上，这样可节省投资，但增加了运行风险，应综合比较确定。

2. 必须防止管壁因地面荷载而受到破坏

埋设在地面下的废水管道承受着覆盖其上的土壤静荷载和地面上车辆运行产生的动荷载。为了防止管道因外部荷载损坏，首先要注意管材质量，另外必须保证管道有一定的覆土厚度。因为车辆运行对管道产生的动荷载，其垂直压力随着深度增加而向管道两侧传递，最后只有一部分集中的车轮压力传递到地下管道上。从这一因素考虑并结合各地埋管经验，管顶最小覆土厚度应根据管材强度、外部荷载和土壤性质等条件，结合当地埋管经验确定。管顶的最小覆土厚度宜为：人行道下 0.6m，车行道下 0.7m。

3. 必须满足街区污水连接管衔接的要求

为保证污水能顺畅排入街道污水管网，街道污水管网起点的埋深必须大于或等于街区污水管终点的埋深，而街区污水管起点的埋深又必须大于或等于建筑物污水出户管的埋深。这对于确定在气候温暖又地势平坦地区街道管网起点的最小埋深或覆土厚度是很重要的因素。从安装技术方面考虑，要使建筑物首层卫生设备的污水能顺利排出，污水出户管的最小埋深一般采用 $0.5 \sim 0.7m$，所以街坊污水管道起点最小埋深也应有 $0.6 \sim 0.7m$。根据街区污水管道起点最小埋深值，可根据图 4-2 和式（4-8）计算出街道管网起点的最小埋设深度。

$$H = h + IL + Z_1 - Z_2 + \Delta h \qquad (4-8)$$

式中　H——街道污水管网起点的最小埋深，m；

h——街区污水管起点的最小埋深，m；

Z_1——街道污水管起点检查井处地面标高，m；

Z_2——街区污水管起点检查井处地面标高，m；

I——街区污水管和连接支管的坡度；

L——街区污水管和连接支管的总长度，m；

Δh——连接支管与街道污水管的管内底高差，m。

对每一个具体管道，从上述三个不同的因素出发，可以得到三个不同的管底埋深或管顶覆土厚度值，这三个数值中的最大值就是这一管道的允许最小覆土厚度或最小埋设深度。

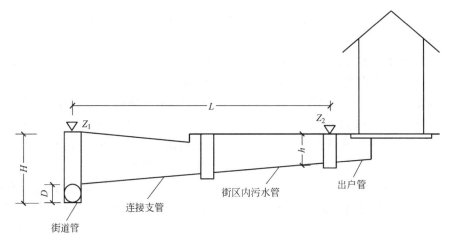

图 4-2　街道污水管最小埋深示意

除考虑管道的最小埋深外，还应考虑最大埋深问题。污水在管道中依靠重力从高处流向低处。当管道的坡度大于地面坡度时，管道的埋深就越来越大，尤其在地形平坦的地区更为突出。埋深越大，则造价越高，施工期也越长。管道埋深允许的最大值称为最大允许埋深。该值的确定应根据技术经济指标及施工方法确定。

4.3.5　污水管道水力计算方法

在进行废水管道水力计算时，通常废水设计流量为已知值，需要确定管道的断面尺寸和敷设坡度。为使水力计算获得较为满意的结果，必须认真分析设计地区的地形等条件，并充分考虑水力计算设计数据的有关规定，所选管道断面尺寸，应在规定的设计充满度和设计流速的情况下，能够排泄设计流量。管道坡度一方面要使管道尽可能与地面坡度平行敷设，以免增大管道埋深；另一方面又不能小于最小设计坡度，以免管道内流速达不到最小设计流速而产生淤积，也应避免管道坡度太大而使流速大于最大设计流速而导致管壁受冲刷。

具体计算中，在已知设计流量 Q 及管道粗糙系数 n 情况下，需要求管径 D、水力半径 R、充满度 h/D、管道坡度 i 和流速 v_0。在式（4-3）和式（4-6）两个方程式中，有 5 个未知数，因此必须先假定 3 个求其他 2 个，这样的数学计算极为复杂。为了简化计算，常采用水力计算图或水力计算表。这种将流量、管径、坡度、流速、充满度、粗糙系数各水力因素之间关系绘制成的水力计算图使用较为方便。对每一张图、表而言，D 和 n 是已知数，图上的曲线表示 Q、v、i、h/D 之间的关系，如图 4-3 所示。这 4 个因素中，只要知道两个就可以查出其他两个。

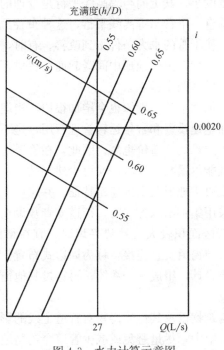

图 4-3　水力计算示意图

4.4　污水管渠的设计

4.4.1　污水管渠的定线与平面布置

在设计区域总平面图上确定废水管道的位置和走向，称为废水管道系统的定线。正确的定线是经济合理地设计废水管道系统的先决条件，是废水管道系统设计的重要环节。

管渠平面位置和高程，应根据地形、土质、地下水位、道路情况、原有的和规划的地下设施、施工条件以及养护管理方便等因素综合考虑确定。管道定线一般按主干管、干管、支管顺序依次进行。排水干管通常应布置在排水区域内地势较低或便于雨水、废水汇集的地带，截流主干管宜沿受纳水体岸边布置。

定线应遵循的主要原则是：应尽可能地在管线较短和埋深较小的情况下，让最大区域的污水能自流排出。为了实现这一原则，在定线时必须很好地研究各种条件，使拟定的路线能因地制宜地利用其有利因素而避免不利因素。定线时通常考虑的几个因素是：地形和用地布局，排水制度，线路数目，污水处理厂和出水口位置，水文地质条件，道路宽度，地下管线及构筑物的位置，工业企业和产生大量废水的建筑物的分布情况等。

在一定条件下，地形是影响管道定线的主要因素。定线应充分利用地形，使管道的走向符合地形趋势，一般宜顺坡排水。在整个排水区域较低的地方，例如集水线或河岸低处敷设主干管及干管，这样使各支管的废水自流接入，而横支管的坡度应尽可能与地面坡度一致。在地形平坦地区，应避免小流量的横支管长距离平行于等高线敷设，而应让其以最短线路接入干管。通常使干管与等高线垂直，主干管与等高线平行敷设。由于主干管管径较大，保持最小流速所需坡度小，其走向与等高线平行是合理的。当地形倾向河道的坡度很大时，主干管与等高线垂直，干管与等高线平行，这种布置虽然主干管的坡度较大，但可设置为数不多的跌水井，使干管的水力条件得到改善。有时，由于地形的原因还可以布置成几个独立的排水系统。例如，由于地形中间隆起而布置成两个排水系统，或由于地面高程有较大差异而布置成高低区两个排水系统。

在地形平坦地区，管线虽然不长，埋深也会增加很快，当埋深超过一定限值时，需设泵站抽升废水。这样会增加基建投资和常年运转管理费用，是不利的。但不设泵站而过多地增加管道埋深，不但施工困难而且造价也高。因此，在管道定线时需进行方案比较，选择适当的定线位置，使之既能尽量减小埋深，又可少建泵站。

废水支管的平面布置取决于地形及街区建筑特征，并应便于用户接管排水。当街区面积不大，街区废水管网可采用集中出水方式时，街道支管敷设在服务街区较低侧面的街道下，称为低边式布置。当街区面积较大且地势平坦时，宜在街区四周的街道敷设废水支管，建筑物的废水排出管可与街道支管连接，称为周边式布置。街区已按规划确定，街区内污水管网按各建筑的需要设计，组成一个系统，再穿过其他街区并与所穿越区域的污水管网相连，称为穿坊式布置。

考虑地质条件、地下构筑物以及其他障碍物对管道定线的影响，应将管道，特别是主干管，布置在坚硬密实的土壤中，尽量避免或减少管道穿越高地、基岩浅土地带和基质土壤不良地带。尽量避免或减少与河道、山谷、铁路及各种地下构筑物交叉，以降低施工费用，缩短工期及减少日后养护工作的困难。管道定线时，若管道必须经过高地，可采用隧洞或设提升泵站；若须经过土壤不良地段，应根据具体情况采取不同的处理措施，以保证地基与基础有足够的承载能力。当污水管道无法避开铁路、河流、地铁或其他地下建（构）筑物时，管道最好垂直穿过障碍物，并根据具体情况采用倒虹管、管桥或其他工程设施。

管道定线时还需考虑街道宽度及交通情况。排水管渠宜沿城镇道路敷设，并与道路中心线平行。污水干管一般不宜敷设在交通繁忙而狭窄的街道下，宜敷设在道路快车道以外。若道路红线宽度超过40m的城镇干道，为了减少连接支管的数目和减少与其他地下管线的交叉，宜在道路两侧布置排水管道。

为了增大上游干管的直径，减小敷设坡度，通常将产生大流量污水的工厂或公共建筑物的污水排出口接入污水干管起端，以减少整个管道系统的埋深。

管道定线时可能形成几个不同的布置方案。比如，常遇到由于地形或河流的影响，把城市分割成了几个天然的排水流域，此时是设计一个集中的排水系统或是设计成多个独立分散的排水系统？当管线遇到高地或其他障碍物时，是绕行还是设置泵站、倒虹管，还是采用其他的措施？管道埋深过大时，是设置中途泵站将管位提高还是继续增大埋深？凡此种种，在不同城市不同地区的管道定线中都可能出现。因此应对不同的设计方案在同等条件下进行技术经济比较，选出一个最优的管道定线方案。

管道系统的方案确定后，便可组成污水管道平面布置图，在初步设计时，污水管道系统的总平面图包括干管、主干管的位置和走向，主要泵站、污水处理厂、出水口的位置等；技术设计时，管道平面图应包括全部支管、干管、主干管、泵站、污水处理厂、出水口等的具体位置和资料。

4.4.2　污水管渠系统控制点和废水泵站设置地点的确定

在污水排水区域内，对管道系统的埋深起控制作用的地点称为控制点。如各条管道的起点大都是这条管道的控制点。这些控制点中离出水口最远的一点，通常就是整个系统的控制点。具有相当深度的工厂排出口或某些低洼地区的管道起点，也可能成为整个管道系统的控制点。这些控制点的管道埋深，影响整个污水管道系统的埋深。

确定控制点的标高，一方面应根据城市的竖向规划，保证排水区域内各点的污水都能够排出，并考虑发展，在埋深上适当留有余地；另一方面不能因照顾个别控制点而增加整个管道系统的埋深。为此，通常采取诸如加强管材强度、填土提高地面高程以保证最小覆土厚度、设置泵站提高管位等措施，以减小控制点管道的埋深，从而减小整个管道系统的埋深，降低工程造价。

在排水管道系统中，由于地形条件等因素的影响，通常可能需设置中途泵站、局部泵站和终点泵站。当管道埋深接近最大埋深时，为提高下游管道的管底高程而设置的泵站，称为中途泵站。将低洼地区的污水抽升到地势较高地区管道中，或将高层建筑地下室、地铁、其他地下建筑的污水抽送到附近管道系统所设置的泵站称局部泵站。此外，污水管道系统终点的埋深通常较大，而污水处理厂处理后的出水因受纳水体水位的限制，处理构筑物一般埋深很浅或设置在地面上，因此需设置泵站将污水抽升至污水处理厂第一个处理构筑物，这类泵站称为终点泵站或总泵站。

泵站设置的具体位置应考虑环境卫生、地质、电源和施工等条件，并征询规划、环保、城建等部门的意见确定。

4.4.3　设计管段与设计流量的确定

1. 设计管段的确定

凡设计流量、管径和坡度相同的连续管段称为设计管段。因为在直线管段上，为了疏通管道，需在一定距离处设置检查井，凡有集中流量进入，或有旁侧管道接入的检查井均可作为设计管段的起讫点。设计管段的起讫点应编上号码。

2. 设计管段的设计流量

每一设计管段的污水设计流量可能包括以下几种流量：①本段流量 q_1，是从管段沿线街坊流来的污水量；②转输流量 q_2，是从上游管段和旁侧管段流来的污水量；③集中流量 q_3，是从工业企业或大型公共建筑物流来的污水量。对于某一设计管段而言，本段流量沿线是变化的，即从管段起点的零增加到终点的全部流量，但为了计算方便，通常假定本段流量集中在起点进入设计管段。

从上游管段和旁侧管段流来的平均流量以及集中流量在这一管段是不变的。初步设计时，只计算干管和主干管的流量。技术设计时，应计算全部管道的流量。

4.4.4　污水管道在街道上的位置

在城市道路下，有许多管线工程，如给水管、污水管、燃气管、热力管、雨水管、电力电缆、信息电缆等。在工厂的道路下，管线工程的种类会更多。此外，在道路下还可能有地铁、地下人行横道、工业用隧道等地下设施。为了合理安排其在空间的位置，必须在各单项管线工程规划的基础上，进行综合规划，统筹安排，以利施工和日后的维护管理。

由于污水管道为重力流管道，管道（尤其是干管和主干管）的埋设深度较其他管线深，且有很多连接支管，若管线位置安排不当，将会造成施工和维修的困难。再加上污水管道难免渗漏、损坏，从而会对附近建筑物、构筑物的基础造成危害。因此污水管道与建筑物间应有一定距离。进行管线综合规划时，所有地下管线应尽量布置在人行道、非机动车道和绿化带下。只有在不得已时，才考虑将埋深大和维护次数较少的污水、雨水管布置在机动车道下。各种管线布置发生矛盾时，互让的原则是：新建让已建的，临时让永久的，小管让大管，压力管让重力流管，可弯管让不可弯管，检修次数少的让检修次数多的。

在地下设施拥挤的地区或车流极为繁忙的街道下，把污水管道与其他管线集中安置在隧道（管沟）中是比较合适的，但雨水管道一般不设在隧道中，而与隧道平行敷设。为方便用户接管，当路面宽度大于 50m 时，可在街道两侧各设一条污水管道。排水管道与其他地下管渠、建筑物、构筑物等相互间的位置，应符合下列要求：敷设和检修管道时，不应互相影响；排水管道损坏时，不应影响附近建筑物、构筑物的基础，不应污染生活饮用水；污水管道、合流管道与生活给水管道交叉时，应敷设在生活给水管道以下；再生水管道与生活给水管道、合流管道、污水管道交叉时，应敷设在生活给水管道以下，宜敷设在合流管道和污水管道以上。排水管道与其他地下管线（或构筑物）水平和垂直的最小净距，应根据两者的类型、高程、施工先后和管线损坏的后果等因素，按当地城镇管道综合规划确定，也可按《室外排水设计标准》GB 50014—2021 中附录 C 的规定采用。

4.4.5　污水管渠的衔接

1. 污水管道的衔接

污水管道在管径、坡度、高程、方向发生变化及支管接入的地方都需要设置检查井。设计时必须考虑在检查井内上下游管道衔接时的高程关系问题。管道在衔接时应遵循两个原则：

（1）尽可能提高下游管段的高程，以减少管道埋深，降低造价；

（2）避免上游管段中形成回水而造成淤积。

管道衔接的方法，通常有水面平接和管顶平接两种。水面平接是指在水力计算中，使上游管段终端和下游管段起端在设定的设计充满度下的水面相平，即上游管段终端与下游管段起端的水面标高相同。由于上游管段中的水量（水面）变化较大，污水管道衔接时，在上游管段内的实际水面标高有可能低于下游管段的实际水面标高，因此，采用水面平接时，上游管段实际上可能形成回水。管顶平接是指上游管段终端和下游管段起端的管顶标高相同。采用管顶平接时，上游管道中的水量（水面）变化不至于在上游管段产生回水，但下游管段的埋深将增加。这对于平坦地区或埋设较深的管道，有时是不适宜的。无论采用哪种衔接方法，下游管段起端的水面和管底标高都不得高于上游管段终端的水面和管底标高。因此，在山地城镇，有时上游大管径（缓坡）接下游小管径（陡坡），这时便应采用管底平接。

设计排水管道时，应防止在压力流情况下使接户管发生倒灌。压力管接入自流管渠时，应有消能措施。

此外，当地面坡度很大时，为了调整管内流速，采用的管道坡度可能会小于地面坡度，为保证下游管段的最小覆土厚度和减少上游管段的埋深，可根据地面坡度采用跌水连接。在旁侧管道与干管交会处，若旁侧管道的管底标高比干管的管底标高大很多时，为保证干管有良好的水力条件，最好在旁侧管道上先设跌水井后再与干管相接。反之，若干管的管底标高高于旁侧管道的管底标高，为了保证旁侧管能接入干管，干管则在交会处设跌水井，增大干管埋深。

2. 压力管的衔接

设计压力管时，应考虑水锤的影响，在管道的高点以及每隔一定距离处，应设排气装置；在管道的低处以及每隔一定距离处，应设排空装置；压力管接入自流灌渠时，应有消能设施。当采用承插式压力管道时，应根据管径、流速、转弯角度、试压标准和接口的摩擦力等因素，通过计算确定是否应在垂直或水平方向转弯处设置支墩。

3. 渠道的衔接

渠道与涵洞连接时，应符合以下要求：

（1）渠道接入涵洞时，应考虑断面收缩、流速变化等因素造成明渠水面壅高的影响；涵洞两端应设挡土墙，并应设护坡和护底。

（2）涵洞断面应按渠道水面达到设计超高时的泄水量计算，涵洞宜做成方形，如为圆形时，管底可适当低于渠底，其降低部分不计入过水断面。

（3）渠道和管道连接处应设挡土墙等衔接设施，渠道接入管道处应设置格栅。

（4）明渠转弯处，其中心线的弯曲半径不宜小于设计水面宽度的 2.5 倍。

4.5　工业废水处理概论

工业废水处理方法按工作原理可分为四大类：物理处理法、化学处理法、物理化学处理法和生物处理法。

（1）物理处理法。通过物理作用，以分离、回收废水中不溶解的呈悬浮状态污染物质（包括油膜和油珠），常用的有重力分离法、离心分离法、过滤法等。

（2）化学处理法。向污水中投加某种化学物质，利用化学反应来分离、回收污水中的污染物质，常用的有化学沉淀法、混凝法、中和法、氧化还原（包括电解）法等。

化学法可使用聚合氯化铝絮凝剂，作为一种无机高分子絮凝剂，通过压缩双电层、吸附中和、吸附架桥、沉淀网捕等机理作用，使水中细微悬浮粒子和胶体脱稳、聚结、絮凝、混凝、沉淀，达到净化处理效果。由于其 pH 宽，适应性好，在工业废水处理上的应用非常广泛。

（3）物理化学处理法。利用物理化学作用去除废水中的污染物质，主要有吸附法、离子交换法、膜分离法、萃取法等。

（4）生物处理法。通过微生物的代谢作用，使废水中呈溶液、胶体以及微细悬浮状态的有机性污染物质转化为稳定、无害的物质，可分为好氧生物处理法和厌氧生物处理法。

工业废水的有效治理应遵循如下原则：

（1）最根本的是改革生产工艺，尽可能在生产过程中杜绝有毒有害废水的产生，如以无毒用料或产品取代有毒用料或产品。

（2）在使用有毒原料以及产生有毒的中间产物和产品的生产过程中，采用合理的工艺流程和设备，并实行严格的操作和监督，消除漏逸，尽量减少流失量。

（3）含有剧毒物质的废水，如含有一些重金属、放射性物质、高浓度酚、氰等废水应与其他废水分流，以便处理和回收有用物质。

（4）一些流量大而污染轻的废水如冷却废水，不宜排入下水道，以免增加城市下水道和污水处理厂的负荷。这类废水应在厂内经适当处理后循环使用。

（5）成分和性质类似于城市污水的有机废水，如造纸废水、制糖废水、食品加工废水等，可以排入城市污水系统。应建造大型污水处理厂，包括因地制宜修建的生物氧化塘、污水库、土地处理系统等简易可行的处理设施。与小型污水处理厂相比，大型污水处理厂既能显著降低基本建设和运行费用，又因水量和水质稳定，易于保持良好的运行状况和处理效果。

（6）一些可以生物降解的有毒废水如含酚、氰废水，经厂内处理后，可按允许排放标准排入城市下水道，由污水处理厂进一步进行生物氧化降解处理。

（7）含有难以生物降解的有毒污染物废水，不应排入城市下水道和输往污水处理厂，而应进行单独处理。

4.6　工业废水的物理处理

4.6.1　调节池

调节池是废水进入主体处理构筑物之前，对废水的水量和水质进行调节的构筑物。工业废水通常需要进行水量水质调节，为后续主体处理构筑物的正常运行创造条件。

1. 调节池功能

调节池的功能一般是：提供对有机物负荷的缓冲能力，防止生物处理系统负荷急剧变化；控制 pH，以减少中和作用中化学药剂的用量；减小对物理化学处理系统的流量波动，使化学品添加速率适合加料设备的定额；当工厂停产时，仍能对生物处理系统继续输入废水；控制废水向市政系统的排放，缓解废水负荷的变化；防止高浓度有毒物质进入生物处理系统。

2. 设置调节池的优缺点

设置调节池有以下优点：消除或降低冲击负荷，使抑制性物质得到稀释，稳定 pH，为后续生物处理创造条件；由于水量水质得到了调节，对于需要投加化学药剂的情况，提高了工艺运行的可靠性。设置调节池本身也存在一些不足，如占地面积大，可能需要设置去除异味的附属设施等。

3. 调节池的分类

根据调节池在废水处理流程中的位置，可分为在线调节和离线调节两种方式。在线调节是指调节池位于废水处理工艺流程主线上，所有的废水均流经调节池，使得废水的水量水质均能最大限度地得到调节；离线调节是指调节池位于废水处理工艺流程主线之外，只有超出已设流量之外的废水流入调节池，使得废水的水量水质能够在一定程度上得到调节。根据调节池的功能，可分为水量调节池、水质调节池和贮水池（事故池）。

4.调节池的计算

(1) 水量调节池

常用的水量调节池进水为重力流，出水用泵抽升，池中最高水位不高于进水管的设计水位，有效水深一般为 $2\sim3$m，最低水位为死水位。

调节池的容积可以用图解法计算。

T 小时内所围的曲线下面积等于废水总量 $W_T(m^3)$ 为：

$$W_T = \sum_{i=0}^{T} q_i t_i \tag{4-9}$$

式中　q_i——在 t_i 时段内废水的平均流量，m^3/h；

　　　t_i——时段，h。

在周期 T 内废水平均流量 $Q(m^3/h)$ 为：

$$Q = \frac{W_T}{T} = \frac{1}{T} \sum_{i=0}^{T} q_i t_i \tag{4-10}$$

(2) 水质调节池

1) 普通水质调节池

对普通水质调节池有物料平衡方程：

$$C_1 QT + C_0 V = C_2 QT + C_2 V \tag{4-11}$$

式中　Q——取样间隔时间内的平均流量，m^3/h；

　　　C_1——取样间隔时间内进入调节池污染物的浓度，mg/L；

　　　T——取样间隔时间，h；

　　　C_0——取样间隔开始时调节池内污染物浓度，mg/L；

　　　V——调节池容积，m^3；

　　　C_2——取样间隔时间终了时调节池出水污染物的浓度，mg/L。

假设取样间隔内出水浓度不变，由式（4-11）得：

$$C_2 = \frac{C_1 T + C_0 V/Q}{T + V/Q} \tag{4-12}$$

2) 穿孔导流槽式水质调节池

穿孔导流槽调节池废水从调节池两端同时进入，从对角线设置的穿孔导流槽出水，由于流程长短不同，使前后进入调节池的废水相混合，以此来均和水质。

这种水质调节池的形式除矩形形式外还有方形和圆形调节池。

(3) 分流贮水池

对于某些工业，如果有偶然泄漏或周期性负荷发生时，常设置分流贮水池。当废水浓度超过一定值时，将废水排入分流贮水池。

5.调节池搅拌方式

设置调节池的目的是调节废水的水质和水量使之均衡，但由于调节池容积通常较大，易造成沉淀，因此调节池应有防沉措施。调节池常用的防沉方式是搅拌，包括空气搅拌、机械搅拌和水力搅拌等。

空气搅拌多是在池底或池一侧安装穿孔曝气管,用压缩空气搅拌。也可以用机械曝气装置,但应考虑加设挡板和低水位时曝气机的保护。空气搅拌不仅能够起到混合以及防止悬浮物下沉的作用,还可以起到预曝气的作用。采用穿孔管曝气时可取 $2\sim3m^3/(h\cdot m)$ (按管长计) 或 $5\sim6m^3/(h\cdot m^2)$ (按池面积计)。

机械搅拌是在池内安装机械搅拌设备以提供必要的混合。为减少机械搅拌所需功率,尽量将调节池放在沉砂池之后。

水力搅拌多是采用水泵强制循环搅拌,即在池内设穿孔管,用压力水强制搅拌。

4.6.2 除油池

1. 含油废水的来源及污染特征

含油废水主要来源于石油、石油化工、钢铁、焦化、煤气发生站、机械加工等工业企业。含油废水的含油量及其特征,随工业种类不同而异,同一种工业也因生产工艺流程、设备和操作条件等不同而相差较大。废水中所含油类,除重焦油的相对密度可达 1.1 以上外,其余的相对密度都小于 1。

油类在水中的存在形式可分为浮油、分散油、乳化油和溶解油四类。

(1) 浮油,油珠粒径较大,一般大于 $100\mu m$。易浮于水面,形成油膜或油层。

(2) 分散油,油珠粒径一般为 $10\sim100\mu m$,以微小油珠悬浮于水中,不稳定,静置一定时间后往往形成浮油。

(3) 乳化油,油珠粒径小于 $10\mu m$,一般为 $0.1\sim2\mu m$。往往因水中含有表面活性剂使油珠成为稳定的乳化液。

(4) 溶解油,油珠粒径比乳化油还小,有的可小到几纳米,是溶于水的油微粒。

油类对环境的污染主要表现在对生态系统及自然环境(土壤、水体)的影响。流到水体中的浮油,形成油膜后会阻碍大气复氧,断绝水体氧的来源;而水中的乳化油和溶解油,由于需氧微生物的作用,在分解过程中消耗水中溶解氧,使水体成缺氧状态、二氧化碳浓度增高、pH 降低到正常范围以下,以致鱼类等水生生物不能生存。含油废水流到土壤,由于土层对油污的吸附和过滤作用,也会在土壤形成油膜,使空气难于透入,阻碍土壤微生物的增殖,破坏土层团粒结构。含油废水排入城市排水管道,对排水设备和城市污水处理厂都会造成影响,进入生物处理构筑物混合污水的含油浓度,通常不能大于 $30\sim50mg/L$,否则,将影响活性污泥和生物膜的正常代谢过程。

生产装置排出的含油废水,应按其所含的污染物性质和数量分类汇集处理。除油方法宜采用重力分离法除浮油和重油,采用气浮法、电解法、混凝沉淀法去除乳化油。

2. 除油装置

(1) 平流隔油池

传统平流隔油池如图 4-4 所示。废水从池子一端流入,从另一端流出。由于流速降低,相对密度小于 1.0 的大粒径油珠上浮到水面,而相对密度大于 1.0 的杂质沉于池底。在出水一侧的水面上设集油管。集油管一般用直径为 $200\sim300mm$ 的钢管制成,沿其长度在管壁的一侧开有切口,集油管可以绕轴线转动。平时切口在水面上,当水面浮油达到一定厚度时,转动集油管,使切口浸入水面油层之下,油进入管内排出池外。

刮油刮泥机由钢丝绳或链条牵引,移动速度不大于 2m/min,刮集到池前部泥斗中的

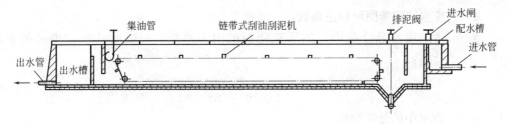

图 4-4　平流隔油池

沉渣通过排泥管适时排出。排泥管直径不小于 200mm，管端可接压力水管进行冲洗。池底应有坡向污泥斗的 0.01～0.02 的坡度，污泥斗倾角为 45°。

为防火、防雨和保温，隔油池宜设由非燃烧材料制成的盖板。在寒冷地区集油管及油层内宜设加热设施。隔油池每个格间的宽度，由于刮泥刮油机跨度规格的限制，一般为 2.0m、2.5m、3.0m、4.5m 和 6.0m。

平流式隔油池的优点是构造简单，运行管理方便，除油效果稳定。缺点是池体大，占地面积大。根据国内外的运行资料，这种隔油池可以去除的最小油珠粒径一般为 100～150μm。此时油珠的最大上浮速度不高于 0.9mm/s。

平流式隔油池的计算有两种方法。

1）按油粒上浮速度计算

计算所用的基本数据为油粒的上浮速度，按下列公式求隔油池表面面积：

$$A = a\frac{Q}{u} \tag{4-13}$$

式中　A——隔油池表面面积，m^2；

　　　Q——废水设计流量，m^3/h；

　　　u——设计油珠上浮速度，m/h；

　　　a——对隔油池表面积的修正系数，该值与池容积利用率和水流紊动状况有关。a 与速度比 v/u（v 为水流速度）的关系见表 4-6。

a 与速度比 v/u 的关系数值　　　　　　　　表 4-6

v/u	20	15	10	6	3
a	1.74	1.64	1.44	1.37	1.28

设计上浮速度 u 值宜通过废水静浮试验确定。按照试验数据绘制油水分离效率与上浮速度之间的关系曲线，然后根据应达到的分离效率选定 u 的设计值。也可以根据修正的斯托克斯公式求得：

$$u = \frac{\beta g}{18\mu\phi}(\rho_w - \rho_0)d^2 \tag{4-14}$$

式中　u——静止水中直径为 d 的油珠上浮速度，cm/s；

　ρ_w、ρ_0——分别为水与油珠的密度，g/cm^3；

　　　d——可上浮的最小油珠粒径，cm；

　　　μ——水的绝对黏滞性系数，Pa·s；

　　　g——重力加速度，cm/s^2；

ϕ——废水油珠非圆形修正系数，一般取 1.0；

β——考虑废水悬浮物引起的颗粒碰撞的阻力系数，一般取 0.95，也可按下式计算：

$$\beta=\frac{4\times10^4+0.8S^2}{4\times10^4+S^2} \tag{4-15}$$

式中 S——废水中的悬浮物浓度，mg/L。

隔油池过水断面面积 $A_c(\text{m}^2)$ 为：

$$A_c=\frac{Q}{c} \tag{4-16}$$

式中 v——废水在隔油池中的水平流速，m/h，一般取 $v\leqslant u$，但不宜大于 15mm/s（一般取 2～5mm/s）。

隔油池长度 $L(\text{m})$ 为：

$$L=a\left(\frac{v}{u}\right)h \tag{4-17}$$

隔油池每格的有效水深 h 一般为 1.5～2.0m，有效水深与池宽比 h/b 宜取 0.3～0.4，每格的长宽比 L/b 不宜小于 4.0。

2）按废水停留时间计算

隔油池容积 $W(\text{m}^3)$ 为：

$$W=Qt \tag{4-18}$$

式中 Q——隔油池设计流量，m^3/h；

t——废水在隔油池的设计停留时间，一般取 1.5～2.0h。

隔油池过水断面 $A_c(\text{m}^2)$ 为：

$$A_c=\frac{Q}{3.6v} \tag{4-19}$$

式中 v——废水在隔油池中的水平流速，mm/s。

隔油池格间数 n：

$$n=\frac{A_c}{bh} \tag{4-20}$$

式中 b——隔油池每个格间的宽度，m；

h——隔油池工作水深，m。

隔油池的格间数一般至少 2 格。

隔油池有效长度 L：

$$L=3.6vt \tag{4-21}$$

隔油池总高度 H：

$$H=h+h' \tag{4-22}$$

式中 h'——隔油池超高，一般 0.4m 以上。

（2）斜板隔油池

斜板隔油池构造如斜板沉淀池，这种隔油池采用波纹形斜板，板间距宜采用 400mm，倾角不应小于 45°，废水沿板面向下流动，从出水堰排出。油珠沿板的下表面向上流动，然后经集油管收集排出。实践证明，这种隔油池油水分离效率高，可轻松去除粒径不小于

$8\mu m$ 的油珠，表面水力负荷宜为 $0.6\sim0.8m^3/(m^2\cdot h)$，停留时间短，一般不大于30min，占地面积小。目前我国新建的一些含油废水处理站多采用斜板隔油池，斜板材料应耐腐蚀、不沾油和光洁度好。

3. 乳化油及破乳方法

当油和水相混，又有乳化剂存在时，乳化剂会在油滴与水滴表面形成一层稳定的薄膜，这时油和水就不会分层，而呈一种不透明的乳状液。当分散相是油滴时，称水包油乳状液，当分散相是水滴时，则称为油包水乳状液。乳状液的类型取决于乳化剂。

（1）乳化油的形成

形成乳化油的主要途径有：由于生产工艺的需要而制成的，如机械加工中车床切削用的冷却液，是人为制成的乳化液；以洗涤剂清洗受油污染的机械零件、油槽车等而产生乳化油废水；含油（可浮油）废水在沟道与含乳化剂的废水相混合，受水流搅动而形成的乳化油废水。

在含油废水产生的地点立即用隔油池进行油水分离，可以减轻油水乳化。例如，石油炼制厂减压塔塔顶冷凝器流出的含油废水，立即进行隔油回收，得到的浮油实际上就是塔顶馏分，经过简单脱水，就是一种中间产品。如果隔油后，废水中仍含有乳化油，可就地破乳。此时，废水的成分比较单纯，比较容易收到较好的除油效果。

（2）破乳方法

破乳的方法有多种多样，但其基本原理都是一样的，即破坏液滴界面上的稳定薄膜，使油、水分离。破乳途径有下述几种：

1）投加换型乳化剂，即利用乳状液的换型倾向进行破乳。例如，氯化钙可以使以钠皂为乳化剂的水包油乳状液转换为以钙皂为乳化剂的油包水乳状液。在转型过程中存在氯化钙的投加量问题，换型剂投加量不足，钠皂仍多于钙皂，乳状液仍然是水包油的。在氯化钙用量增加的过程中，存在由钠皂占优势转化为钙皂占优势的转化点，这时的乳状液非常不稳定，油、水可能会发生分层。因此控制换型剂的用量，即可达到破乳的目的。这一转化点用量应通过试验确定。

2）投加盐类，使亲液乳状液转化为不溶物而失去乳化作用。

3）投加酸类，使钠皂转化为有机酸和钠盐，从而失去乳化作用。

4）投加某种本身不能成为乳化剂的表面活性剂，例如异戊醇等，从乳化的液滴界面上把原有的乳化剂挤掉而使其失去乳化作用。

5）通过剧烈的搅拌、振荡或离心作用，使乳化的液滴猛烈碰撞而合并，从而达到油、水分离的目的。

6）以粉末为乳化剂的乳状液，可以用过滤的方法拦截被固体粉末包围的油滴，从而达到油、水分离。

7）改变乳化液的温度，加热或冷冻来破坏乳状液的稳定，从而达到破乳的目的。破乳方法的选择，是以实验室试验和生产性试验为依据。某些石油工业的含油废水，当废水温度升到 $65\sim75℃$ 时，常可达到破乳的效果。相当一部分乳状液，必须投加化学破乳剂。目前所用的化学破乳剂，通常是钙、镁、铁、铝的盐类，或无机酸。某些含油废水亦可用碱（NaOH）进行破乳。水处理中，常用的混凝剂也是一种较好的破乳剂，它不仅有破坏乳状液稳定的作用，还能对废水中其他有机或无机杂质起混凝作用而产生共同沉淀，

经此处理后的出水水质较为清澈。目前，应用混凝破乳、上浮法分离技术处理乳化液是一种比较成功的除油方法。

4.6.3 离心分离

1. 离心分离原理

物体高速旋转时会产生离心力，利用离心力分离废水中杂质的处理方法称为离心分离法。当废水高速旋转时，由于悬浮固体与水的密度不同，因而所受的离心力也不相同。密度大的悬浮固体被抛向外围，密度小的水被推向内层，从而使悬浮固体和水从各自出口排出，达到净化废水的目的。

当废水高速旋转时，悬浮颗粒所受的离心力为：

$$F_c = (m - m_0)\omega^2 R \tag{4-23}$$

式中　F_c——离心力，N；

　m，m_0——颗粒和颗粒所排开水的质量，kg；

　　ω——颗粒旋转时的角速度，rad/s；

　　R——颗粒旋转半径，m。

若用 n 表示转速（r/min），将 $\omega = 2\pi n/60$ 代入上式整理得：

$$F_c = (m - m_0)\pi^2 \frac{Rn^2}{900} \tag{4-24}$$

由式（4-24）可知，悬浮颗粒旋转半径越大，质量越大，转速越高，所受离心力越大。

根据颗粒随水旋转时所受的向心力与水的反向阻力平衡原理可导出颗粒的径向运动速度为：

$$v_s = \frac{R\omega^2(\rho - \rho_0)d^2}{18\mu} \tag{4-25}$$

式中　v_s——径向运动速度，m/s；

　　μ——水的绝对黏度，0.1Pa·s；

　　d——颗粒直径，m；

　ρ，ρ_0——颗粒和水的密度，kg/m³。

当 $\rho > \rho_0$ 时，v_s 为正值，颗粒被抛向周边；当 $\rho < \rho_0$ 时，颗粒被推向中心。这说明，废水高速旋转时，密度大于水的悬浮颗粒，沉降在离心分离设备的最外侧，而密度小于水的悬浮颗粒浮上至离心设备最里面，所以离心分离设备能进行离心沉降和离心浮上两种操作。从上述可知，当悬浮颗粒的粒径 d 越小，密度 ρ 同水的密度 ρ_0 越接近，水的动力黏度 μ 越大，则颗粒的分离速度 v_s 越小，越难分离；反之，则较易于分离。

2. 离心分离设备

按照产生离心力的方式不同，离心分离设备可分为水旋和器旋两类。前者称为水力旋流器，其特点是器体固定不动，而由沿切向高速进入器内的水产生离心力；后者指各种离心机，其特点是由高速旋转的转鼓带动水产生离心力。

（1）离心机

离心机的种类和形式有多种。按分离因数 a 大小可分为高速离心机（$a > 3000$）、中速离心机（$a = 1000 \sim 3000$）和低速离心机（$a < 1000$）。中、低速离心机通称为常速离心机。按转鼓的几何形状不同，可分为转筒式、管式、盘式和板式；按操作过程，可分为间歇式和连续式；按转鼓的安装角度，可分为立式和卧式。

其中盘式离心机的构造是在转鼓中有十几到几十个锥形金属盘片，盘片的间距为 $0.4 \sim 1.5$mm，斜面与垂线的夹角为 $30° \sim 50°$。这些盘片缩短了悬浮物分离时所需移动的距离，减少涡流的形成，从而提高了分离效率。离心机运行时，乳浊液沿中心管自上而下进入下部的转鼓空腔，并由此进入锥形盘分离区，在 5000r/min 以上的高转速作用下，乳浊液的重组分（水）被抛向器壁，汇集于重液出口排出，轻组分（油）则沿盘间锥形环状窄缝上升，汇集于轻液出口排出。

（2）压力式水力旋流器

压力式水力旋流器用钢板或其他耐磨材料制造，其上部是直径为 D 的圆筒，下部是锥角 θ 的截头圆锥体。进水管以逐渐收缩的形式与圆筒以切向连接。废水加压后以切线方式进入器内，进口处的流速可达 $6 \sim 10$m/s。废水在器内沿器壁向下做螺旋运动形成一次涡流，废水中粒径及密度较大的悬浮颗粒被扫向器壁，并在下旋水推动和重力作用下沿器壁下滑，在锥底形成浓缩液连续排出。锥底部水流在越来越窄的锥壁反向压力作用下改变方向，由锥底向上做螺旋运动，形成二次涡流，经溢流管进入溢流筒后，从出水管排出。在水力旋流中心，形成一束绕轴线分布的自下而上的空气涡流柱。

水力旋流器的计算，一般首先确定分离器各部分的尺寸，然后计算处理水量和极限截留颗粒直径，最后确定分离器台数。

1）各部分结构尺寸

水力旋流器各部分尺寸的相互关系很重要，如果相关尺寸不协调，则达不到预期效果。根据实践资料，当圆筒直径为 D 时，其相关尺寸的最佳范围是：圆筒高度 $H_0 = 1.7D$；锥体高度 $H_k = 3H_0$；锥体角度 $\theta = 10° \sim 15°$；中心溢流管直径 $d_0 = (0.25 \sim 0.3)D$；进水管直径 $d_1 = (0.25 \sim 0.4)D$；出水管直径 $d_2 = (0.25 \sim 0.5)D$；锥底直径 $d_3 = (0.5 \sim 0.8)d_0$。

因离心力与旋转半径成反比，所以旋流器直径不宜过大。如果处理水量较大，可选多台，并联使用。

进水口应紧贴器壁，做成高宽比为 $1.5 \sim 2.5$ 的矩形，出口流速一般采用 $6 \sim 10$m/s。为加强水流的向下旋流，进水管应向下倾斜 $3° \sim 5°$。溢流管下端与进水管轴线的距离以 $H_0/2$ 为宜。为保持空气柱内稳定的真空度，出水管不能满管工作，因此需 $d_2 > d_0$。器顶设通气管，以平衡器内的压力。

2）处理水量

水力旋流器的处理水量按下式计算：

$$Q = KDd_0\sqrt{g\Delta p} \tag{4-26}$$

式中　Q——处理水量，L/min；

$\quad\ K$——流量系数，$K = 5.5d_1/D$；

$\quad\ \Delta P$——进出口压差，一般取 $0.1 \sim 0.2$MPa；

$\quad\ g$——重力加速度，m/s^2。

3）分离颗粒的极限直径

水力旋流器的分离效率与结构尺寸、被分离颗粒的性质等因素有关，一般通过试验确定。分离效率为50%的颗粒直径称为极限直径。它是判断水力旋流器分离效果的重要指标之一。极限直径越小，分离效果越好。

旋流器具有体积小、单位容积处理能力高的优点。例如旋流器用于轧钢废水处理时，氧化铁皮的去除效果接近于沉淀池，但沉淀池的表面负荷仅为 $1.0m^3/(m^2 \cdot h)$，而旋流器则高达 $950m^3/(m^2 \cdot h)$。此外，旋流器还具有易于安装、便于维护等优点，因此，较广泛地用于轧钢废水处理以及高浊度河水的预处理等。水力旋流器的缺点是器壁易受磨损及电耗较大。器壁宜用铸铁或铬锰合金钢等耐磨材料制造或内衬橡胶，并应力求光滑。

（3）重力式旋流分离器

重力式旋流分离器又称水力旋流沉淀池。废水以切线方向进入器内，借进出水的水头差在器内呈旋转流动。与压力式旋流器相比较，这种设备的容积大，电能消耗低。

重力式旋流分离器的表面负荷大大低于压力式，一般为 $25 \sim 30m^3/(m^2 \cdot h)$。废水在器内停留 $15 \sim 20min$，从进水口到出水溢流堰的有效深度 $H_0 = 1.2D$，进水口到渣斗上缘应有 $0.8 \sim 1.0m$ 的保护高，以免将沉渣冲起；废水在进水口的流速 $v = 0.9 \sim 1.1m/s$。

4.6.4 过滤

在工业废水处理中，过滤一般是指以石英砂等粒状材料组成的滤料层截留水中的悬浮杂质，从而使水获得澄清的工艺过程。

滤池的形式比较多，按滤料的种类分为单层滤池、双层滤池和多层滤池；按作用水头分为有重力式滤池（作用水头 $4 \sim 5m$）和压力滤池（$15 \sim 20m$）；从进水、出水及反冲洗水的供给与排除方式分为快滤池、虹吸滤池和无阀滤池。根据过滤材料不同，过滤可分为颗粒材料过滤和多孔材料过滤两大类。

在工业废水处理中，颗粒材料过滤主要用于经混凝或生物处理后低浓度悬浮物的去除。

由于工业废水的水质复杂，悬浮物浓度高、黏度大、易堵塞，选择滤料时应注意以下几点：

（1）滤料粒径应较大。石英砂为滤料时，粒径可取 $0.5 \sim 2.0mm$。

（2）滤料耐腐蚀性应较强。滤料耐腐蚀的标准：用浓度为 1% 的 Na_2SO_4 水溶液，将烘干恒重后的滤料浸泡 $28d$，质量减少值以不大于 1% 为宜。

（3）滤料的机械强度好，成本低。

滤料可采用石英砂、无烟煤、陶粒、大理石、白云石、石榴石、磁铁矿石等颗粒材料及近年来开发的纤维球、聚氧乙烯或聚丙烯球等。

对于悬浮物浓度高的工业废水，为了延长过滤周期，提高滤池的截污量，可采用上向流、粗滤料双层和三层混合滤料滤池；为了延长过滤周期，适应滤池频繁冲洗的要求，可采用连续流滤池和脉冲滤池。对于悬浮物浓度低的工业废水可采用压力滤池、移动冲洗罩滤池、无（单）阀滤池等。

1. 上向流滤池

上向流滤池的废水自滤池下部进入，向上流经滤层，从上部流出。滤料通常采用石英砂，粒径根据进水水质特点确定，尽量使整个滤层都能发挥截污作用，并使水头损失缓慢上升。工业废水处理滤料的级配见表4-7。

上向流滤池的滤料级配　　　　　　　　　　　　　　表 4-7

滤料层及承托层	粒径(mm)	厚度(mm)	滤料层及承托层	粒径(mm)	厚度(mm)
上部细砂层	1-2	1500	下部粗砂层	10-16	250
中部砂层	2-3	300	承托层	30-40	100

由于上向流滤池过滤和冲洗时的水流方向相同，要求不同流量时能均匀布水，为此，在滤池下部设有安装了许多配水喷嘴的配水室。为防止气泡进入滤层引起气阻，需将进水中的气体分离出来，经排气阀排到池外。

上向流滤池的特点是：

（1）滤池的截污能力强，水头损失小。污水先通过粗粒的滤层能较充分地发挥滤层的作用，可延长滤池的运行周期。

（2）配水均匀、易于观察出水水质。

（3）污物被截留在滤池下部，滤料不易冲洗干净。

2. 多层滤料滤池

多层滤料滤池，主要是双层滤料滤池和三层滤料滤池。双层滤池中上层滤料为无烟煤，下层滤料为石英砂。由于无烟煤的相对密度（1.4～1.6）比石英砂的相对密度（2.6）小，无烟煤的粒径可选择大些。上层的孔隙率大，可截留较多的污物，下层的孔隙率较小，可进一步截留污物，污物可穿透滤池的深处，能较好地发挥整个滤层的过滤作用，水头损失也增加较慢。在双层滤料的下面再加一层密度更大、更细的石榴石（相对密度为4.2）便构成了三层滤料滤池。我国石榴石来源不足，可用磁铁矿石（相对密度4.7～4.8）作为重滤料。

多层滤料滤池主要用于饮用水处理，现已推广到废水的深度处理中。双层滤料滤池，无烟煤粒径要求在滤层高度内将75%～90%的悬浮物去除。例如，要求滤池悬浮物的去除率为90%时，则悬浮物的60%～80%应由煤层去除，其余的由砂层去除。多层滤料的粒径和厚度见表4-8。

多层滤料粒径和厚度　　　　　　　　　　　　　　表 4-8

滤料类型	滤料位置	材料	粒径(mm)	厚度(cm)
双层滤料	上层	无烟煤	1.0～1.1	50.8～76.2
	下层	石英砂	0.45～0.6	25.4～30.5
三层滤料	上层	无烟煤	1.0～1.1	45.7～61.0
	中层	石英砂	0.45～0.55	20.4～30.5
	下层	石榴石	0.25～0.4	5.1～10.2

多层滤料滤池，根据滤料层界面处允许混层与否可分为混层滤池和非混层滤池。经验表明，无烟煤滤料的最小粒径与石英砂最大粒径之比为3～4时，无明显混层现象。不混层时，双层滤料和三层滤料滤池进水悬浮物的最大允许浓度分别为100mg/L和200mg/L。

3. 压力滤池

压力滤池有立式和卧式两类。立式压力滤池，因横断面面积受限制，多为小型的过滤设备，用于规模较小的工业废水处理工程。规模较大的废水处理工程宜采用卧式压力滤池。

压力滤池的特点是：

(1) 工业废水中悬浮物浓度较高，过滤时水头损失增加较快，所以滤池的允许水头损失也较高，重力式滤池允许水头损失一般为 2m，而压力滤池可达 6~7m。

(2) 在工业废水深度处理中，过滤常作为活性炭吸附或臭氧氧化法的预处理，压力滤池的出水水头能满足后处理的要求，不必再次提升。

(3) 压力滤池是密闭式的，可防止有害气体从废水中逸出。

(4) 压力滤池采用多个并联时，各滤池的出水管可相互连接，当其中一个滤池进行反冲洗时，冲洗水可由其他几个滤池的出水供给，这样可省去反冲洗水箱和水泵。

压力滤池滤层的组成，下向流时，多采用无烟煤和石英砂双层滤料。例如，日本为去除二级出水中的悬浮物，无烟煤有效粒径采用 1.6~2.0mm，无烟煤有效粒径为石英砂的 2.7 倍以下，无烟煤和砂组成的滤层厚度为 600~1000mm，砂层厚度为无烟煤厚度的 60% 以下。最大滤速采用 12.5m/h。为加强冲洗，采用表面水冲洗和空气混合冲洗方法。

油田含油废水多采用压力滤池进行处理。过滤时，废水由进水管经喇叭口进入池中，自上而下地通过滤层，废水中的微小油珠以及经絮凝预处理后未沉淀的细小悬浮物被去除。油田一般使用石英砂滤料，滤料的厚度为 0.7~0.8m，有效粒径为 0.5~0.6mm，各种粒径所占的百分比为：$d=0.25~0.5mm$ 占 10%~15%；$d=0.5~0.8mm$ 占 70%~75%；$d=0.8~1.2mm$ 占 15%~20%。垫层可用卵石或砾石，它的厚度和分层铺设情况，因配水系统不同而异。目前油田多采用大阻力配水系统，其垫层厚 700mm，自上而下多采用如下分层：$d=2~4mm$，厚度为 100mm；$d=4~8mm$，厚度 100mm；$d=8~16mm$，厚度 100mm；$d=16~32mm$，厚度 150mm；$d=32~64mm$，厚度 250mm。压力滤池工作周期为 12~24h，反冲洗强度为 12~15L/(m² · s)，反冲洗时间 10~15min。

4. 新型滤料滤池

近年来，国内外都在研究采用塑料或纤维球等轻质材料作为滤料的滤池，这种滤池具有滤速高、水头损失小、过滤周期长、冲洗水耗量低等优点。

(1) 塑料、石英砂双层滤料滤池，上层采用球形塑料滤料，粒径为 3mm，滤层高 1000mm，下层为石英砂滤料，粒径为 0.6mm，层高 500mm，支撑层高 350mm，滤速为 30m/h。因塑料比无烟煤粒径大，而且均匀、孔隙率大，所以悬浮物截留量大。又因塑料的相对密度小，反冲时采用同样的反冲强度时，塑料的膨胀率大、清洗效果好，可缩短反冲洗时间，节省冲洗水量。另外塑料的磨损率也小。

(2) 纤维球滤料滤池，采用耐酸、耐碱、耐磨的合成纤维球作滤料，用直径为 20~50μm 的纤维丝制成直径为 10~30mm 的纤维球。纤维可用聚酯等合成纤维。滤速为 30~70m/h，生物处理后出水经过滤处理后，悬浮物浓度由 14~28mg/L 降到 2mg/L。采用空气搅动，冲洗水量只占 1%~2%。

5. 聚结过滤池

聚结过滤法又称为粗粒化法，用于含油废水处理。含油废水通过装有粗粒化滤料的滤池，使废水中的微小油珠聚结成大颗粒，然后进行油水分离。该法用于处理含油废水中的分散油和乳化油。粗粒化滤料，具有亲油疏水性质。当含油废水通过时，微小油珠便附聚在其表面形成油膜，达到一定厚度后，在浮力和水流剪力的作用下，脱离滤料表面，形成颗粒大的油珠浮升到水面。粗粒化滤料有无机和有机两类，无烟煤、石英砂、陶粒、蛇纹石及聚丙烯塑料等。外形有粒状、纤维状、管状等。

目前国产的 SCF、CYF、YSF 系列油水分离器，可用于处理船舶舱底含油废水及工业企业少量含有各种油类（石油、轻柴油、重油、润滑油）的废水，或用于废油浓缩。但不适用于含乳化油或动物油的废水。含杂质较多的含油废水，应先经预处理除去杂质后，再进行处理。

油水分离器采用重力分离和粗粒化分离相结合的方法，进口含油浓度小于 25000mg/L 时，出口含油浓度为 10mg/L 以下，集油室废油浓度约 90%，分离油珠粒径在 $20\mu m$ 以下。工作压力 0.1～0.2MPa，分离器内压力损失 0.05MPa 以下。可自动或手动排油。采用蒸汽清洗。

4.7　工业废水的化学处理

4.7.1　中和

化工、电镀、化纤、冶金、焦化等企业常有酸性废水排出，而印染、炼油、造纸、金属加工等企业常有碱性废水排出，而酸性废水含有无机酸或有机酸或同时含有无机酸和有机酸，浓度可达 10%。碱性废水含有无机碱或有机碱，浓度可达 10%。

为了保护城镇下水道免遭腐蚀，以及后续处理和生化处理能顺利进行，废水的 pH 宜为 6～9。对于某些化学处理如混凝、除磷等，也要将废水 pH 调节到适宜范围。用化学法去除废水中过量的酸、碱，调节 pH 在中性范围的方法称为中和。当废水含酸或碱浓度偏高，如浓度达 3%，甚至 5%以上时，应考虑是否进行回收利用。如浓度低于 2%，回收利用不经济时，即应采用中和处理。

中和处理方法有三种：酸、碱废水直接混合反应中和，药剂中和，过滤中和等。

1. 中和方法的选择

中和方法的选择要考虑以下因素：

(1) 工业废水含酸或含碱性物质浓度、水质及水量的变化情况；

(2) 酸性废水和碱性废水来源是否相近，含酸、碱总量是否接近；

(3) 有无废酸、废碱可就地利用；

(4) 各种药剂市场供应情况和价格；

(5) 废水后续处理、接纳水体、城镇下水道对废水 pH 的要求。

表 4-9 是酸性废水中和方法比较，表 4-10 是碱性废水中和方法比较，表 4-11 是酸性废水中和方法选择。

酸性废水中和方法比较　　　　　　　　　　　　　　　表 4-9

中和方法	适用条件	主要优点	主要缺点
用碱性废水直接混合反应中和	1. 适用于各种酸性废水； 2. 在邻近处有碱性废水可资利用； 3. 酸、碱废水含酸碱总当量数宜大致相等	1. 以废治废，运行费用少； 2. 如酸、碱当量平衡，水量、水质变化不大时，管理方便	1. 往往酸、碱当量不平衡，所以仍要补充药剂中和； 2. 水量、水质变化大时，要进行均化处理

中和方法	适用条件	主要优点	主要缺点
投药中和	1. 适用于各种酸性废水； 2. 尤其适用于含重金属杂质的酸性废水	1. 适应性强，能去除重金属离子等杂质； 2. 如控制严格可保证出水 pH 达到要求	1. 要求设备较多； 2. 管理要求严格； 3. 当用石灰、电石渣为中和剂时，沉淀泥渣量大； 4. 处理费用较高
固定床过滤中和	1. 适用于含盐酸、硝酸的废水中和； 2. 不含大量悬浮固体、油脂及重金属离子等	1. 设备简单； 2. 操作维护工作量小； 3. 沉渣量少	1. 含悬浮固体和油脂多的废水应做预处理； 2. 不宜用于高浓度含硫酸废水； 3. 储水 pH 偏低，一般不能兼顾去除重金属
升流膨胀过滤中和	1. 适用于含盐酸、硝酸的废水中和； 2. 适用于含硫酸浓度小于 2g/L 的废水中和	1. 设备简单； 2. 滤速较快，反应快，滤池容积较小； 3. 区别于固定床，可处理含硫酸废水	1. 同固定床； 2. 对滤料粒径要求严格
滚筒式中和过滤	1. 适用于含盐酸、硝酸的废水中和； 2. 废水含硫酸浓度可大于 2g/L	对滤料粒径无严格要求	1. 滚筒设备结构复杂，需做防腐层； 2. 电耗高； 3. 噪声大

碱性废水中和方法比较   表 4-10

中和方法	适用条件	主要优点	主要缺点
用酸性废水直接混合反应中和	1. 适用于各种碱性废水； 2. 酸碱废水中酸碱当量最好基本平衡	1. 节省中和药剂，费用省； 2. 当酸、碱总量基本平衡时，设备简化，管理也较简单	1. 废水流量、浓度变化大时； 2. 酸碱总量不平衡时，还需做投药中和处理
加酸中和	用工业酸或者废酸	用废酸或副产品做中和剂时，较经济	用工业酸做中和药剂时，费用高
烟道气中和	1. 要求有大量且连续供给的，能满足中和处理的烟气； 2. 当碱性废水不排出，且烟气继续排放时，应有备用的除尘水	1. 利用烟道气中的二氧化碳、二氧化硫中和废水中的碱性物质，使 pH 降至 6～7，以废治废。 2. 省去除尘用水和酸，费用省	废水经烟气中和后，水温升高，色度、COD、硫化物含量一般均高

酸性废水中和方法选择   表 4-11

废水含酸种类	废水量变化情况	废水含酸浓度(g/L)	中和方法				
			与碱性废水中和	投药中和		过滤中和	
				石灰	碳酸钙	石灰石滤料	白云石滤料
硫酸	水量均匀	<1.2	+	+	V	—	+
		>1.2	+	+	—	—	—
	水量较大	<1.2	V	V	V	—	+
		>1.2	+	V	—	—	—

废水含酸种类	废水量变化情况	废水含酸浓度(g/L)	中和方法				
			与碱性废水中和	投药中和		过滤中和	
				石灰	碳酸钙	石灰石滤料	白云石滤料
盐酸及硝酸	水量均匀	一般≤20	+	+	+	+	+
	水量变化大		+	V	V	+	+
弱酸	水量均匀		+	+	—	—	—
	水量变化大		+	V	—	—	—

注：表中的"+"表示建议采用；"V"表示可以采用；"—"表示不宜采用。

2. 中和处理方法及其工艺计算

（1）酸、碱废水相互中和

1）酸性或碱性废水需要量

利用酸性废水和碱性废水相互中和时，应进行中和能力的计算：

$$Q_1 M_1 n_2 = Q_2 M_2 n_1 \qquad (4\text{-}27)$$

式中　Q_1——酸性废水流量，L/h；

M_1——酸性废水酸的摩尔浓度，mol/L；

n_1——酸的化合价；

Q_2——碱性废水流量，L/h；

M_2——碱性废水碱的摩尔浓度，mol/L；

n_2——碱的化合价。

在中和过程中，酸和碱的当量恰好相等时称为中和反应的等当点。强酸强碱互相中和时，由于生成的强酸强碱盐不发生水解，因此等当点即中性点，溶液的 pH 等于 7.0（标况下）。但若中和的一方为弱酸或弱碱时，由于中和过程中所生成的盐的水解，尽管达到等当点，但溶液并非中性，pH 大小取决于所生成盐的水解度。

2）中和设备及设计计算

中和设备可根据酸碱废水排放规律及水质变化来确定。

① 当水质水量变化较小或后续处理对 pH 要求不严时，可在集水井（或管道、混合槽）内进行连续混合反应。

② 当水质水量变化不大或后续处理对 pH 要求严时，可设连续流中和池。中和时间 t 视水质水量变化情况确定，一般采用 1~2h。有效容积按下式计算：

$$V = (Q_1 + Q_2)t \qquad (4\text{-}28)$$

式中　V——中和池有效容积，m³；

Q_1——酸性废水设计流量，m³/h；

Q_2——碱性废水设计流量，m³/h；

t——中和时间，h。

③ 当水质水量变化较大，且水量较小时，连续流无法保证出水 pH 要求，或出水中还含有其他杂质或重金属离子时，多采用间歇式中和池。池的有效容积可按污水排放周期（如一班或一昼夜）中的废水量计算。中和池至少 2 座（格）交替使用。在间歇式中和池内完成混合、反应、沉淀、排泥等工序。

由于工业废水水质水量变化较大，为了降低后续处理的难度，一般需设置调节池，用于调节水质水量，所以酸碱废水的中和可以结合调节池的设计进行。

（2）投药中和法

1）投药中和法的工艺要点

① 根据化学反应式计算酸、碱药剂的消耗量；

② 药剂有干法投加和湿法投加，湿法投加比干法投加反应完全；

③ 药剂用量应大于理论用量；

④ 如废水量小于 $20m^3/h$，宜采用间歇中和设备；

⑤ 为提高中和效果，常采用 pH 粗调、中调与微调装置，且投药由 pH 计自动控制。

2）中和反应工艺计算包括中和反应计算、投药量计算及沉渣量计算。

① 常见的中和反应如下：

$$H_2SO_4 + Ca(OH)_2 \longrightarrow CaSO_4 \downarrow + 2H_2O$$
$$2HNO_3 + Ca(OH)_2 \longrightarrow Ca(NO_3)_2 + 2H_2O$$
$$2HCl + Ca(OH)_2 \longrightarrow CaCl_2 + 2H_2O$$
$$H_2SO_4 + CaCO_3 \longrightarrow CaSO_4 \downarrow + H_2O + CO_2 \uparrow$$
$$HCl + NaOH \longrightarrow NaCl + H_2O$$
$$H_2SO_4 + 2NaOH \longrightarrow Na_2SO_4 + 2H_2O$$
$$2HCl + CaCO_3 \longrightarrow CaCl_2 + H_2O + CO_2 \uparrow$$

根据化学反应计量式，可计算参与反应物质的理论耗量，如：

$$H_2SO_4 + Ca(OH)_2 \longrightarrow CaSO_4 \downarrow + 2H_2O$$
$$98 74$$

则按上式，当中和 $1kg$ H_2SO_4 时，应消耗 $Ca(OH)_2$ 为：$1 \times 74/98 = 0.76kg$。

而采用 HCl 中和 NaOH 时，则：

$$NaOH + HCl \longrightarrow NaCl + H_2O$$
$$40 36.5$$

按该式，当中和 $1kg$ 100% NaOH，应消耗 HCl 为 $1 \times 36.5/40 = 0.91kg$。常用中和剂的理论耗量就是根据上述化学反应计量式的计算得出的。用于中和酸性废水的碱性药剂单位理论耗量见表 4-12，用于中和碱性废水的酸性药剂单位理论耗量见表 4-13。

中和酸性废水的碱性药剂理论耗量（kg/kg）　　　　　表 4-12

酸类名称	分子量	NaOH	CaO	Ca(OH)$_2$	CaCO$_3$
		40	56	74	100
HCl	36.5	1.1	0.77	1.01	1.37
HNO$_3$	63	0.64	0.45	0.59	0.8
H$_2$SO$_4$	98	0.82	0.57	0.76	1.02
H$_3$PO$_4$	98	1.22	0.86	1.13	1.53
CO$_2$	44	1.82	—	1.63	—

中和碱性废水的酸性药剂理论耗量（kg/kg）　　　　　　　　　表 4-13

碱类名称	分子量	HCl	H₂SO₄	HNO₃
		36.5	98	63
NaOH	40	0.91	1.23	1.37
CaO	56	1.3	1.75	2.25
Ca(OH)₂	74	0.99	1.32	1.70

② 投药量计算，由于实际采用的市售酸碱药剂有不同浓度或不同纯度的产品，因此在应用时，必须将理论消耗量除以酸的百分比浓度，以得出市售产品的用量。碱性物质理论耗量也要除以纯度（%）以得出市售产品的用量。纯度以 a 表示，其值可按药剂分析确定，也可参照以下数据：生石灰含有效 CaO 60%～80%，熟石灰含有效 Ca(OH)₂ 65%～75%，电石渣含有效 CaO 60%～70%，石灰石含有效 CaCO₃ 90%～95%。工业硫酸浓度为 98%，工业盐酸浓度为 36%，工业硝酸浓度为 65%。

在中和酸性废水的实际应用中，废水常含有其他消耗碱的物质，如重金属等杂质，并考虑反应不完全等因素，所以实际消耗碱性药剂的数量，要比理论耗量大。在实际应用中常将理论耗量乘以反应不均匀系数 K，K 值宜用试验确定，也可参照如下数据：当用石灰干投法中和含硫酸废水时，K 为 1.5～2.0；当用石灰乳中和含硫酸废水时，K 为 1.1～1.2；当用石灰中和含盐酸或硝酸废水时，K 为 1.05～1.1；当用石灰中和硫酸亚铁或氧化亚铁时，K 为 1.1；当用氢氧化钠中和硫酸亚铁或氯化亚铁时，K 为 1.2。

总耗药量可按下式计算：

$$G = QCKa/\alpha \tag{4-29}$$

式中　Q——废水流量，m³/h；

　　　C——废水中酸（碱）浓度，kg/m³ 或 g/L；

　　　a——药剂单位理论耗量，kg/kg；

　　　α——药剂纯度或浓度，%；

　　　K——反应不均匀系数。

③ 中和沉渣量计算，中和过程产生的沉渣量应根据试验确定；当无试验资料时，也可按下式估算：

$$G_2 = G(B+e) + Q(S-C_1-d) \tag{4-30}$$

式中　G_2——沉渣量（干重），kg/h；

　　　B——单位药耗产生的盐量，kg/kg，见表 4-14；

　　　e——单位药耗中杂质含量，kg/kg；

　　　Q——废水流量，m³/h；

　　　S——中和处理前废水悬浮物浓度，kg/m³；

　　　C_1——中和处理后废水增加的含盐浓度，kg/m³，见表 4-15；

　　　d——中和处理后废水的悬浮物浓度，kg/m³。

3）酸碱废水药剂中和处理工艺流程

工业酸碱废水药剂中和处理工艺流程如图 4-5 所示。

中和过程单位药耗产生的盐量（kg/kg）　　　　　　　　　表 4-14

酸	盐	NaOH	Ca(OH)$_2$	CaCO$_3$	HCO$_3^-$
盐酸	CaCl$_2$	—	1.53	1.53	—
	NaCl	1.61	—	—	—
	CO$_2$	—	—	0.61	1.22
硫酸	CaSO$_4$	—	1.39	1.39	—
	Na$_2$SO$_4$	1.45	—	—	—
	CO$_2$	—	—	0.45	0.9
硝酸	Ca(NO$_3$)$_2$	—	1.3	1.3	—
	NaNO$_3$	1.25	—	—	—
	CO$_2$	—	—	0.35	0.7

盐类溶解度表（kg/m³）　　　　　　　　　　　　　　表 4-15

盐类名称	0℃	10℃	20℃	30℃
CaSO$_4$·2H$_2$O	1.76	1.93	2.03	2.1
CaCl$_2$	595	650	745	1020
NaCl	375	358	360	360
NaNO$_3$	730	800	880	960
Ca(NO$_3$)$_2$	1021	1153	1293	1526

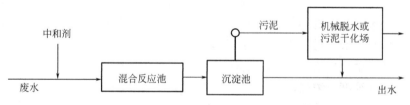

图 4-5　酸碱废水药剂中和处理工艺流程

4）设备和装置，包括石灰乳制备、混合反应、沉淀及沉渣脱水等。

① 石灰乳溶液槽，应设置 2 个，交替使用。采用机械搅拌时，搅拌机一般为 20～40r/min；如用压缩空气搅拌，其强度为 8～10L/(m²·s)；亦可采用水泵搅拌。

② 混合反应装置，当废水量较小、浓度不高、沉渣量少时，可将中和剂投于集水井中，经泵混合，在管道中反应，但应有足够的反应时间。

③ 沉淀池可选择竖流式或平流式。竖流式沉淀池适用于沉渣量少的情况；平流沉淀池适用于沉渣量大、重力排泥困难的情况。如以石灰中和含硫酸废水，沉淀时间可取 1～2h。沉渣体积约为处理废水体积的 10％～15％，沉渣含水率约 95％。沉渣可用泥泵排出。

④ 沉渣脱水装置，中和过程产生的泥渣含水较多。可用泵抽出后，经进一步浓缩，例如采用设有刮泥装置的辐流式浓缩池，并投加凝聚剂处理，以进一步使其含水率下降，然后用真空过滤或压滤机脱水。

（3）固定床过滤中和

固定床过滤中和池，是用固体碱性物质作为滤料构成滤层，当酸性废水流经滤层，废水中的酸与碱性滤料反应而被中和。在中和过程中碱性滤料逐渐消耗，还可能因中和反应产物或废水中的杂质而堵塞滤层，所以要不断补充滤料和定期倒床清理。

废水由水平方向通过滤层的，称为平流式固定床过滤中和池；竖向通过滤层的，称为竖流式固定床过滤中和池。竖流式又分升流式与降流式两种。目前多采用竖流式中和池。碱性滤料为石灰石或白云石，粒径为 30～50mm。滤层高为 1～1.5m。

（4）升流式膨胀中和过滤

升流式膨胀中和过滤池系一圆筒形立式容器，过滤池内装填碱性固体颗粒滤料，酸性废水通过底部布水管进入滤池，并升流向上，使滤层处于膨胀状态，酸、碱中和反应后，由过滤池上部出水。这种膨胀中和过滤池的优点在于滤料膨胀，互相摩擦，反应产生的惰性物质自滤料颗粒表面脱落随水流出，加快了反应速率。一般经中和后出水 pH 可达 4.2～5；出水经脱气塔去除 CO_2 后，pH 可上升至 6～6.5。

升流膨胀过滤中和法的主要设计参数如下：石灰石滤料的粒径为 0.5～3mm，滤层高 1～1.2m；滤料膨胀率为 50％；滤速 60～70m/h；滤池上部清水区高度为 0.5m，滤池总高一般为 3.0m；滤池直径小于等于 2.0m；至少设 2 座中和滤池。滤池下部为卵石承托层，其厚度为 0.15～0.2m；卵石粒径 20～40mm；底部布水管孔径 9～12mm。

如果将滤池下部横截面积减小，上部增大，下部滤速增至 130～150m/h，上部滤速为 40～60m/h，使上部出水带走滤料少，即为变速膨胀中和滤池。

（5）滚筒式过滤中和

滚筒为卧式圆筒，直径大于等于 1m，长为直径的 6～7 倍。内装石灰石滤料，占筒体积 50％。滤料粒径可达 10～20mm。滚筒线速 0.3～0.5m/s，转速 10～20r/min。滚筒转动轴向出水方向倾角 0.5°～1°。滚筒内壁焊有纵向挡板，以带动滤料翻动。由于滚筒内壁与酸接触，所以应做内衬防腐。

该装置的优点是进水硫酸浓度可超过极限数倍，滤料不必破碎到很小粒径，但构造复杂，动力费用高，运行设备噪声较大。

4.7.2 化学沉淀

1. 化学沉淀法原理

向工业废水中投加某些化学物质，使其与水中溶解杂质反应生成难溶盐沉淀，从而使废水中溶解杂质部分或大部分被去除的废水处理方法称为化学沉淀法。

在一定温度下，含有难溶盐的饱和溶液中，各种离子浓度的乘积称为溶度积，它是一个常数。在溶液中有：

$$M_m N_n \Longleftrightarrow mM^{n+} + nN^{m-}$$
$$L_{M_m N_n} = [M^{n+}]^m [N^{m-}]^n \tag{4-31}$$

式中：$M_m N_n$ 表示难溶盐；M^{n+} 表示金属离子；N^{m-} 表示阴离子；[ ] 表示摩尔浓度，mol/l；$L_{M_m N_n}$ 即为溶度积常数。

当 $[M^{n+}]^m [N^{m-}]^n > L_{M_m N_n}$ 时，则溶液处于过饱和状态，这时，会有溶质析出沉淀，直到 $[M^{n+}]^m [N^{m-}]^n = L_{M_m N_n}$ 时为止。如 $[M^{n+}]^m [N^{m-}]^n < L_{M_m N_n}$，溶液处于不饱和状

态，难溶盐继续溶解，也达到 $[M^{n+}]^m[N^{m-}]^n = L_{M_mN_n}$ 时为止。

为了除去废水中的金属离子 M^{n+}，向废水中投加 N^{m-} 离子的化合物，以使 $[M^{n+}]^m[N^{m-}]^n > L_{M_mN_n}$，生成 M_mN_n 沉淀，降低 M^{n+} 离子在废水中的浓度。具有使 M^{n+} 沉淀析出作用的化合物称为沉淀剂。

为了最大限度地使 M^{n+} 沉淀，常常加大沉淀剂的用量。但过多的沉淀剂，可导致相反作用，所以沉淀剂用量一般不宜超过理论用量的 20%～50%。

同样，为了除去废水中的非金属离子 N^{m-}，可向废水中投加含 M^{n+} 离子的化合物，以使 $[M^{n+}]^m[N^{m-}]^n > L_{M_mN_n}$，生成 M_mN_n 沉淀，降低 N^{m-} 离子在废水中的浓度。

化学沉淀法主要用于处理含金属离子或含磷的工业废水。对于去除金属离子的化学沉淀法有氢氧化物沉淀法、硫化物沉淀法、碳酸盐沉淀法、钡盐沉淀法等。含磷废水的化学沉淀处理主要采用投加含高价金属离子的盐来实现。

2. 氢氧化物沉淀法

(1) 原理

以氢氧化物（如 NaOH、Ca(OH)$_2$ 等）作为沉淀剂加入含有金属离子的废水中，生成金属氢氧化物沉淀，从而去除废水中的金属离子的方法，即氢氧化物沉淀法。

金属氢氧化物沉淀受废水 pH 的影响，如以 $M(OH)_n$ 表示金属氢氧化物，则有如下反应：

$$M(OH)_n \rightleftharpoons M^{n+} + nOH^-$$
$$L_{M(OH)n} = [M^{n+}][OH^-]_n$$

此时水亦离解： $\quad H_2O = H^+ + OH^-$

水的离子积： $\quad K_{H_2O} = [H^+][OH^-] = 1 \times 10^{-14}$ （25℃）

代入上式取对数，整理得：

$$\lg[M^{n+}] = 14n - npH - P_{L_{M(OH)n}} \tag{4-32}$$

由式（4-32）可知，金属氢氧化物的生成和状态与溶液的 pH 有直接关系。

(2) 氢氧化物沉淀法的应用

1) 沉淀剂的选择，氢氧化物沉淀法最常用的沉淀剂为石灰，一般适用于浓度较低不回收金属的废水。欲回收废水中的金属时，宜用氢氧化钠为沉淀剂。

2) 控制 pH 是工业废水处理成败的重要条件，由于实际工业废水水质比较复杂，影响因素较多，理论计算的氢氧化物溶解度与 pH 关系和实际情况有出入，所以宜通过试验取得控制条件。

有些金属如 Zn、Pb、Cr、Sn、Al 等的氢氧化物具有两性，当溶液 pH 过高，形成的沉淀又会溶解。以 Zn 为例：

$$Zn(OH)_2 \rightleftharpoons Zn^{2+} + 2OH^-$$
$$Zn(OH)_2 \downarrow + OH^- \rightleftharpoons Zn(OH)_3^-$$
$$Zn(OH)_2 \downarrow + 2OH^- \rightleftharpoons Zn(OH)_4^{2-}$$

Zn 沉淀的 pH 宜为 9，当 pH 再高，就会因络合阴离子的增多，使锌溶解度上升。所以处理过程的 pH 过低或过高都会使处理失败。某些金属氢氧化物沉淀析出的最佳 pH 见表 4-16。

某些金属氢氧化物沉淀析出的最佳 pH　　　　　　　　　　　　　表 4-16

金属离子	Fe^{2+}	Fe^{3+}	Sn^{2+}	Al^{3+}	Cr^{3+}	Cu^{2+}	Zn^{2+}	Ni^{2+}	Pb^{2+}	Cd^{2+}	Mn^{2+}
溶液最佳 pH	5~12	6~12	5~8	5.5~8	8~9	>8	9~10	>9.5	9~9.5	>10.5	10~14
加碱溶液 pH				>8.5	>9		>10.5		>9.5		

应用实例：某厂排出酸性废水，其 pH 为 2~2.5，总铁 1000~1500mg/L，含铜 80~100mg/L。采用石灰石作中和沉淀剂。如采用一步中和法沉淀处理，调废水 pH 至 7.5，出水含铜为 0.08mg/L，总铁 2.5mg/L。但沉渣中含铜只有 0.8%，对回收铜造成困难。为了回收铜采用分级中和处理，即第一级将废水 pH 调到 5~6，使铁沉淀析出，所得沉渣含铁 33%，含铜 0.15%；然后将一级出水再调 pH 至 8.5~9，进行二级沉淀，使铜沉淀析出，所得沉渣含铜 3% 左右，而含铁只有 1% 左右。分级处理既可使出水排放达标，又利于回收资源。

3. 硫化物沉淀法

由于金属硫化物的溶度积远小于金属氢氧化物的溶度积，所以此法去除重金属的效果更佳。经常使用的沉淀剂为硫化钠、硫化钾及硫化氢等。

（1）原理

将可溶性硫化物投加于含重金属的工业废水中，重金属离子与硫离子反应，生成难溶的金属硫化物沉淀而从工业废水中去除重金属的方法，称为硫化物沉淀法。

根据金属硫化物溶度积的大小，金属硫化物析出先后排序为：$Hg^{2+} > Ag^{+} > As^{3+} > Bi^{3+} > Cu^{2+} > Pb^{2+} > Cd^{2+} > Sn^{2+} > Zn^{2+} > Co^{2+} > Ni^{2+} > Fe^{2+} > Mn^{2+}$。排在前面的金属，其硫化物的溶度积比排在后面的溶度积更小，如 HgS 溶度积为 4.0×10^{-53}，而 FeS 的溶度积为 3.2×10^{-18}。

以硫化氢作沉淀剂时，硫化氢在水中离解：

$$H_2S \Longrightarrow H^+ + HS^-$$

$$HS^- \Longrightarrow H^+ + S^{2-}$$

离解常数分别为：

$$K_1 = \frac{[H^+][HS^-]}{H_2S} = 9.1 \times 10^{-8}$$

$$K_2 = \frac{[H^+][HS^-]}{[HS^-]} = 1.2 \times 10^{-15}$$

$$K_1 \times K_2 = \frac{[H^+][S^{2-}]}{H_2S} = 1.09 \times 10^{-22}$$

$$[S^{2-}] = \frac{1.09 \times 10^{-22} \times [H_2S]}{[H^+]^2}$$

又因为在金属硫化物饱和溶液中有：

$$MS \Longrightarrow M^{2+} + S^{2-}$$

$$[M^{2+}] = \frac{L_{MS}}{S^{2-}}$$

则
$$[M^{2+}] = \frac{L_{MS}[H^+]^2}{1.09 \times 10^{-22} \times [H_2S]}$$

在1个标准大气压下，25℃，pH≤6时，H_2S 在水中的饱和度约为 0.1mol/L，将 $[H_2S]=1\times10^{-1}$ mol/L 代入上式得：

$$[M^{2+}] = \frac{L_{MS}[H^+]^2}{1.09 \times 10^{-23}} \tag{4-33}$$

由式（4-33）可知，金属离子的浓度与 $[H^+]^2$ 成正比，即废水 pH 低，金属离子浓度高；反之，pH 高，金属离子浓度低。

（2）硫化物沉淀法处理工业含汞废水

用硫化物沉淀法处理工业含汞废水，应在 pH=9~10 的条件下进行，通常向废水中投加石灰乳和过量的硫化钠，硫化钠与废水中的汞离子反应，生成难溶的硫化汞沉淀：

$$Hg^{2+} + S^{2-} \rightleftharpoons HgS\downarrow$$
$$2Hg + S^{2-} \rightleftharpoons Hg_2S \rightleftharpoons HgS\downarrow + Hg\downarrow$$

生成的硫化汞以很细微的颗粒悬浮于水中，为使其迅速沉淀与工业废水分离，并除去工业废水中过量的硫离子，可再向工业废水中投加硫酸亚铁，这样即可生成 FeS 除去多余的 S^{2-}，同时还会生成 $Fe(OH)_2$ 沉淀，它可以与 HgS 和 FeS 共沉，加快沉淀速度。

$$FeSO_4 + S^{2-} \longrightarrow FeS\downarrow + SO_4^{2-}$$
$$Fe^{2+} + 2OH^- \longrightarrow Fe(OH)_2\downarrow$$

由于硫化汞的溶度积为 4×10^{-53}，低于硫化铁的溶度积 3.2×10^{-18}，所以首先生成 HgS，再生成 FeS，最后才是 $Fe(OH)_2$。

4. 钡盐沉淀法

钡盐沉淀法主要用于处理含六价铬的工业废水。多采用碳酸钡、氯化钡等钡盐作为沉淀剂。以使用碳酸钡为沉淀剂处理含铬酸工业废水为例，有如下反应：

$$H_2CrO_4 + BaCO_3 \longrightarrow BaCrO_4 + CO_2\uparrow + H_2O$$

这是由于铬酸钡的溶度积为 1.6×10^{-10} 小于碳酸钡的溶度积 7.0×10^{-9}，所以可得出 $BaCrO_4$ 沉淀。

上述反应适宜的 pH 为 4.5~5.0，投药比 Cr^{6+}：$BaCO_3$=1：10~1：15。反应时间为20~30min。处理后工业废水除去 $BaCrO_4$ 沉淀后，工业废水中仍残留有过量的钡，可用石膏与之反应而除去：

$$CaSO_4 + Ba^{2+} \rightleftharpoons BaSO_4\downarrow + Ca^{2+}$$

上述反应历时 2~3min。

5. 磷的化学沉淀法

含磷工业废水的化学沉淀可以通过向工业废水中投加含高价金属离子的盐来实现。常用的高价金属离子有 Ca^{2+}、Al^{3+}、Fe^{3+}，聚合铝盐和聚合铁盐除了可以和磷酸根离子形成沉淀外还能起到辅助混凝的效果。由于 PO_4^{3-} 和 Ca^{2+} 的化学反应与 PO_4^{3-} 和 Al^{3+}、Fe^{3+} 相差很大，所以可以分别讨论。

（1）钙盐化学沉淀除磷

Ca^{2+} 通常可以 $Ca(OH)_2$ 的形式投加。当废水 pH 超过 10 时，过量的 Ca^{2+} 会与

PO_4^{3-} 发生反应生成羟磷灰石 $Ca_{10}(PO_4)_6(OH)_2$ 沉淀，其反应方程式如下：

$$10Ca^{2+} + 6PO_4{}^{3-} + 2OH^- \rightleftharpoons Ca_{10}(PO_4)_6(OH)_2$$

需要指出的是，石灰加入工业废水中，会与工业废水中的重碳酸或碳酸碱度反应生成 $CaCO_3$ 沉淀。在实际应用中，由于工业废水中碱度的存在，石灰的投加量往往与磷的浓度不直接相关，而主要与工业废水中的碱度具有相关性。典型的石灰投加量是废水中总碱度（以 $CaCO_3$ 计）的 1.4～1.5 倍。含磷工业废水经石灰沉淀处理后，往往需要再回调 pH 至正常水平，以满足后续处理或者排放的要求。

（2）铝、铁盐化学沉淀除磷

铝盐或铁盐与含磷工业废水中的磷酸根离子发生化学沉淀反应的基本反应方程式如下：

铝盐与工业废水中的磷酸根离子发生化学沉淀的反应式：

$$Al^{3+} + H_nPO_4{}^{3-n} \rightleftharpoons AlPO_4 \downarrow + nH^+$$

铁盐与工业废水中的磷酸根离子发生化学沉淀的反应式：

$$Fe^{3+} + H_nPO_4{}^{3-n} \rightleftharpoons FePO_4 \downarrow + nH^+$$

表面上，$1mol\ Al^{3+}$ 或 Fe^{3+} 可以和 $1mol\ PO_4^{3-}$ 发生反应生成沉淀，但该反应会受到很多竞争反应的影响。工业废水的碱度、pH 等都会对上述反应产生影响。所以实际应用时，不能按照上述反应方程式直接计算铝盐或铁盐的投加量，而需要进行小型试验或规模试验后再决定实际投加量。尤其当采用聚合铝盐或聚合铁盐时，反应会更加复杂。

4.7.3　氧化还原

1. 氧化还原法原理

（1）氧化还原

在化学反应中，参加反应的物质失去电子时，称为被氧化；得到电子时，称为被还原。有得到电子的物质必有失去电子的物质，所以氧化与还原是同时发生的。利用这种化学反应，使工业废水中的有害物质受到氧化或还原，而变成无害或危害较小的新物质，工业废水的这种处理方法称为氧化还原法。

在氧化还原反应中，得到电子而被还原的物质称为氧化剂。失去电子而被氧化的物质称为还原剂。

（2）氧化还原电位

氧化还原反应能否发生或其反应快慢，取决于参加反应物质的氧化还原电位 E^0。表 4-17 为常见物质的标准氧化还原电位。标准氧化还原电位是从相互比较得到的相对数值，对比的基准是取氧的标准电位值为零，即 $2H^+ + 2e \rightleftharpoons H_2$，$E^0(2H^+/H_2) = 0$。凡排位在前者可作为排位在后者的还原剂，相反，排位在后者可作为排位在前者的氧化剂。例如 $E^0(Cl_2/2Cl^-) = 1.36V$，正值电位较大，其氧化态 Cl 就是较强的氧化剂，而其还原态只有微弱的还原能力。又如 $E^0(Fe^{2+}/Fe) = -0.44V$，负值电位较大，其还原态 Fe 转化为氧化态 Fe^{2+} 时，可作为较强的还原剂。

标准氧化还原电位表

表 4-17

电极反应	E^0 (V)	电极反应	E^0 (V)
$OCN^- + H_2O + 2e = CN^- + 2OH^-$	-0.97	$H_2AsO_4 + 2H^+ + 2e = HAsO_2 + 2H_2O$	0.56
$SO_4^{2-} + H_2O + 2e = SO_3^{2-} + 2OH^-$	-0.93	$Fe^{3+} + e = Fe^{2+}$	0.77
$Zn^{2+} + 2e = Zn$	-0.76	$Ag^+ + e = Ag$	0.80
$Fe^{2+} + 2e = Fe$	-0.44	$NO_3^- + 3H^+ + 2e = HNO_2 + H_2O$	0.94
$Cd^{2+} + 2e = Cd$	-0.40	$Br_2 + 2e = 2Br^-$	1.07
$Ni^{2+} + 2e = Ni$	-0.25	$ClO_2 + e = Cl^-$	1.16
$Sn^{2+} + 2e = Sn$	-0.14	$CrO_7^{2-} + 14H^+ + 6e = 2Cr^{3+} + 7H_2O$	1.33
$CrO_4^{2-} + 4H_2O + 3e = Cr(OH)_3 + 5OH^-$	-0.13	$Cl_2 + 2e = 2Cl^-$	1.36
$Pb^{2+} + 2e = Pb$	-0.13	$HOCl + H^+ + 2e = Cl^- + H_2O$	1.49
$2H^+ + 2e = H_2$	0.00	$MnO_4^- + 8H^+ + 5e = Mn^{2+} + 4H_2O$	1.51
$S + 2H^+ + 2e = H_2S$	0.14	$HClO_2 + 3H^+ + 4e = Cl^- + 2H_2O$	1.57
$Sn^{4+} + 2e = Sn^{2+}$	0.15	$H_2O_2 + 2H^+ + 2e = 2H_2O$	1.77
$Cu^{2+} + e = Cu^+$	0.15	$ClO_2 + 4H^+ + 5e = Cl^- + 2H_2O$	1.95
$Cu^{2+} + 2e = Cu$	0.34	$S_2O_8^{2-} + 2e = 2SO_4^{2-}$	2.01
$Fe(CN)_6^{3-} + e = Fe(CN)_6^{4-}$	0.36	$O_3 + 2H^+ + 2e = O_2 + H_2O$	2.07
$O_2 + 2H_2O + 4e = 4OH^-$	0.40	$F_2 + 2e = 2F^-$	2.87
$I_2 + 2e = 2I^-$	0.54		

2. 氧化法及其应用

(1) 常用氧化剂

工业废水处理工程常用的氧化剂有：高锰酸钾 $KMnO_4$、氯气 Cl_2、漂白粉 $CaOCl_2$、次氯酸钠 $NaOCl$、二氧化氯 ClO_2、氧 O_2、臭氧 O_3 及过氧化氢（双氧水）H_2O_2 等。

1) 氯属于强氧化剂，其标准电位 E^0（$Cl_2 + 2e = 2Cl^-$）为 1.36V。可用于杀菌消毒、脱色、除臭和氧化氰化物等。

2) 次氯酸钠的氧化作用与氧气相同。使用它可免去使用氯带来的操作上的麻烦。次氯酸钠也可用于消毒、杀菌、灭菌和工业废水（如电镀含氰废水）的处理。

3) 二氧化氯遇水会迅速分解而生成多种强氧化剂 $HClO_3$、Cl_2、H_2O_2 等，由于这些氧化剂的组合，产生了氧化能力极强的自由基。它能激发有机环上不活泼氧，通过脱氧反应生成 R·自由基，成为进一步氧化反应的诱发剂。自由基还能通过羟基的取代将芳环上的—SO_3H、—NO_2 等基团取代下来，形成不稳定的羟基取代中间体。所以易于将环裂解，分解为无机物。据称，二氧化氯的氧化能力是次氯酸的 9 倍多，且不生成氯仿等有害物质。

4) 过氧化氢可用作杀菌剂、漂白剂、氧化剂等。适合于处理多种含有毒和有气味化合物的工业废水，以及含难降解的有机工业废水，如含酚、氰及硫化物废水。过氧化氢在紫外光照射下或加入催化剂，可大大提高其氧化能力。

5) 臭氧是一种强氧化剂。在工业废水处理中对除臭、脱色、杀菌、除酚、除氰、除铁、除锰以及去除 BOD、COD 等都有显著效果。反应后，工业废水中剩余臭氧分解形成溶解氧，一般不产生二次污染。臭氧的制取方法很多，工业上常用无声放电法制取。工业用无声放电法生产臭氧的发生器，按其电极构造的不同，可分为板式与管式。我国常用管式臭氧发生器。

（2）氯氧化法的应用

氯作为氧化剂在给水和工业废水处理领域的应用已经有很长历史了。可以用于去除氰化物、硫化物、醇、醛等，并可用于杀菌、防腐、脱色和除臭等。在工业废水处理领域主要用于脱色和去除氰化物。

氰化物的去除主要采用碱性氧化法。碱性氧化法是在碱性条件下，采用次氯酸钠、漂白粉、液氯等氯系氧化剂将氰化物氧化。其基本原理是利用次氯酸根离子的氧化作用。

将氯、次氯酸钠或漂白粉溶于水中都能生成次氯酸：

$$Cl_2 + H_2O \longrightarrow HOCl + HCl$$

$$2CaOCl_2 + 2H_2O \longrightarrow 2HOCl + Ca(OH)_2 + CaCl_2$$

$$HOCl \rightleftharpoons H^+ + OCl^-$$

碱性氧化法常用的有局部氧化法和完全氧化法两种工艺。

1）局部氧化法

氰化物在碱性条件下被氯氧化成氰酸盐的过程，常称为局部氧化法，其反应式如下：

$$CN^- + ClO^- + H_2O \xrightarrow{慢} CNCl + 2OH^-$$

$$CNCl + 2OH^- \xrightarrow{快} CNO^- + Cl^- + H_2O$$

上述第一个反应，pH 可为任何值，反应速度较慢，第二个反应，pH 最小为 9～10，建议采用 11.5，反应速率很快。反应的中间产物氯化氰是剧毒气体，必须立即消除。同时 CNCl 也很不稳定，在高 pH 条件下，很快会转化为氰酸盐，氰酸盐的毒性是 HCN 的 1‰。

2）完全氧化法

完全氧化法是继局部氧化法后，再将生成的氨酸根 CNO$^-$ 进一步氧化成 N$_2$ 和 CO$_2$，消除氰酸盐对环境的污染。

$$2CNO^- + 3OCl^- \longrightarrow CO_2 \uparrow + N_2 \uparrow + 3Cl^- + CO_3^{2-}$$

pH 宜控制在 8～8.5，pH 过高（＞12）会导致反应停止；pH 也不能太低（＜7.6），否则连续进水时，会导致剧毒的 HCN 从工业废水中逸出。

氧化剂的用量一般为局部氧化法的 1.1～1.2 倍。完全氧化法处理含氰工业废水必须在局部氧化法的基础上才能进行，药剂应分两次投加，以保证有效地破坏氰酸盐，适当的搅拌可加速反应进行。

（3）臭氧氧化法及应用

1）臭氧氧化的接触反应装置，臭氧氧化接触反应装置有多种类型，分为气泡式、水膜式和水滴式 3 种。无论哪种装置，其设计宗旨都要利于臭氧的气相与水的液相之间的传质。同时需要臭氧与污染物质的充分接触。臭氧与污染物质的化学反应进行得快慢，不但与化学反应速率大小有关，同时也受相间传质速率大小的制约。例如臭氧与某些易于与其反应的污染物质如氰、酚、亲水性染料、硫化氢、亚硝酸盐、亚铁等之间的反应速率非常快，此时反应速率往往受制于传质速率。又如一些难氧化的有机物，如饱和脂肪酸、合成类表面活性剂等，臭氧对它们的氧化反应就非常慢，相间传质很少对其构成影响。所以选择何种接触反应装置，要根据处理对象的特点决定。

2）尾气处理，由于臭氧与工业废水不可能完全反应，自反应器中排出的尾气会含有一定浓度的臭氧和反应产物。空气中臭氧浓度为 0.1mg/L 时，眼、鼻、喉会感到刺激；浓度为 1~10mg/L 时，会感到头痛，出现呼吸器官局部麻痹的症状；浓度为 15~20mg/L 时，可能致死。其毒性还与接触时间有关。因此，需要对臭氧尾气进行处理。尾气处理方法有燃烧法、还原法和活性炭吸附法等。

3）臭氧处理工艺设计

① 臭氧发生器的选择

A. 臭氧需要量计算：

$$G = KQC \tag{4-34}$$

式中　G——臭氧需要量，g/h；

　　　K——安全系数，取 1.06；

　　　Q——废水量，m^3/h；

　　　C——臭氧投加量，mgO_3/L，根据试验确定。

B. 臭氧化空气量计算：

$$G_干 = G/G_{O_3} \tag{4-35}$$

式中　$G_干$——臭氧化干燥空气量，m^3/h；

　　　G_{O_3}——臭氧化空气的臭氧浓度，一般取 10~14g/m^3。

C. 臭氧发生器的气压计算：

$$H > h_1 + h_2 + h_3 \tag{4-36}$$

式中　H——臭氧发生器的工作压力，m；

　　　h_1——臭氧接触反应器的水深，m；

　　　h_2——臭氧布气装置（如扩散板、管等）的阻力损失，m；

　　　h_3——输气管道的阻力损失，m。

根据 G、$G_干$ 和 H，可选择臭氧发生器，且宜有备用。备用台数占 50%。

② 臭氧接触反应器的容积：

$$V = \frac{Qt}{60} \tag{4-37}$$

式中　V——臭氧接触反应器的容积，m；

　　　t——水力停留时间，应按试验确定，一般为 5~10min。

4）臭氧氧化法的应用

臭氧氧化法在废水处理中主要用于氧化污染物，如降低 BOD、COD，脱色，除臭，除味，杀菌，杀藻，除铁、锰和氰、酚等。

① 印染废水处理

臭氧氧化法处理印染废水，主要用来脱色。一般认为，染料的颜色是由于染料分子中有不饱和原子团存在，能吸收一部分可见光的缘故。这些不饱和的原子团称为发色基团。臭氧能将不饱和键打开，最后生成有机酸和醛类等分子较小的物质，使之失去显色能力。采用臭氧氧化法脱色，能将含活性染料、阳离子染料、酸性染料、直接染料等水溶性染料的废水几乎完全脱色，对不溶于水的分散染料也能获得良好的脱色效果，但对硫化、还原、涂料等不溶于水的染料，脱色效果较差。

② 含氰废水处理

在电镀铜、锌、镉的过程中，都会排出含氰废水。氰与臭氧的反应为：

$$2KCN + 3O_3 \longrightarrow 2KCNO + 2O_2 \uparrow$$

$$2KCNO + H_2O + 3O_3 \longrightarrow 2KHCO_3 + N_2 \uparrow + 3O_2 \uparrow$$

按上述反应，处理到第一阶段，每去除 1mg CN^- 需臭氧 1.84mg，生成的 CNO^- 的毒性为 CN^- 的 1‰。

氧化到第二阶段的无害状态时，每去除 1mg CN^- 需臭氧 4.61mg。应用臭氧、活性炭同时处理含氰废水，活性炭能催化臭氧的氧化，降低臭氧消耗量。向废水中投加微量的铜离子，也能促进氰的分解。臭氧用于含氰废水处理，不加入其他化学物质，所以处理后的水质好，操作简单，但由于臭氧发生器电耗较高，设备投资较大等原因，目前应用较少。但有人认为，从综合经济效益讲，臭氧氧化法优于碱性氯化法。

③ 含酚废水处理

臭氧能氧化酚，同时产生 22 种介于酚和 CO_2 与 H_2O 的中间产物，反应的最佳 pH 是 12。臭氧的消耗量是 $\dfrac{4\sim 6\,mol\,O_3}{mol\ 酚}$，同时由于实际效率的影响，在气相时，臭氧的实际需要量达 $\dfrac{25\,mol\,O_3}{mol\ 酚}$ 左右。

5）臭氧氧化法的优缺点，臭氧氧化法的优点是：氧化能力强，对除臭、脱色、杀菌、去除有机物和无机物都有显著的效果；处理后废水中的臭氧易分解，不产生二次污染；制备臭氧用的空气和电不必储存、运输，操作管理方便，处理过程不产生污泥。缺点是：造价高，处理成本高。

（4）过氧化氢氧化法及其应用

用于废水处理的过氧化氢 H_2O_2 常为 30%～50% 的溶液。

在碱性条件（pH=9.5）下，过氧化氢可将甲醛氧化：

$$2CH_2O + H_2O_2 + 2OH^- \longrightarrow 2HCOO^- + H_2 + 2H_2O$$

在 pH=10～12 条件下，过氧化氢可有效地破坏氰化物；

$$CN^- + 2H_2O \longrightarrow NH_4^+ + CO_3^{2-}$$

$$OCN^- + 2H_2O \longrightarrow NH_4^+ + CO_3^{2-}$$

以上反应都是单独使用 H_2O_2 的情况，其氧化反应过程很缓慢。近年来过氧化氢已广泛用于去除有毒物质，特别是难处理的有机物。其做法是投加催化剂以促进氧化过程。常用催化剂是硫酸亚铁（Fenton 试剂）、络合 Fe（Fe-EDTA）、Cu 或 Mn，或使用天然酶。但最常用的是 $FeSO_4$。

（5）光催化氧化法

光催化氧化法是利用光和氧化剂共同作用，强化氧化反应分解工业废水中有机物或无机物，去除有害物质。

常用氧化剂有臭氧、氯、次氯酸盐、过氧化氢等。常用光源为紫外光（UV）。光对污染物质的氧化分解起催化作用。

1）UV-H_2O_2 系统，当 H_2O_2 被紫外光激活后，反应产物是·OH 自由基。有如下反应：

$$H_2O_2 \xrightarrow{UV} 2 \cdot OH$$

利用 UV-H_2O_2 系统可有效处理多种机有物，包括苯、甲苯、二甲苯、三氯乙烯，还有难降解的有机物如三氯甲烷、丙酮、三硝基苯以及 n-辛烷等。UV-H_2O_2 系统适于处理低色度、低浊度和低浓度工业废水。

2）UV-Cl 系统，氯在水中生成的次氯酸，在紫外光作用下，能分解生成初生态氧 [O]，[O] 具有很强的氧化作用。它在光照下，可将含碳的有机物氧化成 CO_2 和 H_2O。

$$Cl_2 + H_2O \longrightarrow HOCl + HCl$$

$$HOCl \xrightarrow{UV} HCl + [O]$$

$$[H\text{-}C] + [O] \xrightarrow{UV} H_2O + CO_2$$

式中，[H-C] 表示含碳有机物。

3）UV-O_3 系统，臭氧-紫外光系统可显著地加快工业废水中有机物的降解。对于芳香烃类及含卤素等有机物的氧化也很有效。O_3 与 UV 之间有协同作用：

$$O_3 \xrightarrow{UV} O + O_2$$

$$O + H_2O \xrightarrow{UV} H_2O_2$$

$$H_2O_2 \xrightarrow{UV} 2 \cdot OH$$

臭氧在紫外光照射下的显著优点在于加速了臭氧的分解，同时促使有机物形成大量活化分子。因此臭氧氧化效果更加显著。

3. 还原法及其应用

还原法是用投加还原剂或电解的方法，使工业废水中的污染物质经还原反应转变为无害或低害新物质的工业废水处理方法。这里以处理含铬废水为例介绍药剂还原法。

（1）处理原理。在酸性条件下，利用还原剂将 Cr^{6+} 还原为 Cr^{3+}，再用碱性药剂调节 pH 在碱性条件下，使 Cr 形成 $Cr(OH)_3$ 沉淀而去除。

（2）还原反应，常用的还原剂有亚硫酸钠、亚硫酸氢钠、硫酸亚铁等。它们与 Cr^{6+} 的还原反应都宜在 pH＝2～3 的条件下进行。亚硫酸氢钠还原 Cr^{6+} 的反应为：

$$2H_2CrO_7 + 6NaHSO_3 + 3H_2SO_4 \longrightarrow 2Cr_2(SO_4)_3 + 3Na_2SO_4 + 8H_2O$$

亚硫酸钠还原 Cr^{6+} 的反应为：

$$H_2CrO_7 + 3Na_2SO_3 + 3H_2SO_4 \longrightarrow Cr_2(SO_4)_3 + 3Na_2SO_4 + 4H_2O$$

硫酸亚铁还原 Cr^{6+} 的反应为：

$$H_2CrO_7 + 6FeSO_4 + 6H_2SO_4 \longrightarrow Cr_2(SO_4)_3 + 3Fe_2(SO_4)_3 + 7H_2O$$

将 Cr^{6+} 还原成 Cr^{3+} 后，可将废水 pH 调节至 7～9，此时 Cr^{3+} 生成 $Cr(OH)_3$ 沉淀：

$$Cr_2(SO_4)_3 + 6NaOH \longrightarrow 2Cr(OH)_3 \downarrow + 3Na_2(SO_4)_3$$

或

$$Cr_2(SO_4)_3 + 3Ca(OH)_2 \longrightarrow 2Cr(OH)_3 \downarrow + 3CaSO_4$$

如用 $FeSO_4$ 作还原剂，则同时生成 $Fe(OH)_2$ 沉淀。

（3）反应条件

1）用亚硫酸盐还原时，废水六价铬浓度一般宜为 100～1000mg/L。用硫酸亚铁还原时，废水六价铬浓度宜为 $50\sim100mg/L$。

2）还原反应 pH 宜控制为 $1\sim3$。

3）投药量：当用亚硫酸盐作还原剂时，1 份质量六价铬消耗还原剂为 4 份。当用 $FeSO_4 \cdot 7H_2O$ 作还原剂时，1 份质量六价铬消耗还原剂为 $25\sim30$ 份。

4）还原反应时间约为 30min。

5）$Cr(OH)_3$ 沉淀时的 pH 宜控制为 $7\sim9$。

4.7.4　电解

1. 作用原理

电解质溶液在电流的作用下，发生电化学反应的过程称为电解。与电源负极相连的电极从电源接受电子，称为阴极；与电源正极相连的电极把电子传递给电源，称为阳极。在电解过程中，阴极放出电子，使工业废水中的阳离子得到电子而被还原；阳极得到电子，使工业废水中的阴离子失去电子而被氧化。因此工业废水电解时在阳极和阴极上发生了氧化还原反应。产生的新物质或沉积在电极上，或沉淀在水中，或生成气体从水中溢出，从而降低了工业废水中有毒物质的浓度。这种利用电解原理来处理工业废水的方法称为电解法，可对废水进行氧化处理、还原处理、凝聚处理及浮上处理。

2. 基本理论

（1）法拉第电解定律

电解时在电极上析出或溶解的物质质量与通过的电量成正比，并且每通过 96487C 的电量，在电极上发生反应而改变的物质量均为 1g 当量。公式表示为：

$$G = \frac{EQ}{F} = \frac{EIt}{F} \tag{4-38}$$

式中　G——析出或溶解的物质质量，g；

　　　E——物质的克当量；

　　　Q——通过的电量，C；

　　　I——电流强度，A；

　　　t——电解时间，s；

　　　F——法拉第常数，96487C/当量。

（2）分解电压

能使电解正常进行所需要的最小外加电压称为分解电压。分解电压的大小受以下因素影响：

1）浓差极化作用。由于电解时离子的扩散运动不能立即完成，靠近电极表面溶液薄层内的离子浓度与溶液内部的离子浓度不同，结果产生一种浓度差电池，其电位差同外加电压方向相反，这种现象称浓差极化。浓差极化可以通过加强搅拌的方法使之减小，但由于存在电极表面扩散作用，不可能完全把它消除。

2）化学极化作用。由于在电解时两极析出的产物构成了原电池。该原电池电位差也与外加电压方向相反，这种现象称为化学极化。

3）电解液中离子的运动受到一定的阻碍，需要一定的外加电压予以克服，其值为 IR，I 为电解时通过的电流，R 为电解液的电阻。

此外，分解电压还与电极的性质、废水性质、电流密度及电解液温度等因素有关。

3. 电解槽构造

电解槽的形式多采用矩形。按水流方式可分为回流式电解槽和翻腾式电解槽两种。回流式电解槽内水流的路程长，离子能充分地向水中扩散，电解槽容积利用率高，但施工和检修困难。翻腾式电解槽的极板采取悬挂方式固定，防止极板与池壁接触，可减少漏电现象，更换极板较回流式方便，也便于施工维修。极板电路有单极板电路和双极板电路两种，双极板电路的优点在于极板即使相接触也不致电极短路。这种方式便于缩小极板间距，从而节省设备费和运行费，故常被采用。极板间距一般为30～40mm。

4. 电解法的应用

（1）处理含氰废水，电解氧化含氰废水有不投加食盐和投加食盐之分。不投加食盐时，反应式为：

$$2(OH)^- + CN^- - 2e \longrightarrow CNO^- + H_2O$$

$$CNO^- + 2H_2O \longrightarrow NH_4^+ + CO_3^{2-}$$

$$2CNO^- + 4(OH)^- - 6e \longrightarrow 2CO_2 \uparrow + N_2 \uparrow + 2H_2O$$

投加食盐时，反应式为：

$$2Cl^- - 2e \longrightarrow 2[Cl]$$

$$CN^- + 2[Cl] + 2OH^- \longrightarrow CNO^- + 2Cl^- + H_2O$$

$$2CNO^- + 6[Cl] + 4OH^- \longrightarrow 2CO_2 \uparrow + N_2 \uparrow + 6Cl^- + 2H_2O$$

氧化反应过程会生成有毒气体 HCN，应加强通风。极板一般采用石墨阳极。极板间距30～50mm。采用压缩空气搅拌。

（2）处理含酚废水，用电解氧化法去除酚通常以石墨作为电极。为了加强氧化反应，并降低电耗，要向电解槽内投加食盐，其投加量一般为20g/L。

电解氧化处理含酚废水时，电流密度一般采用 $1.5 \sim 6A/dm^2$，电解历时 6～40min。废水中含酚浓度可从 250～600mg/L 降低到 0.8～4.3mg/L。

（3）处理含铬废水

在工业废水处理中，常利用电解还原处理含铬废水，六价铬在阳极还原。采用钢板作电极，通过直流电，铁阳极溶解出亚铁离子，将六价铬还原为三价铬，亚铁氧化为三价铁：

$$Fe - 2e \longrightarrow Fe^{2+}$$

$$Cr_2O_7^{2-} + 6Fe^{2+} + 14H^+ \longrightarrow 2Cr^{3+} + 6Fe^{3+} + 7H_2O$$

$$Cr_2O_4^{2-} + 3Fe^{2+} + 8H^+ \longrightarrow Cr^{3+} + 3Fe^{3+} + 4H_2O$$

在阴极主要为 H^+ 反应，析出氢气。废水中的六价铬可直接还原为三价铬。反应如下：

$$2H^+ + 2e \longrightarrow H_2 \uparrow$$

$$Cr_2O_7^{2-} + 6e + 14H^+ \longrightarrow 2Cr^{3+} + 7H_2O$$

$$Cr_2O_4^{2-} + 3e + 8H^+ \longrightarrow 2Cr^{3+} + 4H_2O$$

电解过程由于析出氢气，pH 逐渐上升，从 4.0～6.5 上升至 7.0～8.0。在这种条件下，有如下反应：

$$Cr^{3+} + 3OH^- \longrightarrow Cr(OH)_3 \downarrow$$

$$Fe^{3+} + 3OH^- \longrightarrow Fe(OH)_3 \downarrow$$

阳极溶解产生的 Fe^{2+} 还原 Cr^{6+} 成 Cr^{3+} 是电解还原的主反应；而阴极直接将 Cr^{6+} 还原

成 Cr^{3+} 是次反应。这可从铁阳极受到严重腐蚀得到证明。所以采用铁阳极,且在酸性条件下进行电解,可以提高电解效率。

应当注意的是,电解反应的同时,在阳极上还有如下反应:

$$4OH^- - 4e \longrightarrow 2H_2O + O_2 \uparrow$$
$$3Fe + 2O_2 \longrightarrow FeO + Fe_2O_3$$

两反应相加:

$$8OH^- + 3Fe - 8e \longrightarrow Fe_2O_3 \cdot FeO + 4H_2O$$

由于电极表面生成 $Fe_2O_3 \cdot FeO$ 钝化膜,阻碍了 Fe^{2+} 进入工业废水中,而使反应缓慢。为了维持电解的正常进行,要定时清理阳极的钝化膜。人工清除钝化膜是较繁重的劳动。一般可将阴、阳极调换使用。利用阴极上产生氢气的还原和撕裂作用,可清除钝化膜,反应如下:

$$2H^+ + 2e \longrightarrow H_2 \uparrow$$
$$Fe_2O_3 + 3H_2 \longrightarrow 2Fe + 3H_2O$$
$$FeO + H_2 \longrightarrow Fe + H_2O$$

4.8 工业废水的物理化学处理

4.8.1 混凝

1. 工业废水处理混凝影响因素

工业废水处理影响因素主要包括:水温、pH 及碱度、水中杂质浓度、水力条件等。

(1) 水温。低温条件下混凝效果较差,主要因为:①无机盐水解吸热;②温度降低,黏度升高,布朗运动减弱;③胶体颗粒水化作用增强,妨碍凝聚。

(2) pH 及碱度。无机盐水解,造成 pH 下降,影响水解产物形态。根据水质、去除对象不同,最佳 pH 范围也不同。有时需碱度来调整 pH,碱度不够时需要投加石灰。

(3) 水中杂质浓度。水中杂质浓度低,颗粒间碰撞概率下降,混凝效果差。解决方法:①投加高分子助凝剂;②投加黏土;③投加混凝剂后直接过滤。

2. 常用混凝剂和助凝剂

(1) 常用混凝剂

工业废水处理中应用的混凝剂种类较多,常用的混凝剂及其分类见表 4-18。

常用混凝剂及分类　　　　　　　　　　　　　　　　　　表 4-18

类别		混凝剂	特点
无机混凝剂	铝系	硫酸铝	适宜 pH:5.5~8
		明矾聚合氯化铝(PAC)	
		聚合硫酸铝(PAS)	
	铁系	三氯化铁	适宜 pH:5~11。但腐蚀性强
		硫酸亚铁、硫酸铁(国内生产少)	
		聚合硫酸铝	
		聚合氯化铁	

续表

类别		混凝剂	特点
有机混凝剂	人工合成	阳离子型:含氨基、亚氨基的聚合物	国外开始增多,国内尚少
		阴离子型:水解聚丙烯酰胺(HPAM)	
		非离子型:聚丙烯酰胺(PAM)、聚氧化乙烯	
		两性型:聚合铝/铁-聚丙烯酰胺	使用较少
	天然	淀粉、动物胶、树胶、甲壳素等	
		微生物絮凝剂	

(2) 助凝剂

工业废水处理中应用的助凝剂种类也较多,常用助凝剂及其分类有:①酸碱类:调整水的 pH,如石灰、硫酸等。②加大絮体的粒度和结实性,如活化硅酸($SiO_2 \cdot nH_2O$)、骨胶、高分子絮凝剂。③氧化剂类:破坏干扰混凝的物质(如有机物),如投加 Cl_2、O_3 等。助凝剂在混凝过程中可能参与混凝,也可能不参与混凝。

4.8.2 气浮

1. 气浮法原理

利用高度分散的微小气泡作为载体黏附于工业废水中污染物上,使其浮力大于重力和上浮阻力,从而使污染物上浮至水面,形成泡沫,然后用刮渣设备自水面刮除泡沫,实现固液分离的过程称为气浮法。

(1) 气浮过程的必要条件是:在被处理的工业废水中,应分布大量细微气泡,并使被处理的污染物质呈悬浮状态,且悬浮颗粒表面应呈疏水性,易于黏附于气泡上而上浮。

(2) 悬浮颗粒与气泡黏附的原理,水中悬浮颗粒能否与气泡黏附主要取决于颗粒表面的性质。颗粒表面易被水湿润,该颗粒属亲水性;如不易被水湿润,属疏水性。亲水性与疏水性可用气、液、固三相接触时形成的接触角大小来判别。在气、液、固三相接触时,固、液界面张力线和气、液界面张力线之间的夹角以 θ 表示。为了便于讨论,水、气、固体颗粒三相分别用 1、2、3 表示,如图 4-6 所示。如 $\theta < 90°$ 为亲水性颗粒,不易与气泡黏附;$\theta > 90°$ 为疏水性颗粒,易与气泡黏附。在气、液、固相接触时,三个界面张力总是平衡的。

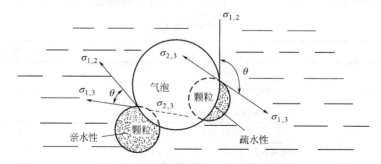

图 4-6　亲水性与疏水性物质的接触角

水中颗粒的湿润接触角（θ）是随水的表面张力（$\sigma_{1,2}$）的不同而改变的。增大水的表面张力（$\sigma_{1,2}$），可以使接触角增加，有利于气、粒结合。反之，则有碍于气、粒结合。接触角大才能形成牢固结合的气-粒气浮体。

2. 投加化学药剂对气浮效果的促进

（1）投加表面活性剂维持泡沫的稳定性

当气泡作为载体黏附污染物上浮至水面形成泡沫后，再用刮渣机将泡沫层刮除。这要求泡沫层相对稳定，如不待刮渣，泡沫就破灭，浮上分离的污染物又回到工业废水中，会降低处理效果。为维持泡沫的稳定性，可适当投加表面活性剂。

（2）利用混凝剂脱稳，以工业废水中的油颗粒为例，表面活性物质的非极性端吸附于油粒上，极性端伸向水中，极性端在水中电离，使油粒被包围一层负电荷，产生双电层，增大了ξ电位，不仅阻碍油粒兼并，也影响油粒与气泡黏附。为此在气浮之前，宜将乳化稳定体系脱稳、破乳。破乳的方法可采用投加混凝剂，使工业废水中增加相反电荷的胶体，压缩双电层，降低ξ电位，使其电性中和，促使工业废水中污染物破乳凝聚，以利于与气泡黏附而上浮。

常用的混凝剂有聚合氯化铝、聚合硫酸铁、三氯化铁、硫酸亚铁和硫酸铝等。其投加剂量宜根据试验确定。如果工业废水中含有硫化物，则不宜使用铁盐作混凝剂，以免生成硫化铁稳定胶体。

（3）投加浮选剂改变颗粒表面性质，浮选剂大多数是由极性-非极性分子所组成的。其分子一端为极性基，易溶于水（因水是强极性分子），另一端为非极性基，有疏水性。例如肥皂中的硬脂酸，它的$C_{17}H_{35}$是非极性端，有疏水性质；而COOH是极性端，有亲水性质。所以把极性-非极性分子称为两亲分子。

浮选剂的极性基团能选择性地被亲水性颗粒所吸附；非极性基团则朝向水，所以亲水性颗粒的表面就转化为疏水性物质而黏附在气泡上，随气泡上浮至水面上。

分离造纸废水中的纸浆可采用动物胶、松香等作浮选剂。动物胶投量为3.5mg/L，松香、铝矾土、甲醛各0.3mg/L，氢氧化钠0.1mg/L。

3. 气浮法分类

根据气泡产生方式的不同，气浮法分为三种类型：散气气浮法、溶气气浮法和电解气浮法。

（1）散气气浮法

散气气浮法有扩散板散气气浮法和叶轮气浮法。

1）扩散板散气气浮法，通过微孔陶瓷、微孔塑料等板管将压缩空气形成气泡分散于水中实现气浮。此法简单易行，但所得气泡偏大，气泡直径可达1～10mm。气浮效果不佳。

2）叶轮气浮法，将空气引至高速旋转叶轮，利用旋转叶轮造成负压吸入空气，废水则通过叶轮上面固定盖板上的小孔进入叶轮，在叶轮搅动和导向叶片的共同作用下，空气被粉碎成细小气泡。叶轮通过轴由位于水面以上的电机带动。叶轮气浮宜用于悬浮物浓度高的废水，设备不易堵塞。

（2）溶气气浮法

溶气气浮法有溶气真空气浮法和加压溶气气浮法。

1）溶气真空气浮法

工业废水在常压下被曝气，使其充分溶气，然后在真空条件下使工业废水中溶气析出形成细微气泡，黏附颗粒杂质上浮于水面形成泡沫浮渣而除去。此法的优点是：气泡形成、气泡黏附于颗粒以及混凝体的上浮都处于稳定环境，絮体很少被破坏。气浮过程能耗小。缺点是：溶气量小，不适于处理含悬浮物浓度高的工业废水；气浮在负压下运行，刮渣机等设备都要求在密封气浮池内，所以气浮池的结构复杂，维护运行困难，故此法应用较少。

2）加压溶气气浮法

① 工作原理。在加压条件下，使空气溶于水中，形成空气过饱和状态。然后减至常压，使空气析出，以微小气泡释放于水中，实现气浮。此法形成气泡小，约 $20\sim100\mu m$，处理效果好，应用广泛。

② 基本流程。加压溶气气浮又分三种流程：全溶气流程、部分溶气流程和回流加压溶气流程。全溶气流程是将被处理的工业废水全部进行加压溶气，然后再经释放器进入气浮池，进行固液分离。部分溶气流程是将被处理工业废水的一部分进行加压溶气，其余废水直接进入浮选池。由于是部分水加压溶气，所以相对于全溶气流程，气泡量较少。如欲增大溶气量，则应提高溶气罐的压力。回流加压溶气流程是将一部分处理后出水回流，进行加压溶气，工业废水直接进入气浮池。此法适于工业废水含悬浮物浓度高的情况。气浮池容积比其余两流程大。

③ 溶气方式。常用的溶气方式有：水泵吸水管吸气溶气方式、水泵压水管射流溶气方式和水泵-空压机溶气方式。

A. 水泵吸水管吸气溶气方式。利用水泵吸水管负压吸入空气，经水泵搅动将水气混合体送入溶气罐的方式；或者在水泵压水管路上接一支管，在支管上装射流器，通过射流器吸入空气，再与水泵吸水管相连接。水泵吸水管吸气溶气方式，在压力不太高时，尽管水泵压力下降约 $10\%\sim15\%$，其运行尚可靠。如吸气量过大，水泵易振动，水泵压力下降，还会产生水泵气蚀。

B. 水泵压水管射流溶气方式。在水泵压水管上装设射流器吸入空气至加压水中，然后送入饱和容器。此法设备及操作均较简单，但射流器能量损失较大，一般在 30% 左右。

C. 水泵、空压机溶气方式。将压缩空气与加压水分别送入溶气罐。也可将压缩空气管接入水泵出水管。此法能耗较小，但操作较复杂，空气压缩机有噪声污染。

④ 设备选择

A. 加压泵。水泵选择依据的压力与流量应按照所需的空气量决定。如采用回流加压溶气流程，回流水量一般是进水量的 $25\%\sim50\%$。

B. 溶气罐。溶气罐的容积按加压水停留 $2\sim3min$ 计算。目前多采用喷淋填料罐，其溶气效率比空压机高约 25%，填料高度超过 $0.8m$ 时，即可达到饱和状态。溶气罐的直径根据过水断面负荷 $100\sim150m^3/(m^2\cdot h)$ 确定，罐高 $2.5\sim3m$。

C. 溶气释放器。溶气释放器应能将溶于水中的空气迅速均匀地以细微气泡形式释放于水中。其产生气泡的大小和数量，直接影响气浮效果。目前国内常用的释放器特点是可在较低压力（$\geqslant0.15MPa$）下，即可释放溶气量的 99%，释放的气泡平均粒径只有 $20\sim40\mu m$，且黏附性好。

D. 气浮池。气浮池基本形式有平流式和竖流式两种。目前常用平流式气浮池。平流式气浮池的优点是池身较浅，造价低，管理方便。

(3) 电解气浮法

电解气浮法是用不溶性阳极和阴极，通以直流电，直接将工业废水电解。阳极和阴极产生氢和氧的微细气泡，将工业废水中污染物颗粒或先经混凝处理所形成的絮体黏附而上浮至水面，生成泡沫层，然后将泡沫刮除，实现污染物的去除。电解过程所产生的气泡远小于散气气浮法和溶气气浮法所产生的气泡，且不产生紊流。电解法不但起一般气浮分离作用，还兼有氧化还原作用，能脱色和杀菌。处理流程对工业废水负荷变化适应性强，生成的泥渣量相对较少，占地面积也少。

4. 平流式气浮池的设计

(1) 设计参数，气浮池有效水深 2.0～2.5m；长宽比 1.1～1.5；设计水力停留时间 10～20min；分离区水流下降速度 1～3mm/s。水力表面负荷 5～10m³/(m²·h)。

为防止进水干扰分离区的工作，在气浮池入口设有隔板，隔板前为接触区。设计参数：隔板下端直立部分，水流上升流速取 20mm/s；隔板上端一般与水平呈 60°角，此区水流上升速度取 5～10mm/s；接触区水力停留时间不低于 2min；隔板下部竖直部分高 300～500mm，隔板上端与气浮池水面距离取 300mm，以防止扰动浮渣层。

集水管位于分离区底部，可为枝状或环状布置，力求集水均匀。

池顶刮渣机行车速度不大于 5m/min。

(2) 计算步骤

1) 溶气水量

在计算溶气水量时，涉及一个重要参数，即气固比 (A/S)，其意义为压力溶气水中释放的空气质量与工业废水中悬浮固体质量之比。可按下式计算：

$$\frac{A}{S} = \frac{C_d(fP-1)Q_R}{1000 \times QS'} \tag{4-39}$$

式中 A——压力溶气水在 0.1MPa 大气压下释放的空气质量，kg/t；

      S——工业废水中悬浮固体质量，m³/d；

      Q——气浮处理工业废水量，m³/d；

      S'——工业废水中悬浮固体浓度，kg/m³；

      C_a——0.1MPa 大气压力下空气的质量饱和溶解度，g/m³，见表 4-19；

      Q_R——回流加压溶气水量，m³/d；

      f——加压溶气系统的溶气效率，一般取 0.6～0.8；

      P——溶气绝对压力，取 0.1MPa。

0.1MPa 大气压下空气在水中的饱和溶解度   表 4-19

水温(℃)	溶解度 C_a(mg/L)	水温(℃)	溶解度 C_a(mg/L)
0	36.56	30	17.7
10	27.5	40	15.51
20	21.77		

A/S 的值宜通过试验确定。如无试验资料，可按 0.005～0.06 的范围选用。工业废水悬浮固体浓度高时取低值，低时取高值。

根据式（4-39），回流加压水量为：

$$Q_R = 1000 \frac{A}{S} QS' / [C_a(fP-1)] \qquad (4-40)$$

2）接触区

接触区容积按下式计算：

$$V_j = \frac{(Q+Q_R)t_1}{24 \times 60} \qquad (4-41)$$

式中　V_j——接触区容积，m^3；

　　　Q——处理的工业废水量，m^3/d；

　　　Q_R——回流溶气水量，m^3/d；

　　　t_1——接触区接触时间，min。

接触区面积按下式计算：

$$A_j = \frac{V_j}{H} \qquad (4-42)$$

式中　A_j——接触区面积，m^2；

　　　H——有效水深。

接触区长度按下式计算：

$$L_j = A_j/b \qquad (4-43)$$

式中　L_j——接触区长度，m；

　　　b——气浮池宽度，m。

3）气浮池分离区

气浮池分离区容积按下式计算：

$$V_f = \frac{(Q+Q_R)t_2}{24 \times 60} \qquad (4-44)$$

式中　V_f——分离区容积，m^3；

　　　t_2——分离区停留时间，min。

气浮池有效水深按下式计算：

$$H = V_s t_2 \qquad (4-45)$$

式中　H——气浮池有效水深，m；

　　　V_s——分离区水流下降的平均流速，m/s；

　　　t_2——分离区停留时间，s。

分离区面积按下式计算：

$$A_f = \frac{V_f}{H} \qquad (4-46)$$

式中　A_f——分离区面积，m^2。

分离区长度按下式计算：

$$L_f = \frac{A_f}{b} \qquad (4-47)$$

式中　L_f——分离区长度，m；

b——气浮池宽度，m。

5. 气浮法在工业废水处理中的应用

(1) 气浮法在石油化工废水中的应用

气浮法在石油化工废水处理中的应用占有很重要地位。在气浮处理之前，一般有调节池和隔油池。在气浮处理之后，一般后续有生化处理。所以气浮法对于生化处理来讲仍属预处理工艺。在石油化工废水处理中，多采用混凝-气浮法，这样可提高处理效果。目前国内石油化工行业多采用平流加压气浮池。

例如某炼油厂排出含油废水 900m³/h，平均水质为：含油 600mg/L；硫化物 15mg/L；酚类 20mg/L；BOD₅ 200mg/L。处理工艺：隔油池——平流加压气浮池——曝气池——砂滤池——活性炭吸附池——排放。气浮处理部分：①隔油池停留时间 2.5h，刮板运行速度 0.7m/min。②气浮系统用回流水加压溶气，回流比 100%。溶气罐压力 0.15～0.35MPa，停留时间 3min，空气量占进水量 5%。含油废水在进入气浮池之前投加混凝剂聚合铝 50mg/L，经与含油废水反应混合后进入接触室，再入分离室。分离室停留时间 30min。刮渣机移动速度 1m/min。

(2) 气浮法在印染废水处理中的应用

某纺织印染厂主要生产棉针织品。废水主要来自漂炼、染色、皂洗等工序。生产过程所用染料种类较多，主要包括直接染料、还原染料、硫化染料及活性染料；染色过程中还加助剂、碱等药剂。所用浆料为淀粉与聚乙烯醇。所以废水中含有大量剩余染料、助剂、浆料、碱、纤维和无机盐等。有机物含量高、色度高，pH 变化大。

1) 废水量与水质。该厂废水量 400m³/d，其中漂炼废水 140～160m³/d，印染废水 150～170m³/d。混合废水水质：含硫化染料、还原染料、直接染料和活性染料，COD 700～900mg/L，BOD₅ 180～230mg/L，悬浮物 150～200mg/L，色度大于 400 倍，pH>9.0。

2) 处理工艺流程。从该厂废水中所含染料分析，硫化染料不溶于水，多以胶体状态存在，且单位织物染料的用量大，还原染料为非离子型的疏水性染料，在水中溶解度小，主要以悬浮微粒形态存在，稳定性较差；直接染料是具有磺酸基或羧基的偶氮染料，能溶于水，且在水溶液中有较大聚积倾向；活性染料的特点是分子中含有一个或几个活性基，以单偶氮型为主，易溶于水。针对直接染料、硫化染料、还原染料，经过混凝-气浮处理有较高的去除率，所以确定该工业废水的处理工艺流程为：调节池——气浮池——生物滤池——清水池——排放。

3) 气浮设备及运行情况。气浮池采用水泵吸水管射流溶气方式，不设空压机。在水泵压水管上接一支管，支管上安装射流器，与水泵吸水管相连接，支管中的压力水通过射流器把空气吸入并送入水泵吸水管，经水泵加压送入溶气罐。溶气罐压力约为 0.3MPa。

回流溶气水量为处理水量的 25%，控制进气量为 4L/min，约占水泵流量 5.7%，水泵运行稳定。

4) 混凝剂的选用。试验了两种混凝剂：聚合氯化铝和聚合硫酸铁，结果表明，两种混凝剂都适用于该废水，且效果相差不大，投量也大体相同，聚合氯化铝投量为 50～100mg/L，聚合硫酸铁的投量为 100mg/L。相比之下聚合硫酸铁价格更低，所以选择了聚合硫酸铁。

4.8.3 吸附

吸附法可用于异味、色度、难降解的有机物（如多种农药、芳香化合物、氯代烃等）、重金属等的去除。

1. 吸附法原理

物质在相界面上的富集现象称为吸附。工业废水处理主要是利用固体材料对废水中污染物质的吸附作用。工程中用于吸附分离操作的固体材料称为吸附剂，而被吸附剂吸附的物质称为吸附质。固体表面都有吸附作用，但用作吸附剂的固体要求有很大的表面积，这样单位质量的吸附剂才能吸附更多的吸附质。所以吸附剂为多孔材料。

（1）吸附类型

根据固体表面吸附力的不同，吸附可分为物理吸附与化学吸附。

1）物理吸附：吸附剂与吸附质之间通过分子间引力（即范德华力）而产生的吸附，称为物理吸附。

2）化学吸附：吸附剂与吸附质之间产生化学作用，如原子或分子之间发生电子转移或共有，依靠化学键的吸附作用称为化学吸附。

物理吸附和化学吸附一般同时发生。工业废水的吸附处理，往往是几种吸附共同作用的结果。由于外界条件的影响，有时以某种吸附为主，如低温时，主要是物理吸附，而在高温时，主要是化学吸附。

（2）影响吸附的因素

1）吸附剂的性质。吸附剂的比表面积：吸附剂的比表面积越大，吸附能力越强。吸附剂的物理化学性质：一般极性分子（或离子）型的吸附剂易于吸附极性分子（或离子）型的吸附质，非极性分子型的吸附剂易于吸附非极性的吸附质。

2）吸附质的性质。吸附质溶解度：吸附质溶解度越小，越易被吸附。吸附质分子量：一般分子量增大会增大吸附能力，但分子量过大，会影响扩散速率。吸附质的物理化学性质：极性吸附质易被极性吸附剂吸附，非极性吸附质易被非极性吸附剂吸附，越能使液体表面自由能降低的吸附质越容易被吸附。吸附质浓度：吸附质的浓度越高吸附量越大。

3）工业废水 pH。吸附质在工业废水中存在的形态（分子、离子或络合物）与 pH 有关，因而工业废水 pH 会影响吸附效果。例如活性炭的吸附率一般在酸性溶液中比在碱性溶液中大。

4）接触时间。要使吸附剂与溶液有充分接触时间。所需接触时间，取决于吸附速率。

5）水温。当以物理吸附为主时，水温升高吸附量下降，反之吸附量增加。

（3）吸附平衡、吸附容量与吸附等温线

1）吸附平衡。如果吸附与解吸的速度相等，即单位时间内被吸附的吸附质数量与解吸数量相等时，工业废水中吸附质的浓度和吸附剂表面上的浓度都不再改变而达到平衡。此时工业废水中吸附质的浓度称为平衡浓度。吸附过程也达到吸附平衡。

2）吸附容量。吸附容量是单位质量的吸附剂所能吸附的吸附质质量。如向含吸附质浓度为 C_0，容积为 V 的工业废水中投加质量为 W 的活性炭，在吸附平衡时，工业废水中吸附质剩余浓度为 C 时，吸附容量可按下式计算：

$$q = \frac{V(C_0 - C)}{W} \qquad (4\text{-}48)$$

式中 q——吸附容量，g/g；

     V——工业废水容积，L；

     C_0——原工业废水的吸附质浓度，g/L；

     C——吸附平衡时，工业废水中剩余的吸附质浓度，g/L；

     W——活性炭投加量，g。

3）吸附等温线，在温度一定时，吸附容量随吸附质平衡浓度的提高而增加，吸附容量随平衡浓度而变化的曲线称为吸附等温线。

表示吸附等温线的方程式称为吸附等温式。常用的吸附等温式有弗兰德里希（Freundlich）等温式、朗缪尔（Langmuir）等温式等。

① 弗兰德里希等温式，在水处理中，通常采用弗兰德里希经验公式：

$$q = KC^{\frac{1}{n}} \qquad (4\text{-}49)$$

式中 q——吸附剂的吸附容量，g/g；

     C——工业废水中吸附质平衡浓度，g/L；

K、$1/n$——表现吸附特性的参数。

式（4-49）改写为对数形式：

$$\lg q = \lg K + \frac{1}{n}\lg C \qquad (4\text{-}50)$$

将 C 和与之对应的 q 点画在双对数坐标纸上，便可得一条近似直线，直线的截距为 K，斜率为 $1/n$。

② 朗廖尔等温式，朗廖尔等温式是建立在一些假定条件基础上的。这些假定是，吸附剂的表面均一，其各点的吸附能相同；吸附是单分子层的，当吸附剂表面被吸附质饱和时，达到最大吸附量；在吸附剂表面上的各吸附点之间不存在吸附质的转移；当达到吸附平衡时，吸附速率和脱附速率相等。

由动力学方法推导出平衡吸附量 q_e 与液相平衡浓度 C_e 的关系式如下：

$$q_e = \frac{abC_e}{1 + bC_e} \qquad (4\text{-}51)$$

式中 a——与最大吸附量有关的常数；

     b——与吸附有关的常数。

朗缪尔等温式所根据的假定，并非严格正确，它适于解释单分子层的化学吸附情况。

（4）吸附速率

吸附速率是指单位质量的吸附剂在单位时间内所吸附的吸附质质量。吸附速率越快，工业废水和吸附剂的接触时间越短，所需吸附设备的容积越小。吸附过程影响吸附速率，以活性炭吸附为例，影响吸附速率的三个过程是：

1）吸附质向活性类颗粒表面的扩散过程。扩散速度与吸附质浓度成正比，与活性炭颗粒直径成反比，即与表面积成正比。扩散速度还与工业废水和活性炭之间的相对运动速度有关，相对速度越快，则吸附剂表面的液膜越薄，吸附质的扩散速度也越快。

2) 吸附质在活性炭颗粒内部孔隙间的扩散过程。这一过程比较复杂，其扩散速度与活性炭细孔大小及构造、吸附质颗粒大小及构造等有关。活性炭孔隙内部的扩散速度是影响吸附速率的主要因素。

3) 吸附质被吸附在活性炭颗粒内部孔隙表面上的吸附反应过程。

（5）常用吸附剂——活性炭

天然吸附剂有黏土、硅藻土、无烟煤、天然沸石等。人工吸附剂有活性炭、分子筛、活性氧化铝、磺化煤、活性氧化镁、树脂吸附剂等。以下介绍工业废水处理常用的吸附剂（活性炭）。

1) 活性炭的特性

① 活性炭是一种多孔性、疏水性吸附剂，对水中有机物有较强的吸附作用。在工业废水处理中，可用于除去表面活性物质、酚类、染料、农药、重金属等污染物。

活性炭可制成粉末状和颗粒状，废水处理常用粒状炭，其应用工艺简单，操作方便。粒状活性炭外观黑色，化学稳定性好，耐酸、碱、高温及高压，可浸水，相对密度小于1。

② 由于活性炭是多孔材料，它的比表面积（即每克吸附剂所具有的表面积）可达 $500\sim2000\mathrm{m}^2/\mathrm{g}$。活性炭的吸附量，不仅与比表面积有关，还与细孔的构造和细孔分布有关。不同的细孔，在吸附过程中所起的作用不同。大孔主要为吸附质提供扩散的通道，使吸附质得以到达过渡孔与小孔中去。通过过渡孔吸附质可扩散到小孔中去。如吸附质分子较大，小孔几乎不起吸附作用，此时主要由过渡孔进行吸附。而小孔的表面积最大（占所有孔表面积 95% 以上），因此活性炭的吸附量主要由小孔决定，所以活性炭宜处理含小分子污染物的废水。

③ 活性炭表面的化学性质也是影响其吸附特性的因素。活性炭是由形状扁平的石墨微晶体构成的，处于微晶体边缘的碳原子，由于共价键不饱和，而易与氧、氢等结合形成含氧官能团，使活性炭具有一定的极性。

2) 活性炭的质量指标

《煤质颗粒活性炭　净化水用煤质颗粒活性炭》GB/T 7701.2—2008 中活性炭部分技术指标见表 4-20。工业废水处理用粒状活性炭特性指标见表 4-21。

净化水用煤质颗粒活性炭技术指标　　　　　　　　　　　表 4-20

项目	指标	
漂浮率(%)	柱状活性炭	≤2
	不规则状煤质活性炭	≤10
水分(%)	≤5.0	
强度(%)	≥85	
装填密度(g/L)	≥380	
pH	6~10	
碘吸附率(mg/g)	≥800	
亚甲蓝吸附值(mg/g)	≥120	
苯酚吸附值(mg/g)	≥140	
水溶物	≤0.4	

续表

项目			指标
粒度(%)	φ1.5	≥2.50mm	≤2
		1.25~2.50mm	≥83
		1.00~1.25mm	≤14
		<1.00mm	≤1
	8×30	≥2.50mm	≤5
		0.6~2.50mm	≥90
		<0.6mm	≤5
	12×40	≥1.6mm	≤5
		0.45~1.6mm	≥90
		<0.45mm	≤5

煤质颗粒活性炭强度的测定方法见《煤质颗粒活性炭试验方法　强度的测定》GB/T 7702.3—2008。

工业废水处理用粒状活性炭特性指标　　　　　表 4-21

指标	一般范围	指标	一般范围
粒径	0.44~3mm	真密度	$2~2.2g/cm^3$
长度	0.44~4mm	堆积密度	$0.35~0.5g/cm^3$
强度	≥80%	总孔面积	$0.7~1.0cm^3/g$
碘值	700~1200mg/g	总表面积	$590~1500cm^3/g$
亚甲蓝吸附值	100~1500mg/g	pH	8~10
水分	≤3%	灰分	≤8%

3）活性炭的再生

吸附饱和的活性炭，可以再生重复利用。再生过程就是将吸附质从活性炭的细孔中去除，且活性炭结构基本不发生变化。活性炭再生方法有加热再生、化学再生、溶剂再生、生物再生等。常用的是加热再生法和化学再生法。

① 加热再生法。当将吸附饱和的活性炭加热到一定温度时，吸附质分子的能量增大，使之从活性炭的活性点脱离；或者在较高温度条件下，活性炭吸附的有机物被氧化和分解，成为气态移出或断裂成低分子。加热再生法有低温加热和高温加热两种不同的再生方式。

② 化学再生法。通过化学反应，使吸附质转化为易溶于水的物质而从活性炭解吸脱附。活性炭的化学再生法有：湿式氧化法、臭氧氧化法、电解氧化法等。

③ 溶剂再生法。用苯、丙酮及甲醇等有机溶剂萃取吸附在活性炭上的有机吸附质，使其脱附，活性炭得以再生。

④ 生物再生法。利用微生物的作用将活性炭吸附的有机物氧化分解而脱附。

2. 吸附工艺

在工业废水处理中应用的活性炭主要有粉末活性炭（PAC）和粒状活性炭（GAC），

它们的应用条件和处理工艺也不一样。

（1）粉末活性炭（PAC）

粉末活性炭可以用于二级生物处理出水的深度处理，或直接投加至生物反应池中，即粉末活性炭-活性污泥工艺（PACT），也可以用于一些物理化学工艺。在二级生物处理出水的深度处理中，粉末活性炭与二级生物处理出水一起进入接触池，经过一段时间的水炭接触，水中的一些残余污染物质会被活性炭吸附。活性炭可以沉入池底，深度处理后的水则可以排放或回用。由于粉末活性炭颗粒非常细小，自身难于通过重力沉淀，所以常辅助投加混凝剂（如聚合电解质）来形成混凝沉淀，或采用快速砂滤池过滤来去除吸附了污染物质的粉末活性炭。在工业废水的物理化学处理流程中，粉末活性炭常与一些化学药剂配合使用形成沉淀来去除一些特殊的物质。

（2）粒状活性炭（GAC）

采用粒状活性炭处理工业废水时，被处理的废水一般通过活性炭填充床反应器（通常称为吸附塔或吸附池），可采用几种不同类型的活性炭填充床，其典型形式有固定床、移动床和流动床三种。

1）固定床。固定床是吸附处理最常用的吸附塔形式，它又分为降流式和升流式两种。降流式是工业废水自上而下流过吸附剂层，由吸附塔底部出水。这种方式处理效果稳定。但经过吸附层的水头损失较大，工业废水含悬浮物浓度高时尤为严重。为了防止堵塞吸附层，常采用定期反冲洗，还要在吸附层上部装设反冲洗装置。

升流式固定床的操作是工业废水自下向上流经吸附剂层。运行时，水头损失增加较慢，所以运行周期长。如水头损失增大，可提高升流流速，使吸附剂层膨胀，可达到自清的目的。如果进水水流不均衡，又不能及时调整操作，有可能导致吸附剂（活性炭）随出水流失。

根据工业废水处理水量、原水水质和处理要求的不同，可选择单床式、多床串联式和多床并联式三种操作方式。

2）移动床。移动床的运行特点是，工业废水自吸附塔底部流入吸附塔，水流向上与吸附剂活性炭逆流接触，处理水由塔顶排出。活性炭由塔顶加入，接近吸附饱和的活性炭从塔底定期排出塔外。

与固定床相比，移动床能充分利用吸附剂的吸附容量，水头损失也较小。被截流在吸附剂层的悬浮固体可饱和活性炭一起从塔底排出。因此可免去反冲洗。运行时要求保持塔内吸附剂上下层不互混，操作管理要求严格。

3）流化床，水由下向上升流通过活性炭层，炭由上向下移动。活性炭在塔内处于膨胀状态或流化状态。水与炭逆流接触。炭与水的接触面大，能使炭充分发挥吸附作用。工业废水含悬浮物浓度高也能适应，无须进行反冲洗。要求连续排炭和投炭。宜保持碳层成层状向下移动。操作管理要求严格。

3. 穿透曲线与吸附容量的利用

在进行活性炭吸附工艺设计与计算之前，可利用静态吸附试验测定出不同类型活性炭的吸附等温线，以便选择合适的活性炭，同时可估计出处理单位废水量所需活性炭的数量。然后再用活性炭吸附柱进行动态吸附试验，以得出所需的设计参数，如空塔速度、饱和周期、通水倍数（当吸附平衡时，单位质量活性炭所处理的废水质量，如工业废水密度以 1kg/L 计，则通水倍数也表示了单位质量活性炭所能处理的废水体积)、接触时间以及串联级数等。

（1）穿透曲线。如连续将工业废水通入降流式固定床活性炭吸附柱时，可发现存在正在起吸附作用的一段吸附剂填充层，该层称为吸附带。在吸附带以下的填充层尚未发生吸附作用。吸附带会随工业废水不断流经填充层而缓缓下移，其下移速度较工业废水在填充层内流动的线速度小得多。在吸附带逐步下移至填充层末端时，可发现出水中有吸附质出现，再通入工业废水时，出水中吸附质浓度会迅速上升，最后出水中吸附质浓度达到与原工业废水中浓度 C_0 相同。以通水时间 t 或出水量 Q 为横坐标，以出水中吸附质浓度 C 为纵坐标做曲线，如图 4-7 所示，该曲线称为穿透曲线。图 4-7 中 a 点为穿透点，b 点为吸附终点，从 a 点至 b 点这段时间内，吸附带移动的距离，即为吸附带长度。一般取 C_a 为 $(0.05 \sim 0.1) C_0$，取 C_b 为 $(0.9 \sim 0.95) C_0$ 或按排放要求确定。

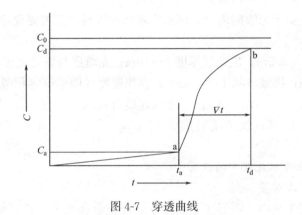

图 4-7　穿透曲线

如采用多柱串联工作，最后一柱的出水应控制在 a 点，第一柱的出水可控制在 b 点。

一般采用多柱（4～6 柱）串联试验绘制穿透曲线，填充层总高一般采用 3～9m。在各柱出水口处设置取样口。通水后定时测定各取样口所取水样的吸附质浓度。

当第一柱的出水吸附质浓度达到进水浓度 C_0 的 90%～95% 时，停止向第一柱进水，转向第二柱进水，第一柱进行再生。当第二柱出水中吸附质浓度达到进水浓度 C_0 的 90%～95% 时，停止向第二柱进水，转向第三柱进水，如此将试验进行下去，一直达到稳定状态为止。以出水量 Q 为横坐标，以各柱各取样点的吸附质浓度 C 为纵坐标，可得出各柱穿透曲线。

（2）吸附容量的利用。从穿透曲线可知，当吸附柱的穿透曲线达到 a 点时，其吸附剂并未饱和，此时继续通水使其达到 b 点（吸附终点）时，才使该柱的吸附剂填充层充分利用。在设计时，应考虑这部分吸附容量的利用问题。通常有以下两方案可以解决：

1）可以采用多柱串联工艺。此时控制最后一柱的出水吸附质浓度小于 C_a，待第一柱出水达到 b 点时，进行再生，然后串联作为最后出水级。依次对第二柱、第三柱进行操作。如此循环操作，就充分利用了每柱的吸附容量。

2）采用升流式移动床工艺。此时从移动床底部排出的炭都是接近饱和的，所以可充分利用活性炭的吸附容量。

4. 吸附塔的设计

（1）工业废水经常规处理后，出水水质中某些指标不能符合排放标准时，才考虑采用活性炭吸附处理。

（2）设计活性炭处理工艺前，应用拟处理的工业废水水样进行吸附试验。对不同品牌的活性炭进行筛选，并得出各项设计参数，诸如滤速、接触时间、饱和周期、反冲洗周期等。

（3）工业废水在吸附处理前，宜先进行过滤处理，防止堵塞炭层。拟进行吸附处理的废水污染物（吸附质）浓度也不宜过高，否则应进行预处理，当进水 COD>50～80mg/L 时，可考虑采用生物活性炭工艺。

（4）如工业废水污染物浓度经常变化，宜采用均化设备，或设置旁通管，如遇污染物浓度低于排放标准不需吸附处理时，可通过旁通管跨越吸附塔。

（5）为防止腐蚀，吸附塔内表面应进行防腐处理。

（6）采用活性炭固定床吸附塔时，根据实际运行资料，其主要设计参数和操作条件建议采用下列数据：

吸附塔直径 1.0～3.5m；填充层厚度 3～10m；充填层与塔径之比 1∶1～4∶1；活性炭粒径 0.5～2.0mm；接触时间 10～50min；容积速度（即单位容积吸附剂在单位时间内通过处理水的容积）2m³/（m³·h）；过滤线速度升流式 9～25m/h，降流式 7～12m/h；反冲洗线速度 28～32m/h；反冲洗时间 3～8min；反冲洗周期 8～72h；反冲洗膨胀率 30%～50%。

5. 吸附法在工业废水处理中的应用

（1）吸附法的处理对象

在工业废水处理工艺中，吸附法主要用于处理重金属离子、难降解的有机物及色度、异味。

难降解的有机物主要包括木质素、合成染料、洗涤剂、由氯和硝基取代的芳烃化合物、杂环化合物、除草剂和 DDT 等。工业废水中的无机重金属离子常有：汞、镉、铬、铅、镍、钴、锡、铋等。

（2）活性炭吸附工业废水中有机物的影响因素

1）有机物的分子结构。芳香族化合物一般比脂肪族化合物更易于被吸附。例如苯酚的吸附量大于丁醛的吸附量约一倍。

2）表面自由能。能够使液体表面自由能降低越多的吸附质，也越容易被吸附。例如活性炭在水溶液中吸附脂肪酸，由于含碳越多的脂肪酸分子可使炭液界面自由能降低得越多，所以吸附量也越大。

3）分子大小。一般分子量越大，吸附性越强。但分子量过大，在活性炭细孔内扩散速率会降低。如果分子量大于 1500 时，其吸附速度显著下降。如能预先利用臭氧氧化法或生化法将其分解成分子较小的物质，再进行吸附处理，效果会更好。

4）离子和极性。有些有机酸和胺类在溶于水后呈弱酸性或弱碱性。它们在分子状态时要比离子状态时的吸附量大。在极性方面，如葡萄糖和蔗糖类分子由于有羟基使极性增大，吸附量减少。

5）工业废水 pH。一般将工业废水 pH 调低至 2～3，能提高有机物的去除率。原因是低 pH 时, 有机酸呈离子状态的比例较少, 故吸附量大。

6) 溶解度。活性炭是疏水性物质, 所以吸附质的疏水性越强越易被吸附。如将烷基碳数量相等的直链型醇、脂肪酸和酯等物质加以比较, 则发现溶解度越低越易被吸附。

7) 共存物的影响。有些金属离子如汞、铁、铬等在活性炭表面发生氧化还原反应, 其生成物沉淀在细孔内, 会影响有机物向颗粒内的扩散。

(3) 吸附法与其他处理方法联合应用

吸附法可与其他物理处理和化学处理法联合使用, 如:

1) 与臭氧氧化法联合使用。如用臭氧先将印染废水中的大分子染料分解, 进行脱色, 然后将残留的溶解有机物用活性炭吸附去除。

2) 生物活性炭法。向曝气池投加粒状活性炭, 利用炭粒作为微生物生长的载体或作为生物流化床的介质, 也可在生化处理后, 再进行吸附处理。

6. 活性炭吸附法在工业废水处理中的应用

(1) 染色废水的处理。活性炭对染料的吸附是有选择性的, 对阳离子染料、直接染料、酸性染料、活性染料等水溶性染料废水有很好的吸附性能, 但对硫化染料、还原染料等不溶性染色废水, 则吸附时间需很长, 吸附能力很差。染色废水的处理一般采用生物活性炭法, 由于利用微生物所分泌的外酶渗入炭的细孔内, 使被吸附的有机物陆续分解成二氧化碳和水或合成新细胞, 然后渗出活性炭的结构而被除去。这样可以延长活性炭的再生周期。

应用生物活性炭法处理经活性污泥法处理后的染色废水的主要运行参数, 见表 4-22。

生物活性炭法处理染色废水运行参数 表 4-22

项目	参数	项目	参数
活性炭类型	8 号净水炭	溶解氧(mg/L)	二级出水 0.5
预曝气时间(min)	28	水头损失(cm)	30
接触时间(min)	49	反冲强度(min)	40
空塔流速(m/h)	8	反冲时间(min)	10
炭床深度(分两级,m)	每级 1.5		

(2) 含汞废水的处理。含汞废水经硫化物沉淀法处理后仍含有汞。含汞浓度 $1\sim3mg/L$。采用间歇式粉末活性炭吸附处理后, 出水含汞可降至 $0.05mg/L$ 以下。

如某含汞废水量为 $20m^3/d$, 经沉淀去除悬浮物及部分汞化合物后, 再经活性炭吸附, 吸附池为两池串联。每池容积 $40m^3$。经第一池后一般可去除 95% 的汞。吸附池用压缩空气搅拌 30min, 静止 2h。每池用活性炭 $2.7m^3$。活性炭再生在活化炉内进行, 炉温为 1000℃, 由于金属汞沸点 357℃, 氯化汞沸点 301℃, 所以汞呈蒸气状导入冷凝器内, 冷凝成金属汞。部分汞会与分解出来的氯再生成氯化汞, 可以回收。

4.9 工业废水的生物处理

废水的生物处理主要用于市政污水, 因为市政污水的可生化性较强, 而工业废水因性质不同, 只有那些有机物含量较高的废水才可以采用此方法。

4.9.1　工业废水的可生化性指标

工业废水的可生化性，也称工业废水的生物可降解性，即工业废水中有机污染物被生物降解的难易程度，是废水的重要特性之一。确定工业废水的可生化性，对于工业废水处理方法的选择、确定生化处理工段进水量、有机负荷等重要工艺参数具有重要的意义。用于评价废水中有机物的生物降解性和毒害或抑制性的指标很多，常用的指标有水质指标、微生物好氧速率和微生物脱氢酶活性以及有机化合物分子结构。

1. 水质指标

BOD_5/COD_{Cr} 比值是最经典，也是目前最常用的一种评价废水可生化性的水质指标。长期以来，人们习惯采用 BOD_5 和 COD_{Cr} 作为废水有机污染物的综合指标，两者都反映废水中有机物在氧化分解时所消耗的氧量。BOD 是有机物在微生物作用下氧化分解所需的氧量，它代表废水中可生物降解的那部分有机物，如果进行生物氧化的时间为 5d，就称为五日生化需氧量（BOD_5）。COD 是有机物在化学氧化剂作用下氧化分解所需的氧量，它代表废水可被氧化剂分解的有机物，当采用重铬酸钾为氧化剂时，一般可近似认为 COD_{Cr} 测定值代表了废水中的全部有机物量。

目前普遍认为，$BOD_5/COD_{Cr} < 0.3$ 时，废水含有大量难生物降解的有机物；而 $BOD_5/COD_{Cr} > 0.45$ 时，该废水易生物处理；介于 $0.3 \sim 0.45$ 之间时可生化处理，比值越高，表明废水采用好氧生物处理所达到的效果越好。

2. 微生物耗氧速率

根据微生物与有机物接触后耗氧速率的变化特征，可评价有机物的降解和微生物被抑制或毒害的规律。表示耗氧速度随时间变化的曲线称为耗氧曲线。曲线是以时间为横坐标，以生化反应过程中的耗氧量为纵坐标作图得到的一条曲线，曲线特征主要取决于废水中有机物的性质。测定耗氧速率的仪器有瓦勃氏呼吸仪和电解式溶解氧测定仪。处于内源呼吸期的活性污泥的耗氧曲线称为内源呼吸耗氧曲线，投加有机物后的耗氧曲线称为底物（有机物）耗氧曲线。一般用底物耗氧速率与内源呼吸速率的比值来评价有机物的可生化性。

应该指出的是，用耗氧速率评价有机物的可生化性时，必须对生物污泥（微生物）的来源、浓度、驯化、有机物浓度、反应温度等条件进行严格规定。

3. 微生物脱氢酶活性

微生物对有机物的氧化分解是在各种酶的参与下完成的，其中脱氢酶起着重要的作用，它能使被氧化有机物的氢原子活化并传递给特定的受氢体，单位时间内脱氢酶活化氢的能力表现为它的活性。可以通过测定微生物的脱氢酶活性来评价废水中有机物的可生化性。由于脱氢酶对毒物的作用非常敏感，当有毒物存在时，它的活性（单位时间内活化氢的能力）下降。因此，可以利用脱氢酶活性作为评价微生物分解污染物能力的指标。

如果脱氢酶活化的氢原子被人为受氢体所接受，就可在实验条件下利用人为受氢体直接测定脱氢酶活性。人为受氢体通常选用受氢后能够变色的物质，例如亚甲蓝受氢后变成无色的还原性亚甲蓝，然后利用比色法进行定量分析。

4. 有机化合物分子结构

有机物的生物降解性与其分子结构有关，目前研究还不够充分，但总的来说，人们已经初步认识了一些有机化合物的分子结构与其生物降解特性的规律，主要有：

（1）对于烃类化合物，一般是链烃比环烃易分解，直链烃比支链烃易分解，不饱和烃比饱和烃易分解。

（2）官能团的性质、多少以及有机物的同分异构作用，对其可生化性影响很大。如，含有羧基（R—COOH）、酯类（R—COO—R）或羟基（R—OH）的非毒性脂肪族化合物属易生物降解有机物，而含有二羧基（HOOC—R—COOH）的化合物比单羧基化合物较难降解。又如，伯醇、仲醇非常容易被生物降解，而叔醇却较难降解，因为叔碳原子的键十分稳定，它不仅能抵抗一般的化学反应，对生化反应也具有很强的抵抗能力。卤代作用将使生物降解特性降低，卤代化合物的生物降解性随卤素取代程度的提高而降低。

（3）含有羰基（R—CO—R）或双键（—C＝C—）的化合物属中等程度可生物降解的化合物，微生物需要较长驯化时间。

（4）有机化合物在水中的溶解度也直接影响其可生化性，例如油在水中的溶解度很低，很难与细菌接触并为其利用，因此油的生物降解性能差。

（5）含有氨基（R—NH₂）或羟基（R—OH）化合物的生物降解性取决于与基团连接的碳原子的饱和程度，并遵循如下顺序：伯碳原子＞仲碳原子＞叔碳原子。

4.9.2　工业废水的好氧生物处理

1. 活性污泥法

（1）营养和混合液温度对活性污泥处理工艺的影响

活性污泥法处理工业废水时，常见的影响因素是营养和混合液温度。

1）营养，微生物在其生命活动过程中，所需的营养物质包括：C、N、P，以及 Na、K、Ca、Mg、Fe、Co、Ni 等。生活污水一般能提供活性污泥微生物的最佳营养源，其 BOD：N：P＝100：5：1，经过初沉池或水解酸化工艺等预处理后，BOD 值有所下降，N 和 P 含量相对提高，这样进入生物处理系统的污水，其 BOD：N：P 比值可能变为 100：20：2.5。对工业废水而言，上述营养比一般不满足，此时需补充相应组分，以保证活性污泥法的正常运行。

当工业废水中氮源不足时，会发生多糖类物质在微生物细胞内的积累，当积累超过了一定限度时，会影响有机物的去除率，还会刺激丝状微生物的生长。易被微生物利用的氮源形式为铵（NH_4^+）或硝酸根（NO_3^-）。工业废水中以蛋白质或氨基酸形式存在的有机氮化合物，必须先通过微生物水解产生铵，才能被微生物利用。所以，对以有机氨为主要氮源的工业废水，必须通过试验来确定有机氨被微生物利用的有效性，因为某些芳香族氨基化合物或脂肪族叔氨基化合物不易被水解为铵。工业废水中的磷必须以溶解性正磷酸盐的形式才能被微生物利用，所以含磷无机物和有机物必须先被微生物水解为正磷酸盐。氮和磷不足时，会造成有机物（BOD）去除率下降。

2）混合液温度，混合液温度在 4～31℃范围内，反应速度常数 K 与混合液温度 T 的关系式可用下式表示：

$$K_T = K_{20} \theta^{(T-20)} \tag{4-52}$$

式中　T——混合液温度，℃；

　　　　K_{20}——混合液温度为 20℃时的反应速度常数，d^{-1}；

K_T——混合液温度为 T℃时的反应速度常数，d^{-1}；

θ——温度修正系数。

生活污水的 θ 值为 1.015，K 值受温度影响较小。工业废水的 K 值一般受温度影响较大。对浓度较高的溶解性有机废水，θ 为 1.01～1.1。对工业废水的 θ 值应通过试验确定。实践表明，温度为 36℃时，污泥絮凝体良好且有原生动物存在，当温度为 43℃时，污泥絮凝体发生解体且不存在原生动物和丝状微生物。

对于一些工业废水，混合液温度从 25℃降到 5～8℃时，出水悬浮物浓度上升，悬浮物呈高度分散状态，不能被普通二沉池去除。例如，某有机化学试剂厂的有机废水，在夏季混合液平均温度为 23℃时，出水悬浮物平均浓度为 42mg/L，可是在冬季混合液平均温度为 15℃时，出水悬浮物平均浓度上升到 104mg/L。

混合液温度一般以 15～35℃为宜，超过 35℃或低于 15℃时，处理效果下降。北方冬季温度低，宜将曝气生物反应池建于室内。

（2）活性污泥法在工业废水处理中的应用

某印染废水来自纯棉印染布、混纺印染布、纯化纤印染布、灯芯绒生产工段，含硫化染料、纳夫妥、士林染料、活性染料及少量直接染料、涂料等。废水量为 1600m³/d。水质为：pH 8～12，COD_{Cr} 450～800mg/L，BOD_5 200～450mg/L，色度 250～1000 度，硫化物 20～40mg/L，悬浮物 50～150mg/L，六价铬 0.2～1.7mg/L。处理流程如图 4-8 所示。

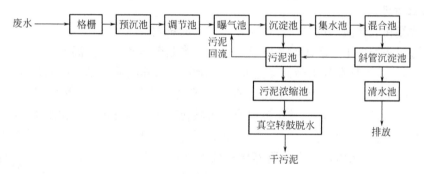

图 4-8　某印染废水处理流程

曝气池停留时间 4h，污泥负荷 0.3kgBOD₅/（kgMLSS·d）。处理效果：出水 BOD_5 14.6mg/L，去除率 95.8%；COD_{Cr} 134.2mg/L，去除率 80.6%；色度 142 度，去除率 58.2%；硫化物 1.5mg/L，去除率 93.6%；悬浮物 38.3mg/L，去除率 57.4%；六价铬 0.07mg/L，去除率 72.7%。

2. 生物膜法

与活性污泥相比，生物膜法处理工业废水具有以下特点：

① 生物膜对水质、水量的变化有较强的适应性，操作稳定性好；

② 不会发生污泥膨胀，运转管理较方便；

③ 生物膜中的生物相比活性污泥法更丰富，且沿水流方向生物种群分布较合理；

④ 因存在高营养级的微生物，有机物代谢时较多地转化为能量，合成新细胞（剩余污泥）量较少；

⑤ 微生物量较难控制，因而在运行方面灵活性较差；

⑥ 设备容积负荷有限，空间效率较低。

生物膜法工艺种类很多，按生物膜与工业废水的接触方式不同，可分为填充式和浸没式两类，典型工艺有生物滤池法、接触氧化法和生物流化床法。

（1）生物滤池法

对于某些工业废水，根据水力负荷及填料深度的不同，BOD 去除率可达 90%。为避免滤池蝇的滋生，要求最小水力负荷为 29m³/（m²·d）。为避免滤池堵塞，当处理含碳废水时，建议填料比表面积最大为 100m²/m³。比表面积大于 320m²/m³ 的滤料可用于硝化，此时污泥产率低。在多数情况下，由于溶解性工业废水的反应速率比较低，因此，对这类废水进行高去除率的处理时，不宜选用生物滤池。但塑料填料滤池可用于高浓度废水的预处理。

（2）生物接触氧化法

生物接触氧化法是一种介于活性污泥法与生物滤池法之间的生物处理技术，兼具两者的优点，是目前工业废水生物处理采用较广泛的一种方法。

1）生物接触氧化法处理流程选择

生物接触氧化法有很多种处理流程，应根据废水种类、处理程度、基建投资和地方条件等因素确定。在处理工业废水时，一般处理量小，要求操作简单、管理方便、运行稳定。一段法比二段法和多段法简单，在工业废水处理中被广泛采用。但是为了适应在不同负荷下的微生物生长，提高总的处理效率，多采用推流式或多格的一段法，这样在高负荷和低负荷情况下各格的填料密度和曝气强度等不一定相同，使装置的设计更加合理。

2）填料的选择

填料不仅关系到处理效果，还影响建设投资。填料的比表面积、生物附着性、是否易于堵塞无疑是重要条件，而经济也是重要因素。由于填料在投资中占的比例较大所以选择填料时，不宜单纯追求技术上的高性能，还需考虑价格问题。如有的填料虽性能稍差，但价格便宜，也可考虑选用，在设计时可采取适当增加接触时间等方法予以弥补。

3）接触停留时间的确定

接触停留时间越长，处理效果越好，但所需池容和填料量多；接触时间短，对难降解物质来说，氧化不完全会影响处理效果。接触停留时间应根据水质、处理程度要求、填料的种类，通过试验或同类工厂的运行资料来确定。当处理生活污水或与其水质类似的工业废水时，由于污水浓度低，可生化性高，可采用较短的接触停留时间，一般 0.8～1.2h。而处理工业废水，由于废水种类不同，其成分和浓度差异很大，可生化性不一，应采用不同的接触停留时间。处理一般浓度（COD 500mg/L 左右）的工业废水，如印染废水、含酚废水，接触停留时间一般采用 3～4h。处理浓度较高（COD 1000mg/L 左右）的工业废水，如绢纺废水、石油化工废水等，接触停留时间宜取 10～14h。

4）气水比的确定

确定气水比时应留有余地。特别是处理 BOD 浓度较高的工业废水时，一方面由于BOD 负荷高，生物膜数量多，耗氧速率高；另一方面由于进水不均匀，有机负荷变化大以及鼓风机使用年限和电力供应等因素的影响，气水比应留有适当余地，增加运行上的灵活性。

5）防止填料堵塞的措施

为防止填料堵塞，填料选择时要考虑工业废水的水质。在处理高浓度有机废水时，可选用不易堵塞的填料，如软性纤维填料、半软性填料，在处理印染、啤酒、石化、农药废水时多选用组合填料。实践表明，组合填料一般不会发生堵塞。

定期反冲洗。在一个生产班次中，定期加大气量反冲洗填料，每次反冲 5～10min。这对于吹脱填料上衰老的生物膜，防止填料堵塞是有效的。

填料分层设置。设计时如采用蜂窝填料时，可分层设置填料，每层填料厚度为 0.8～1.0m，层间留有 0.25～0.3m 的空隙，层间空隙有重新整流作用，以防止堵塞。

（3）应用举例

某丝绸废水来自真丝、人造丝、合成纤维、交织印染绸，其中以合成纤维交织织物为主的生产工段。废水的水量 2000m³/d；水质 pH 5.5～7.2，COD$_{Cr}$ 380～800mg/L，BOD$_5$ 150～300mg/L，色度 65～250 倍，硫化物 2.4～6.2mg/L，悬浮物 50～260mg/L。

处理流程如图 4-9 所示。丝绸废水经格栅至污水泵房升至调节池，调节池设有曝气装置进行预曝气，经预曝气后进入接触氧化池，然后投加各种混凝剂至混合池再进入二次沉淀池，出水可直接外排或回用。污泥采用真空转鼓脱水，脱水后污泥掺入煤渣制砖。

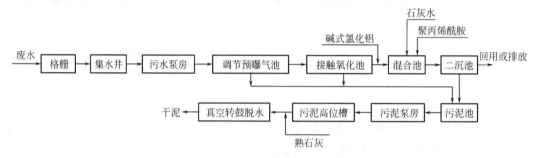

图 4-9　某丝绸废水处理流程

主要构筑物：调节预曝气池调节时间 4.7h，预曝气强度 7.8m³/（m²·d），接触氧化池为推流式，停留时间为 3.5h，COD$_{Cr}$ 容积负荷 2.8kg/（m³·d），气水比 20:1，斜管沉淀池停留时间 1.2h，上升流速 0.45mm/s。

处理效果：出水 pH 6.8～7.8；COD$_{Cr}$ 80.5mg/L，去除率 87.6%；BOD$_5$ 10.0mg/L，去除率 95.6%；色度 17 倍，去除率 88.4%；硫化物 0.7mg/L，去除率 87.5%；悬浮物 18.6mg/L，去除率 86.3%。

4.9.3　工业废水的厌氧生物处理

厌氧生物处理工业废水与好氧生物处理相比具有以下优点：

（1）处理效能高，容积小，占地面积小，可降低基建投资和运行费用；

（2）污泥产量低，且生成的污泥较稳定；

（3）能耗低，且可回收生物能源（沼气），是产能型废水生物处理工艺；

（4）应用范围广。好氧法适用于处理低浓度有机废水，对高浓度有机废水需用大量水稀释后才能进行处理；而厌氧法可用来处理高浓度有机废水，也可处理低浓度有机废水。有些有机物，好氧微生物对其是难降解的，而厌氧微生物对其却是可降解的。

厌氧处理法的缺点有：

（1）厌氧处理设备启动时间长。因为厌氧微生物增殖缓慢，启动时经接种、培养、驯化达到设计污泥浓度的时间比好氧生物处理长。

（2）处理后出水水质差，往往需要进一步处理才能达到排放标准。故厌氧生物处理常作为好氧生物处理的预处理。

1. 厌氧接触法在工业废水处理中的应用

厌氧接触法的工艺特征是在厌氧反应器后设沉淀池，污泥进行回流，结果使厌氧反应器内能维持较高的微生物浓度，降低水力停留时间，同时减少了出水微生物浓度。在反应器与沉淀池之间设脱气器，维持约 500Pa 的真空度，尽可能将混合液中的沼气脱除。但这种措施不能抑制产甲烷菌在沉淀池内继续产气，结果使沉淀池已下沉的污泥上翻，固液分离效果不佳，出水中 SS、COD、BOD 等各项指标较高，而回流污泥浓度因此较低，影响到反应器内污泥浓度的提高。对此可采取下列措施：

（1）在反应器与沉淀池之间设冷却器，使混合液的温度由 35℃降至 15℃，以抑制产甲烷菌在沉淀池内活动，将冷却器与脱气器联用能够比较有效地防止产生污泥上浮现象。

（2）投加混凝剂以提高沉淀效果。

图 4-10 为应用厌氧接触法处理某屠宰厂废水的处理工艺流程。该厌氧反应器的容积负荷为 2.5kgBOD$_5$/（m^3·d），水力停留时间 12～13h，反应温度 27～31℃，污泥浓度 7～12g/L，生物固体平均停留时间 3.6～6d，沉淀池水力停留时间 1～2h，表面负荷 14.7m^3/（m^2·d）。

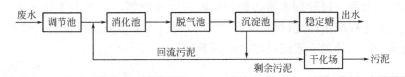

图 4-10　某屠宰废水处理流程

2. 升流式厌氧污泥床（UASB）在工业废水处理中的应用

升流式厌氧污泥床（UASB）的主要特征是，污泥床内设有三相分离器，使床内污泥不易流失而能维持很高的生物量，同时能形成厌氧颗粒污泥，使污泥不仅具有良好的沉降性能，而且具有较高的比产甲烷活性。

UASB 可处理多种工业废水，如啤酒、酿造、制药等废水。某酿造废水主要来自酱油、黄酱和腐乳等生产车间的生产废水及地面冲洗水，采用 UASB 工艺处理。由于生产的间歇性和季节性，废水的水量、浓度及其组成极不稳定。废水量在 30～60m^3/d 之间变化；COD 一般为 2000～6000mg/L，最低 520mg/L，最高 20230mg/L；BOD$_5$ 为 1400～2200mg/L；悬浮物浓度一般为 330～2600mg/L，pH 通常在 6.0 左右，水温为 15～28℃，废水的 COD：N：P：S 为 100：（1.5～10.7）：（0.1～0.2）：（0.03～0.74），还含有一定量的 Cl。

UASB 污泥床容积为 130m^3，分两格，在常温下运行，进水采用脉冲方式，所产生沼气供居民使用，出水经氧化沟处理后排放。UASB 污泥床投产后，由于废水量的限制，经常运行负荷为 2～5kgCOD/（m^3·d）。运行表明，在维持水力停留时间 30h 的条件下，反应器的去除负荷随进水 COD 浓度的增加而增加。在当进水 COD 为 520～1500mg/L 时，有机物去除负荷在 0.42～12.8kgCOD/（m³·d）范围内，COD 去除率稳定。当去除负荷为 12kgCOD/（m³·d）时，COD 去除率在 82% 以上，产沼气率为 0.34m³/kgCOD。该装置操作管理方便，运行稳定。

3. 内循环厌氧（IC）反应器

荷兰 Paques BV 公司于 1985 年开发了一种内循环反应器，简称 IC 反应器。IC 反应器在处理低浓度废水时，反应器的进水容积负荷率可达 20～40kgCOD/（m³·d），处理高浓度有机废水时，其进水容积负荷率可提高到 35～40kgCOD/（m³·d）。这对现代高效反应器的开发是一种突破，有着重大的理论意义和实用价值。

IC 反应器实际上是由两个上下重叠的 UASB 污泥床串联组成的。由下面第一个 UASB 污泥床所产生的沼气作为提升的动力，实现了下部混合液的内循环，使废水得到强化预处理。上面的第二个 UASB 污泥床对废水继续进行后处理。

与 UASB 污泥床相比，在获得相同处理效率的条件下，IC 反应器具有更高的进水容积负荷率和污泥负荷率，IC 反应器的平均升流速度为处理同类废水 UASB 污泥床的 20 倍左右。在处理低浓度废水时，水力停留时间（HRT）可缩短至 2.0～2.5h，使反应器的容积更小。由此可见，IC 反应器是一种非常高效能的厌氧反应器。

4.9.4 工业废水的厌氧/好氧联合处理

厌氧处理后出水水质较差，往往需要进一步处理才能达到排放标准。一般在厌氧处理后串联好氧生物处理。以处理玉米为原料的淀粉废水为例，废水中主要含蛋白质、脂肪、纤维素等。废水先提取蛋白进行预处理，能够获得营养丰富的蛋白饲料，同时减轻后续生物处理的负荷。废水处理工艺流程如图 4-11 所示。

图 4-11　废水处理工艺流程

厌氧生物处理采用 UASB 反应器，大部分有机污染物在厌氧反应器中被降解。反应器采用 38℃中温发酵，共 4 座，每座容积 1350m³，停留时间 24h，有机负荷率 8kgCOD/（m²·d），COD 去除率 80%，BOD 去除率 90%。

好氧生物处理采用 SBR 工艺，以 8h 为一周期，即进水 1h、曝气 4h、沉淀 2h、排水 1h，该工艺 COD 去除率 90%，BOD 去除率 95%，并具有除磷脱氨功能。

4.10　常见工业废水处理

1. 含酚废水

含酚废水主要来自焦化厂、煤气厂、石油化工厂、绝缘材料厂等工业部门以及石油裂解制乙烯、合成苯酚、聚酰胺纤维、合成染料、有机农药和酚醛树脂生产过程。含酚废水中主要含有酚基化合物,如苯酚、甲酚、二甲酚和硝基甲酚等。酚基化合物是一种原生质毒物,可使蛋白质凝固。

水中酚的质量浓度达到 0.1~0.2mg/L 时,鱼肉会有异味,不能食用;质量浓度增加到 1mg/L,会影响鱼类产卵,含酚 5~10mg/L,鱼类就会大量死亡。饮用水中含酚能影响人体健康,即使水中含酚质量浓度只有 0.002mg/L,用氯消毒也会产生氯酚恶臭。

通常将质量浓度为 1000mg/L 的含酚废水称为高浓度含酚废水,这种废水须回收酚后,再进行处理。质量浓度小于 1000mg/L 的含酚废水,称为低浓度含酚废水。通常将这类废水循环使用,将酚浓缩回收后处理。回收酚的方法有溶剂萃取法、蒸汽吹脱法、吸附法、封闭循环法等。含酚质量浓度在 300mg/L 以下的废水可用生物氧化、化学氧化、物理化学氧化等方法进行处理后排放或回收。

2. 含汞废水

冶炼厂、化工厂、农药厂、造纸厂、染料厂及热工仪器仪表厂等。从废水中去除无机汞的方法有硫化物沉淀法、化学凝聚法、活性炭吸附法、金属还原法、离子交换法和微生物法等。一般偏碱性含汞废水通常采用化学凝聚法或硫化物沉淀法处理。偏酸性的含汞废水可用金属还原法处理。低浓度的含汞废水可用活性炭吸附法、化学凝聚法或活性污泥法处理,有机汞废水较难处理,通常先将有机汞氧化为无机汞,而后进行处理。

3. 含油废水

含油废水主要来源于石油、石油化工、钢铁、焦化、煤气发生站、机械加工等工业部门。废水中油类污染物质,除重焦油的相对密度为 1.1 以上外,其余的相对密度都小于 1。

隔油池在前已有述及,目前常规处理工艺是首先利用隔油池,回收浮油或重油,处理效率为 60%~80%,出水中含油量约为 100~200mg/L;废水中的乳化油和分散油较难处理,故应防止或减轻乳化现象。第一种方法,是在生产过程中注意减轻废水中油的乳化;第二种方法,是在处理过程中,尽量减少用泵提升废水的次数,以免增加乳化程度。处理方法通常采用气浮法和破乳法。

4. 含重金属废水

含重金属废水主要来自矿山、冶炼、电解、电镀、农药、医药、油漆、颜料等企业排出的废水。废水中重金属的种类、含量及存在形态随不同生产企业而异。重金属不能分解破坏,因此只能转移它们的存在位置和转变它们的物理和化学形态。例如,经化学沉淀处理后,废水中的重金属从溶解的离子形态转变成难溶性化合物而沉淀下来,从水中转移到污泥中;经离子交换处理后,废水中的重金属离子转移到离子交换树脂上,经再生后又从离子交换树脂上转移到再生废液中。因此,含重金属废水的处理原则是:首先,根本的是改革生产工艺,不用或少用毒性大的重金属;其次,采用合理的工艺流程、科学的管理和操作,减少重金属用量和随废水流失量,尽量减少外排废水量。

含重金属废水应当在产生地点就地处理,不与其他废水混合,以免使处理复杂化。更不应不经处理直接排入城市下水道,以免扩大重金属污染。对含重金属废水的处理,通常可分为两类:一是使废水中呈溶解状态的重金属转变成不溶的金属化合物或元素,经沉淀和上浮从废水中去除.可应用方法如中和沉淀法、硫化物沉淀法、上浮分离法、电解沉淀(或上浮)法、隔膜电解法等;二是将废水中的重金属在不改变其化学形态的条件下进行浓缩和分离,可应用方法有反渗透法、电渗析法、蒸发法和离子交换法等。这些方法应根

据废水水质、水量等情况单独或组合使用。

5. 含氰废水

含氰废水主要来自电镀、煤气、焦化、冶金、金属加工、化纤、塑料、农药、化工等部门。含氰废水是一种毒性较大的工业废水，氰化物在水中不稳定，较易于分解，无机氰和有机氰化物皆为剧毒性物质，为国家规定第一类污染物。氰化物对人体的危害是很严重的：氰化氢（HCN）人的口服致死量平均为 50mg，氰化钠约 100mg，氰化钾约 120mg。氰化物对鱼类及其他水生物的危害较大。水中氰化物含量折合成氰离子（CN⁻）浓度为 $0.04\sim0.1$mg/L 时，就能使鱼类致死。对浮游生物和甲壳类生物的 CN⁻ 最大容许浓度为 0.01mg/L。氰化物在水中对鱼类的毒性还与水的 pH、溶解氧及其他金属离子的存在有关。另外含氰废水还会造成农业减产、牲畜死亡等。

含氰废水治理措施主要有：①改革工艺，减少或消除外排含氰废水，如采用无氰电镀法可消除电镀车间工业废水；②含氰量高的废水，应回收利用，含氰量低的废水应净化处理后方可排放。回收方法有酸化曝气-碱液吸收法、蒸汽解吸法等。治理方法有碱性氯化法、电解氧化法、加压水解法、生物化学法、硫酸亚铁法、空气吹脱法等。其中碱性氯化法应用较广，硫酸亚铁法处理不彻底亦不稳定，空气吹脱法既污染大气，出水又达不到排放标准，较少采用。

6. 农药废水

农药品种繁多，农药废水水质复杂，其主要特点是：①污染物浓度较高，COD 可达每升数万毫克；②毒性大，废水中除含有农药和中间体外，还含有酚、砷、汞等有毒物质以及许多生物难以降解的物质；③有恶臭，对人的呼吸道和黏膜有刺激性；④水质、水量不稳定。因此，农药废水对环境的污染非常严重。农药废水处理的目的是降低农药生产废水中污染物浓度，提高回收利用率，力求达到无害化。

农药废水的处理方法有活性炭吸附法、湿式氧化法、溶剂萃取法、蒸馏法和活性污泥法等。研制低毒、低残留的新农药，这是农药发展方向。一些国家已禁止生产六六六等有机氯、有机汞农药，积极研究和使用微生物农药，这是一条从根本上防止农药废水污染环境的新途径。

7. 食品工业废水

食品工业原料广泛，制品种类繁多，排出废水的水量、水质差异很大。废水中主要污染物有：①漂浮在废水中固体物质，如菜叶、果皮、碎肉、禽羽等；②悬浮在废水中的物质有油脂、蛋白质、淀粉、胶体物质等；③溶解在废水中的酸、碱、盐、糖类等；④原料夹带的泥沙及其他有机物等；⑤致病菌等。食品工业废水的特点是有机物质和悬浮物含量高，易腐败，一般无大的毒性。其危害主要是使水体富营养化，以致引起水生动物和鱼类死亡，促使水底沉积的有机物产生臭味，恶化水质，污染环境。

食品工业废水处理除按水质特点进行适当预处理外，一般均宜采用生物处理。如对出水水质要求很高或因废水中有机物含量很高，可采用两级曝气池或两级生物滤池、多级生物转盘或联合使用两种生物处理装置，也可采用厌氧和好氧串联。

8. 造纸工业废水

造纸废水主要来自造纸工业生产中的制浆和抄纸两个生产过程。制浆是把植物原料中的纤维分离出来，制成浆料，再经漂白；抄纸是把浆料稀释、成型、压榨、烘干，制成纸张。这两项工艺都排出大量废水。制浆产生的废水，污染较为严重。洗浆时排出废水呈黑褐色，称为黑水，黑水中污染物浓度很高，BOD 高达 $5\sim40g/L$，含有大量纤维、无机盐和色素。漂白工序排出的废水也含有大量的酸碱物质。抄纸机排出的废水，称为白水，其中含有大量纤维和在生产过程中添加的填料和胶料。

造纸工业废水的处理应着重于提高循环用水率，减少用水量和废水排放量，同时也应积极探索各种可靠、经济和能够充分利用废水中有用资源的处理方法。例如浮选法可回收白水中纤维性固体物质，回收率可达 95%，澄清水可回用；燃烧法可回收黑水中氢氧化钠、硫化钠、硫酸钠以及同有机物结合的其他钠盐。中和法调节废水 pH；混凝沉淀或浮选法可去除废水中悬浮固体；化学沉淀法可脱色；生物处理法可去除 BOD，对牛皮纸废水较有效；湿式氧化法处理亚硫酸纸浆废水较为成功。此外，还有采用反渗透、超过滤、电渗析等处理方法。

9. 印染工业废水

印染工业用水量大，通常每印染加工 1t 纺织品耗水 $100\sim200t$，其中 $80\%\sim90\%$ 以印染废水排出。常用的处理方法有回收利用和无害化处理。

回收利用：①废水可按水质特点分别回收利用。如煮炼、漂白废水和染色印花废水分流，前者可以对流洗涤，一水多用，减少排放量。②碱液回收利用。通常采用蒸发法回收，如碱液量大，可用三效蒸发回收，碱液量小，可用薄膜蒸发回收。③染料回收。如士林染料可酸化成为隐色酸，呈胶体微粒悬浮于残液中，经沉淀过滤后回收利用。

无害化处理可分以下几种：①物理处理法，有沉淀法和吸附法等。沉淀法主要去除废水中悬浮物；吸附法主要是去除废水中溶解的污染物和脱色。②化学处理法，有中和法、混凝法和氧化法等。中和法在于调节废水中的酸碱度，还可降低废水的色度；混凝法在于去除废水中分散染料和胶体物质；氧化法在于氧化废水中还原性物质，使硫化染料和还原染料沉淀下来。③生物处理法有活性污泥、生物转盘、生物转筒和生物接触氧化法等。为了提高出水水质，达到排放标准或回收要求，往往需要几种方法联合处理。

10. 染料生产废水

染料生产废水含有酸、碱、盐、卤素、烃、胺类、硝基物和染料及其中间体等物质，有的还含有吡啶、氰、酚、联苯胺以及重金属汞、镉、铬等。这些废水成分复杂，具有毒性，较难处理。因此染料生产废水的处理应根据废水的特性和对它的排放要求选用适当的处理方法。例如：去除固体杂质和无机物可采用混凝法和过滤法，去除有机物和有毒物质主要采用化学氧化法、生物法和反渗透法等，脱色一般可采用混凝法和吸附法组成的工艺流程，去除重金属可采用离子交换法等。

11. 化学工业废水

化学工业废水主要来自石油化学工业、煤炭化学工业、酸碱工业、化肥工业、塑料工业、制药工业、染料工业、橡胶工业等。化工废水污染防治的主要措施是：改革生产工艺和设备，减少污染物，防止废水外排，进行综合利用和回收；必须外排的废水，其处理程度应根据水质和要求选择。一级处理主要分离水中的悬浮固体物、胶体物、浮油或重油等。可采用水质水量调节、自然沉淀、上浮和隔油等方法。二级处理主要是去除可用生物降解的有机溶解物和部分胶体物，减少废水中的 BOD 和部分 COD，通常采用生物法处理。经生物处理后的废水中，还残存相当数量的 COD，有时有较高的色、臭、味，或因环境卫生标准要求高，需采用三级处理方法进一步净化。三级处理主要是去除废水中难以生物降解的有机污染物和溶解性无机污染物。常用的方法有活性炭吸附法和臭氧氧化法，也可采用离子交换和膜分离技术等。各种化学工业废水可根据不同的水质、水量和处理后外排水质的要求，选用不同的处理方法。

12. 酸碱废水

酸性废水主要来自钢铁厂、化工厂、染料厂、电镀厂和矿山等，其中含有各种有害物质或重金属盐类。酸的质量分数差别很大，低的小于1%，高的大于10%。碱性废水主要来自印染厂、皮革厂、造纸厂、炼油厂等。其中有的含有机碱或无机碱。碱的质量分数有的高于5%，有的低于1%。酸碱废水中，除含有酸碱外，常含有酸式盐、碱式盐以及其他无机物和有机物。酸碱废水具有较强的腐蚀性，需经适当治理方可外排。治理酸碱废水一般原则是：①高浓度酸碱废水，应优先考虑回收利用，根据水质、水量和不同工艺要求，进行厂区或地区性调度，尽量重复使用。如重复使用有困难，或浓度偏低，水量较大，可采用浓缩的方法回收酸碱。②低浓度的酸碱废水，如酸洗槽的清洗水，碱洗槽的漂洗水，应进行中和处理。对于中和处理，应首先考虑以废治废的原则。如酸、碱废水相互中和或利用废碱（渣）中和酸性废水，利用废酸中和碱性废水。在没有这些条件时，可采用中和剂处理。

13. 选矿废水

选矿废水具有水量大，悬浮物含量高，含有害物质种类较多的特点。其有害物质是重金属离子和选矿药剂。重金属离子有铜、锌、铅、镍、钡、镉以及砷和稀有元素等。在选矿过程中加入的浮选药剂有如下几类：①捕集剂，如黄药、黑药、白药；②抑制剂，如氰盐（KCN，NaCN）、水玻璃（Na_2SiO_3）；③起泡剂，如松节油、甲酚；④活性剂，如硫酸铜、重金属盐类；⑤硫化剂，如硫化钠；⑥矿浆调节剂，如硫酸、石灰等。选矿废水主要通过尾矿坝有效地去除废水中悬浮物，重金属和浮选药剂含量也可降低。

如达不到排放要求时，应进一步处理，常用的处理方法有：①去除重金属可采用石灰中和法和焙烧白云石吸附法；②去除浮选药剂可采用矿石吸附法、活性炭吸附法；③含氰废水可采用化学氧化法。

14. 冶金废水

冶金废水的主要特点是水量大，种类多，水质复杂多变。按废水来源和特点分类，主要有冷却水、酸洗废水、洗涤废水（除尘、煤气或烟气）、冲渣废水、炼焦废水以及由生产中凝结、分离或溢出的废水等。

冶金废水治理发展的趋向是：①发展和采用不用水或少用水及无污染或少污染的新工艺、新技术，如用干法熄焦、炼焦煤预热、直接从焦炉煤气脱硫脱氰等；②发展综合利用技术，如从废水废气中回收有用物质和热能，减少物料燃料流失；③根据不同水质要求，综合平衡，串流使用，同时改进水质稳定措施，不断提高水的循环利用率；④发展适合冶金废水特点的新的处理工艺和技术，如用磁法处理钢铁废水，具有效率高、占地少、操作管理方便等优点。

第5章 工业给水排水工程中的设施与材料

5.1 常用给水排水材料与附件

5.1.1 给水水管材料

水管可分金属管（铸铁管和钢管）和非金属管（预应力钢筋混凝土管、玻璃钢管、塑料管等）。不同材料的水管，性能各异，适用条件也不尽相同。

水管材料的选择应根据管径、内压、外部荷载和管道敷设区的地形、地质，管材的供应，按照运行安全、耐久、减少漏损、施工和维护方便、经济合理以及清水管道防止二次污染的原则，进行技术、经济、安全等综合分析确定。

1. 铸铁管

铸铁管按材质可分为灰铸铁管（也称连续铸铁管）和球墨铸铁管。

灰铸铁管虽有较强的耐腐蚀性，但由于连续铸管工艺的缺陷，质地较脆，抗冲击和抗震能力差，质量较大，并且经常发生接口漏水，水管断裂和爆管事故等。但是，其可以用在直径较小的管道上，同时采用柔性接口，必要时可选用较大一级的壁厚，以保证安全供水。

与灰铸铁管相比，球墨铸铁管不仅具有灰铸铁管的许多优点，而且机械性能有很大提高，其强度是灰铸铁管的数倍，抗腐蚀性能远高于钢管。除此之外，球墨铸铁管质量较轻，很少发生爆管、渗水和漏水现象。球墨铸铁管采用推入式楔形胶圈柔性接口，也可用法兰接口，施工安装方便，接口的水密性好，有适应地基变形的能力，抗震效果也好，因此是一种理想的管材。

2. 钢管

钢管有无缝钢管和焊接钢管两种。钢管的特点是能耐高压、耐振动、质量较轻、单管的长度大和接口方便，但耐腐蚀性差，管壁内外都需有防腐措施，并且造价较高。在给水管网中，通常只在大管径和水压高处，以及因地质、地形条件限制或穿越铁路、河谷和地震区使用。

3. 预应力和自应力钢筋混凝土管

预应力钢筋混凝土管分普通和加钢套筒两种。预应力钢套筒混凝土管是在预应力钢筋混凝土管内放入钢筒，其用钢材量比钢管省，价格比钢管便宜。其接口为承插式，承口环和插口环均用扁钢压制成型，与钢筒焊成一体。

预应力钢筋混凝土管的特点是造价低，管壁光滑，水力条件好，耐腐蚀，但质量大，不便于运输和安装。预应力钢筋混凝土管在设置阀门、弯管、排气、放水等装置处，须采用钢管配件。

4. 玻璃钢管

玻璃钢管是一种新型管材，能长期保持较高的输水能力，还具有耐腐蚀、不结垢、强度高、粗糙系数小、质量轻（是钢管的 1/4 左右，预应力钢筋混凝土管的 1/10～1/5），运输施工方便等特点。但其价格较高，几乎跟钢管接近，可在强腐蚀性土壤处采用。为降低价格，提高管道的刚度，国内一些厂家生产出一种夹砂玻璃钢管。

5. 塑料管

塑料管种类很多，近年来发展很快，目前生产中应用较多的有 UPVC、ABS、PE、PP 管材等。尤其是 UPVC（硬聚氯乙烯）管，以其优良的力学性能、阻燃性能、低廉的价格，受到欢迎，应用广泛。UPVC 管工作压力宜低于 2.0MPa，用户进水管常用管径 $DN25$ 和 $DN50$，小区内为 $DN100～DN200$，管径一般不大于 $DN400$。

塑料管具有内壁光滑不结垢、水头损失小、耐腐蚀、质量轻、加工和接口方便等优点。但管材的强度较低，用于长距离管道时，需要考虑防止碰撞、暴晒等老化措施。

5.1.2 排水管渠材料、接口、基础

1. 排水管渠断面及布设要求

排水因水的性质与给水不同，所以除了管道外还常用管渠来排水，管渠的断面形式除必须满足静力学、水力学方面的要求外，还应经济和便于养护。在静力学方面，管道必须有较大的稳定性，在承受各种荷载时是稳定和坚固的。在水力学方面，管道断面应具有最大的排水能力，并在一定的流速下不产生沉淀物。在经济方面，管道单长造价应该是最低的。在养护方面，管道断面应便于冲洗和清通淤积。最常用的管渠断面形式是圆形、半椭圆形、马蹄形、矩形、梯形和蛋形等。

圆形断面有较好的水力学特性，在一定的坡度下，指定的断面面积具有最大的水力半径，因此流速大，流量也大。此外，圆形管便于预制，使用材料经济，对压力的抵抗力较强，若挖土的形式与管道相称时，能获得较高的稳定性，在运输和施工养护方面也较方便。因此是最常用的一种断面形式，半椭圆形断面在土压力和动荷载较大时，可以更好地分配管壁压力，因而可减小管壁厚度。在污水流量无大变化及管渠直径大于 2m 时，采用此种形式的断面较为合适。

马蹄形断面，其高度小于宽度。在地质条件较差或地形平坦，受受纳水体水位限制时，需要尽量减小管道埋深以降低造价，可采用此种形式的断面。又由于马蹄形断面的下部较大，对于输送流量无太大变化的大流量污水，较为适宜。但马蹄形管的稳定性有赖于回填土的密实度，若回填土松软，两侧底部的管壁易产生裂缝。

蛋形断面由于底部较小，从理论上看，在小流量时可以维持较大的流速，因而可减少淤积，适用于污水流量变化较大的情况。但实际养护经验证明，这种断面的冲洗和清通工作比较困难，且制作和施工较复杂，现已很少使用。

矩形断面可以就地浇制或砌筑，并按需要将深度增加，以增大排水量。某些工业企业的污水管道、路面狭窄地区的排水管道以及排洪沟道常采用这种断面形式。不少地区在矩形断面的基础上，将渠道底部用细石混凝土或水泥砂浆做成弧形流槽，以改善水力条件。也可在矩形渠道内做低流槽。这种组合的矩形断面是为合流制管道设计的，晴天的污水在小矩形槽内流动，以保持一定的充满度和流速，使之能够免除或减轻淤积程度。

梯形断面适用于明渠，它的边坡决定于土壤性质和铺砌材料。

排水管渠的断面形状应符合下列要求：

排水管渠断面形状应根据设计流量、埋设深度、工程环境条件，同时结合当地施工、制管技术水平和经济养护管理要求综合确定，宜优先选用成品管。大型和特大型管渠的断面应方便维护、养护和管理。

管渠材质、管渠构造、管渠基础、管道接口的选定原则：管渠采用的材料一般有混凝土、钢筋混凝土、陶土、石棉水泥、塑料、球墨铸铁、钢以及土明渠等。管渠基础有砂石基础、混凝土基础、土弧基础等。管道接口有柔性接口和刚性接口等，应根据影响因素进行选择。

排水管渠的断面形状应符合下列要求：

（1）排水管渠的断面形状应根据设计流量、埋设深度、工程环境条件，同时结合当地施工、制管技术水平和经济、养护管理要求综合确定，宜优先选用成品管。

（2）大型和特大型管渠的断面应方便维修、养护和管理。

（3）根据工程条件、材料力学性能和回填材料压实度，按环刚度复核覆土深度。

（4）设置在机动车道下的埋地塑料排水管道不应影响道路质量。

（5）埋地塑料排水管不应采用刚性基础。

（6）塑料管应直线敷设，当遇到特殊情况需折线敷设时，应采用柔性连接，其允许偏转角应满足要求。

（7）管道接口应根据管道材质和地质条件确定，污水和合流污水管道应采用柔性接口。当管道穿过粉砂、细砂层并在最高地下水位以下，或在地震设防烈度为 7 度及以上设防区时，必须采用柔性接口。

（8）当矩形钢筋混凝土箱涵敷设在软土地基或不均匀地层上时，宜采用钢带橡胶止水圈结合上下企口式接口形式。

2. 常用排水管渠、材料

排水管渠的材质、管渠构造、管渠基础、管道接口，应根据排水水质、水温、冰冻情况、断面尺寸、管内外所受压力、土质、地下水位、地下水侵蚀性、施工条件及对养护工具的适应性等因素，进行选择和设计。

（1）对管渠材料的要求

排水管渠必须具有足够的强度，以承受外部的荷载和内部的水压，外部荷载包括土壤的质量（静荷载），以及由于车辆通行所造成的动荷载。压力管及倒虹管一般要考虑内部水压。自流管道发生检查井内充水时，也可能引起内部水压。此外，为了保证排水管道在运输和施工中不致破裂，也必须使管道具有足够的强度。

排水管渠不仅应能承受污水中杂质的冲刷和磨损，而且应具有抗腐蚀的性能，以免在污水或地下水（或酸碱）的侵蚀作用下受到损坏。输送腐蚀性污水的管渠必须采用耐腐蚀材料，其接口及附属构筑物必须采取相应的防腐蚀措施。因此，污水管道、合流污水管道和附属构筑物应保证其严密性，应进行闭水试验，防止污水外渗和地下水入渗，且雨水管道系统和合流管道之间不应设置连通管道。排水管渠必须不透水，以防止污水浆出或地下水渗入。因为污水从管渠渗出至土壤，将污染地下水或邻近水体，或者破坏管道及附近房屋的基础。地下水渗入管渠，不但降低管渠的排水能力，而且将增大污水泵站及处理构筑

物的负荷。

排水管渠的内壁应整齐光滑，以减小水流阻力。当输送易造成管渠内沉淀的污水时，管渠形式和断面的确定，必须考虑便于维护检修。

排水管渠应就地取材，并考虑预制管件及快速施工的可能，以便尽量降低管渠的造价和运输及施工费用。

（2）常用排水管渠材料

1）混凝土管和钢筋混凝土管

混凝土管和钢筋混凝土管适用于排除雨水、污水，可在专门的工厂预制，也可在现场浇制。分混凝土管、轻型钢筋混凝土管和重型钢筋混凝土管三种。管口通常有承插式、企口式和平口式。

混凝土管的管径一般小于 450mm，长度多为 1m，适用于管径较小的无压管。当管道埋深较大或敷设在土质条件不良地段，为抗外压，管径大于 400mm 时，通常都采用钢筋混凝土管。混凝土管和钢筋混凝土管便于就地取材，制造方便，而且可根据抗压的不同要求，制成无压管、低压管、预应力管等，所以在排水管道系统中得到了普遍应用。混凝土管和钢筋混凝土管除用作一般自流排水管道外，钢筋混凝土管及预应力钢筋混凝土管亦可用作泵站的压力管及倒虹管。它们的主要缺点是抗酸、碱侵蚀及抗渗性能较差、管节短、接头多、施工复杂。在地震烈度大于 8 度的地区及饱和松砂、淤泥土、冲填土、杂填土的地区不宜采用。此外，大管径管的自重大，搬运不便。

2）陶土管

陶土管是由耐火塑性黏土制成的。为了防止在焙烧过程中产生裂缝，通常加入耐火黏土及石英砂（按一定比例），经过研细、调和、制坯、烘干、焙烧等过程制成。根据需要可制成无釉、单面釉、双面釉。若采用耐酸黏土和耐酸填充物、还可以制成特种耐酸陶土管。

陶土管一般制成圆形断面，有承插式和平口式两种形式。

普通陶土排水管（缸瓦管）最大公称直径可达 300mm，有效长度 800mm，适用于居民区室外排水。耐酸陶瓷管最大公称直径国内可达 800mm，一般在 400mm 以内，管节长度有 300mm、500mm、700mm、1000mm 四种。适用于排除酸性废水。

带釉的陶土管内外壁光滑，水流阻力小、不透水性好、耐磨损、抗腐蚀。但陶土管质脆易碎，不宜远运，不能受内压。抗弯、抗拉强度低，不宜敷设在松土中或埋深较大的地方。此外，管节短，需要较多的接口，增加了施工麻烦和费用。由于陶土管耐酸抗腐蚀性好，适用于排除酸性废水，或管外有侵蚀性地下水的污水管道。

3）金属管

常用的金属管有铸铁管及钢管。室外重力流排水管道很少采用金属管，只有当排水管道承受高内压、高外压或对渗漏要求特别高的地方，如排水泵站的进出水管、穿越铁路、河道的倒虹管或靠近给水管道和房屋基础时，才采用金属管。在地震烈度大于 8 度或地下水位高，流砂严重的地区也采用金属管。

金属管质地坚固、抗压、抗震、抗渗性能好；内壁光滑，水流阻力小；管子每节长度大，接头少。但价格昂贵，钢管抗酸碱腐蚀及地下水侵蚀的能力差。因此，在采用钢管时必须涂刷耐腐涂料并注意绝缘。

4）浆砌砖、石或钢筋混凝土渠道

排水管道的预制管管径一般小于 2m，实际上当管道设计断面大于 1.5m 时，通常就在现场建造大型排水渠道。建造大型排水渠道常用的建筑材料有砖、石、陶土块、混凝土块、钢筋混凝土块和钢筋混凝土等。采用钢筋混凝土时，要在施工现场支模浇制，采用其他几种材料时，在施工现场主要是铺砌或安装。在多数情况下，建造大型排水渠道，常采用两种以上材料。

渠道的上部称渠顶，下部称渠底，常和基础做在一起，两壁称渠身。砖砌渠道在国内外排水工程中应用较早，目前在我国仍普遍使用。常用的断面形式有矩形、圆形、半椭圆形等。可用普通砖或特制的楔形砖砌筑。当砖的质地良好时，砖砌渠道能抵抗污水或地下水的腐蚀，耐久性好。因此能用于排泄有腐蚀性的废水。

在石料丰富的地区，常采用条石、方石或毛石砌筑渠道。通常将渠顶砌成拱形，渠底和渠身扁光、勾缝，以使水力性能良好。

5）新型排水管材

随着我国国民经济的发展，市政建设的规模也在不断扩大、传统的排水管材由于其本身固有的一些缺点，已经难以适应城市快速发展的需要，因此，近年来出现了许多新型塑料排水管材。这些管材无论是性能还是施工难易程度都优于传统管材，一般具有以下特性：强度高，抗压耐冲击；内壁平滑，摩阻低，过流量大；耐腐蚀，无毒无污染；连接方便，接头密封好，无渗漏；质量轻，施工快，费用低；埋地使用寿命达 50 年以上。

根据住建部《关于发布化学建材技术与产品的公告》精神，应用于排水的新型管材主要是塑料管材，其主要品种包括：聚氯乙烯管（PVC-U）、聚氯乙烯芯层发泡管（PVC-U）、聚氯乙烯双壁波纹管（PVC-U）、玻璃钢夹砂管（RPMP）、塑料螺旋缠绕管（HDPE、PVC-U）、聚氯乙烯径向加筋管（PVC-U）等。

市场上出现的大口径新型排水管管材根据材质的不同，大致可以分为玻璃钢管，以高密度聚乙烯为原料的 HDPE 管以及以聚氯乙烯为原料的 UPVC 管。由于 UPVC 在熔融挤出时的流动性很差、热稳定性也差，生产大口径管材相当困难，大口径聚氯乙烯管的连接也困难，目前国内生产的 UPVC 排水管管径绝大部分在 DN600 以下，比较适合在小区等排水管管径不大的地区使用，而不适合在市政排水管网（管径较大）中使用。市政工程使用的主要是玻璃钢管和 HDPE 管。

玻璃钢纤维缠绕增强热固性树脂管，简称玻璃钢管，是一种新型的复合管材，它主要以树脂为基体、以玻璃纤维作为增强材料制成的，具有优异的耐腐蚀性能、轻质高强、输送流量大、安装方便、工期短和综合投资低等优点，广泛应用于化工企业腐蚀性介质输送以及城市给水排水工程等诸多领域。随着玻璃钢管的普及应用，又出现了夹砂玻璃钢管（RPMP 管），这种管道从性能上提高了管材刚度，降低了成本，一般采用具有两道"O"形密封圈的承插式接口。安装方便、可靠、密封性、耐腐蚀性好，接头可在小角度范围内任意调整管线方向。

HDPE 管是一种具有环状波纹结构外壁和平滑内壁的新型塑料管材，由于管道规格不同，管壁结构也有差别。根据管壁结构的不同，HDPE 管可分为双壁波纹管和缠绕增强管两种类型。目前，其生产工艺和使用技术已十分成熟，在实践中得到了推广和应用。

① HDPE 双壁波纹管，双壁波纹管是由 HDPE 同时挤出的波纹外壁和一层光滑内壁

一次熔结挤压成型的，管壁截面为双层结构，其内壁光滑平整，外壁为等距排列的具有梯形中空结构的管材。具有优异的环刚度和良好的强度与韧性，质量轻、耐冲击性强、不易破损等特点，且运输安装方便。管道主要采用橡胶圈承插连接（也可采用热缩带连接）。由于双壁波纹管的特殊的波纹管壁结构设计，使得该管在同样直径和达到同样环刚度的条件下，用料（HDPE）最省。但受到生产工艺限制，目前国内能生产的最大口径只有DN1200，使其推广受到一定限制。

② HDPE 中空壁缠绕管，它是以 HDPE 为原料生产矩形管坯，经缠绕焊接成型的一种管材。由于其独特的成型工艺，可生产口径达 3000mm 的大口径管，这是其他生产工艺难以完成甚至于无法完成的。此种管材与双壁波纹管在性能上基本一致，主要采用热熔带连接方式，连接成本较双壁波纹管略高。此外，该种管材的一个主要缺点是在同样直径和达到同样环刚度下，一般比直接挤出的双壁波纹管耗材更多，因此，其生产成本较高。

③金属内增强聚乙烯（HDPE）螺旋波纹管，它是以聚乙烯为主要原料，经过特殊的挤出缠绕成型工艺加工而成的结构壁管，产品由内层为 PE 层、中间为经涂塑处理的金属钢带层、外层为 PE 层的三层结构构成。经涂塑处理的钢带与内、外聚乙烯层在熔融状态下复合，使其有机地融为一体，既提高了管材的强度，又解决了钢带外露易腐蚀的问题。

管径从 DN700～DN2000。其连接方式主要有：焊接连接、卡箍连接和热收缩套接（适用于 DN1200 以下）。该管的最大优势在于可以达到其他塑料管材不能达到的环刚度（可达 $16kN/m^2$），同时造价相对低廉。

（3）管渠材料的选择

管渠材料的选择，对排水系统的造价影响很大。选择排水管渠材料时，应综合考虑技术、经济及其他方面的因素。

根据排除的污水性质：当排除生活污水及中性或弱碱性（pH＝8～10）的工业废水时，上述各种管材都能使用。当生活污水管道和合流污水管道采用混凝土或钢筋混凝土管时，由于管道运行时沉积的污泥会析出硫化氢，而使管道可能受到腐蚀。为减轻腐蚀损害，可以在管道内加专门的衬层。这种衬层大多由沥青、煤焦油或环氧树脂涂制而成。排除碱性（pH＞10）的工业废水时可用铸铁管或砖渠，也可在钢筋混凝土渠内涂塑料衬层。排除弱酸性（pH＝5～6）的工业废水可用陶土管或砖渠；排除强酸性（pH＜5）的工业废水应采用耐酸陶土管及耐酸水泥砌筑的砖渠，亦可用内壁涂有塑料或环氧树脂衬层的钢筋混凝土管、渠。排除雨水时通常都采用钢筋混凝土管、渠或用浆砌砖、石的大型渠道。

根据管道受压、管道埋设地点及土质条件：压力管段（泵站压力管、倒虹管）一般都采用金属管、钢筋混凝土管或预应力钢筋混凝土管。在地震区、施工条件较差的地区（地下水位高、有流砂等）以及穿越铁路等，亦宜采用金属管。而在一般地区的重力流管道常采用陶土管、混凝土管、钢筋混凝土管和塑料排水管。埋地塑料排水管可采用硬聚氯乙烯管、聚乙烯管和玻璃纤维增强塑料夹砂管。

3. 排水管渠接口及基础

（1）排水管渠接口

排水管道的不透水性和耐久性，很大程度上取决于敷设管道时接口的质量，管道接口应具有足够的强度，不透水、能抵抗污水或地下水的侵蚀并有一定的弹性。根据接口的弹性，一般分为柔性、刚性和半柔半刚性三种接口形式。管道的接口应根据管道材质、地质条件和排水的性质选用。如污水及合流管道应采用柔性接口；当管道穿过粉砂、细砂层并在最高地下水位以下，或在地震烈度为 7 度及以上设防区时，必须采用柔性接口。

柔性接口在管道纵向轴线交错 3～5mm 或交错一个较小的角度时，一般不会发生渗漏。常用的柔性接口有沥青卷材及橡皮圈接口。沥青卷材接口用在无地下水、地基软硬不一、沿管道轴向沉陷不均匀的无压管道上。橡胶圈接口使用范围更广，特别是在地震区，对管道抗震有显著作用。柔性接口施工复杂，造价较高，但在地震区采用有独特的优点。

当矩形钢筋混凝土箱涵敷设在软土地基或不均匀地层上时，宜采用钢带橡胶止水圈结合上下企口式接口形式。

刚性接口不允许管道有轴向的交错。但相对柔性接口，刚性接口施工简单、造价较低，因此采用较广泛。常用的刚性接口有水泥砂浆抹带接口、钢丝网水泥砂浆抹带接口。刚性接口抗震性能差，用在地基较好，有带形基础的无压管道上。

半柔半刚性接口介于上述两种接口形式之间。使用条件与柔性接口类似。常用的是预制套环石棉水泥接口。

常用的接口方法：

1）水泥砂浆抹带接口，属刚性接口。在管子接口处用 1∶2.5～1∶3 水泥砂浆抹成半椭圆形或其他形状的砂浆带，带宽 120～150mm。一般适用于地基土质较好的雨水管道，或用于地下水位以上的污水支线上。企口管、平口管、承插管均可采用此种接口。

2）钢丝网水泥砂浆抹带接口，也属于刚性接口。将抹带范围的管外壁凿毛，抹 15mm 厚 1∶2.5 水泥砂浆，中间采用 20 号 10×10 钢丝网一层，两端插入基础混凝土中，上面再抹 10mm 厚砂浆一层。适用于地基土质较好的具有带形基础的雨水、污水管道。

3）石棉沥青卷材接口，属柔性接口。石棉沥青卷材为工厂加工，沥青玛蹄脂质量配比为：沥青∶石棉∶细砂＝7.5∶1∶1.5。先将接口处管壁刷净烤干，涂上冷底子油一层，刷沥青玛蹄脂厚 3mm，包上石棉沥青卷材，再涂 3mm 厚的沥青砂玛蹄脂，称为三层做法。若再加卷材和沥青砂玛蹄脂各一层，就称为五层做法。一般适用于地基沿管道轴向不均匀沉陷地区。

4）橡胶圈接口，属柔性接口。接口结构简单，施工方便。适用于施工地段土质较差，地基硬度不均匀，或地震地区。

5）预制套环石棉水泥（或沥青砂）接口，属于半刚半柔接口。石棉水泥质量比为：水∶石棉∶水泥＝1∶3∶7（沥青砂配比为：沥青∶石棉∶砂＝1∶0.67∶0.67）。适用于地基不均匀地段，或地基经过处理后管道可能产生不均匀沉陷且位于地下水位以下，内压低于 10m 的管道。

6）顶管施工常用的接口形式：①混凝土（或铸铁）内套环石棉水泥接口，一般只用于污水管道；②沥青油毡、石棉水泥接口、麻辫（或塑料圈）石棉水泥接口，一般只用于雨水管道。采用铸铁管的排水管道，常用的接口做法为承插式铸铁管油麻石棉水泥接口。

除上述常用的管道接口外，在化工、石油、冶金等工业的酸性废水管道上，需要采用耐酸的接口材料。目前有些单位研制了防腐蚀接口材料——环氧树脂浸石棉绳，使用效果良好；也有使用玻璃布和煤焦油、高分子材料配制的柔性接口材料等。这些接口材料尚未广泛采用。

（2）排水管道的基础

排水管道的基础一般由地基、基础和管座三部分组成，地基是指沟槽底的土壤部分。它承受管道和基础的质量、管内水重、管上土压力和地面上的荷载。基础是指管道与地基间经人工处理或专门建造的设施，其作用是使管道较为集中的荷载均匀分布，以减少对地基单位面积的压力，如原土夯实、混凝土基础等。管座是管子下边与基础之间的部分，设置管座的目的在于使管子与基础连成一个整体，以减少对地基的压力和对管道的反力。管座包角的中心角（ϕ）越大，基础所受的单位面积的压力和地基对管子作用的单位面积的反力越小。

为保证排水管道系统能安全正常运行，管道的地基与基础要有足够的承受荷载的能力和可靠的稳定性。否则排水管道可能产生不均匀沉陷，出现管道错口、断裂、渗漏等现象，导致对附近地下水的污染，甚至影响附近建筑物的基础。一般应根据管道本身情况及其外部荷载的情况、覆土的厚度、土壤的性质合理选择管道基础。对地基松软或不均匀沉降地段，管道基础应采取加固措施。

目前常用的管道基础有三种：

1）砂土基础

砂土基础包括弧形素土基础及砂垫层基础。

弧形素土基础是在原土上挖一弧形管槽（通常采用90°弧形），管子落在弧形管槽内。这种基础适用于无地下水、原土能挖成弧形的干燥土壤。管道直径小于600mm的混凝土管，钢筋混凝土管、陶土管，管顶覆土厚度在0.7～2.0m之间的街坊污水管道，不在车行道下的次要管道及临时性管道，可采用弧形素土基础。

砂垫层基础是在挖好的弧形管槽上，用带棱角的粗砂填10～15cm厚的砂垫层。这种基础适用于无地下水，岩石或多石土壤。管道直径小于600mm的混凝土管、钢筋混凝土管及陶土管，管顶覆土厚度0.7～2m的排水管道，可采用砂垫层基础。

2）混凝土枕基

混凝土枕基是只在管道接口处才设置的管道局部基础。通常在管道接口下用C10混凝土做成枕状垫块。此种基础适用于干燥土壤中的雨水管道及不太重要的污水支管。常与素土基础或砂填层基础同时使用。

3）混凝土带形基础

混凝土带形基础是沿管道全长铺设的基础。按管座的形式不同分为99°、135°、180°三种管座基础。这种基础适用于各种潮湿土壤以及地基软硬不均匀的排水管道，管径为200～2000mm。无地下水时在槽底老土上直接浇混凝土基础；有地下水时常在槽底铺10～15cm厚的卵石或碎石垫层，然后在其上浇混凝土基础，一般采用强度等级为C10的混凝土。当管顶覆土厚度在0.7～2.5m时采用90°。管座基础覆土厚度为2.6～4m时采用135°；覆土厚度在4.1～6m时采用180°基础。在地震区，土质特别松软，不均匀沉陷严重地段，最好采用钢筋混凝土带形基础。对地基松软或不均匀沉降地段，为增强管道强度，保证使用效果，可对基础或地基采取加固措施，并采用柔性接口。

4）塑料排水管基础

埋地塑料排水管不应采用刚性基础。塑料管应直线敷设，当遇到特殊情况，需要折线敷设时，应采用柔性连接，其允许偏转角应满足要求。

输水管道系统运行中，应保证在各种设计工况下，管道不出现负压。输水管出现负压，水中的空气易分离，形成气团妨碍通水，同时还会造成水流的不稳定，另外也可能使管外水体渗入，造成污染。因此一般输水管线宜埋设在水力坡降线以下，这样可保证管道水流在正压下运行。

原水输送宜选用管道或暗渠（隧洞）；当采用明渠输送原水时，必须有可靠的防止水质污染和水量流失的安全措施。采用明渠输送原水主要存在两方面的问题，一是水质易被污染，二是城镇用水容易与工农业争水，导致水量流失。因此规定原水输送宜选用管道或暗渠（隧洞）；采用明渠输水宜采用专用渠道，如天津"引滦入津"工程。为防止水质污染，保证供水安全，规定清水输送应选用管道。若采用暗渠或隧洞，必须保证混凝土密实，伸缩缝处不透水，且一般情况是暗渠或隧洞内压大于外压，防止外水渗入。

5.1.3　分配系统管道、管材要求

车间分配系统除特殊管道有特殊规定外，大多数与民用相差不大，个别几点提起注意即可：

（1）我国现行国家标准《生活饮用水卫生标准》GB 5749—2006 明确规定："各单位自备的生活饮用水供水系统，不得与城市供水系统连接。"结合国内发生的由于管道连接错误造成的饮用水污染事故事例，可知此处作为强条是绝对不允许违反的。

（2）配水管网应按最高日最高时供水量及设计水压进行平差计算，并应分别按下列 3 种工况和要求进行校核：①发生消防时的流量和消防水压要求；②最大转输时的流量和水压要求；③最不利管段发生故障时的事故用水量和设计水压要求。为选择安全可靠的配水系统和确定配水管网的管径、水泵扬程及高地水池的标高等，必须进行配水管网的平差计算。为确保管网在任何情况下均能满足用水要求，配水管网除按最高日最高时的水量及控制点的设计水压进行计算外，还应按发生消防时的水量和消防水压要求、最不利管段发生故障时的事故用水量和设计水压要求、最大转输时的流量和水压的要求三种情况进行校核；如校核结果不能满足要求，则需要调整某些管段的管径。

（3）配水管网应进行优化设计，在保证设计水量、水压、水质和安全供水的条件下，进行不同方案的技术经济比较。管网的优化设计是在保证城市所需水量、水压和水质安全可靠的条件下，选择最经济的供水方案及最优的管径或水头损失。管网是一个很复杂的供水系统，管网的布置、调节水池及加压泵站设置和运行都会影响管网的经济指标。因此，要对管网主要干管及控制出厂压力的沿线管道校核其流速的技术经济合理性；对供水距离较长或地形起伏较大的管网进行设置加压泵站的比选；对昼夜用水量变幅较大、供水距离较远的管网比较设置调节水池泵站的合理性。

（4）压力输水管应考虑水流速度急剧变化时产生的水锤，并采取削减水锤的措施。压力管道由于急速的开泵、停泵、开阀、关阀和流量调节等，会造成管内水流速度的急剧变化，从而产生水锤，危及管道安全，因此压力输水管道应进行水锤分析计算，采取措施削减开关泵（阀）产生的水锤；防止在管道隆起处与压力较低的部位水柱拉断，产生的水柱分离和断流弥合水锤。工艺设计一般应采取削减水锤的有效措施，使在残余水锤作用下的管道设计压力小于管道试验压力，以保证输水安全。

（5）负有消防给水任务管道的最小直径不应小于 100mm，室外消火栓的间距不应超

过 120m。

（6）管道的埋设深度，应根据冰冻情况、外部荷载、管材性能、抗浮要求及与其他管道交叉等因素确定。露天管道应有调节管道伸缩设施，并设置保证管道整体稳定的措施，还应根据需要采取防冻保温措施。露天铺设的管道，为消除温度变化引起管道伸缩变形，应设置伸缩器等措施。近年来由于露天管道加设伸缩器后，忽略管道整体稳定，从而造成管道在伸缩器处拉脱的事故时有发生，因此增加了保证管道整体稳定的要求。

（7）管道试验压力及水压试验要求应符合现行国家标准《给水排水管道工程施工及验收规范》GB 50268—2008 的有关规定。在工程建设给水系统中使用的管材、管件，必须符合现行标准的要求。管件的允许工作压力，除取决于管材、管件的承压能力外，还与管道接口能承受的拉力有关。这三个允许工作压力中的最低者，为管道系统的允许工作压力。

（8）室内的给水管道，应选用耐腐蚀和安装连接方便可靠的管材，可采用塑料给水管、塑料和金属复合管、铜管、不锈钢管及经可靠防腐处理的钢管。高层建筑给水立管不宜采用塑料管。室内的给水管道，选用时应考虑其耐腐蚀性能，连接方便可靠，接口耐久不渗漏，管材的温度变形，抗老化性能等因素综合确定。当地主管部门对给水管材的采用有规定时，应予遵守。

可用于室内给水管道的管材品种很多，纯塑料的塑料管和薄壁（或薄层）金属与塑料复合的复合管材均被视为塑料类管材。薄壁铜管、薄壁不锈钢管、衬（涂）塑钢管被视为金属管材。各种新型的给水管材大多编制有推荐性技术规程，可为设计、施工安装和验收提供依据。

根据工程实践经验，塑料给水管由于线胀系数大，又无消除线胀的伸缩节，用作高层建筑给水立管，在支管连接处累积变形大，容易断裂漏水。故立管推荐采用金属管或钢塑复合管。

（9）室内冷、热水管，上、下平行敷设时，冷水管应在热水管下方。卫生器具的冷水连接管应在热水连接管的右侧。

（10）生活给水管道不宜与输送易燃、可燃或有害液体或气体的管道同管廊（沟）敷设。室内给水管道不应穿越变配电房、电梯机房、通信机房、大中型计算机房、计算机网络中心、音像库房等漏水会损坏设备和引发事故的房间，并应避免在生产设备、配电柜上方通过。室内给水管道不得布置在遇水会引起燃烧、爆炸的原料、产品和设备的上面。

遇水燃烧物质系指凡是能与水发生剧烈反应放出可燃气体，同时放出大量热量，使可燃气体温度猛升到自燃点，从而引起燃烧爆炸的物质，都称为遇水燃烧物质。遇水燃烧物质按遇水或受潮后发生反应的强烈程度及其危害的大小，划分为两个级别：

一级遇水燃烧物质，与水或酸反应时速度快，能放出大量的易燃气体，热量大，极易引起自燃或爆炸，如锂、钠、钾、铷、锶、铯、钡等金属及其氢化物等。

二级遇水燃烧物质，与水或酸反应时的速度比较缓慢，放出的热量也比较少，产生的可燃气体，一般需要有水源接触，才能发生燃烧或爆炸，如金属钙、氢化铝、硼氢化钾、锌粉等。

实际生产、储存与使用中，将遇水燃烧物质都归为甲类火灾危险品。在储存危险品的仓库设计中，应避免将给水管道（含消防给水管道）布置在上述危险品堆放区域的上方。

（11）下列构筑物和设备的排水管不得与污（废）水管道系统直接连接，应采取间接排水的方式：①生活饮用水贮水箱（池）的泄水管和溢流管；②开水器、热水器排水；③医疗灭菌消毒设备的排水；④蒸发式冷却器、空调设备冷凝水的排水；⑤贮存食品或饮料的冷藏库房的地面排水和冷风机溶霜水盘的排水。

所谓间接排水，即卫生设备或容器排出管与排水管道不直接连接，这样卫生器具或容器与排水管道系统不但有存水弯隔气，而且还有一段空气间隔。在存水弯水封可能被破坏的情况下也不致使卫生设备或容器与排水管道连通，而使污浊气体进入设备或容器。采取这类安全卫生措施，主要针对贮存饮用水、饮料和食品等卫生要求高的设备或容器的排水。

设备间接排水宜排入邻近的洗涤盆、地漏。无法满足时，可设置排水明沟、排水漏斗或容器。间接排水的漏斗或容器不得产生溅水、溢流，并应布置在容易检查、清洁的位置。

地漏应设置在易溅水的器具附近地面的最低处。带水封的地漏水封深度不得小于50mm。50mm 水封深度是确定重力流排水系统的通气管管径和排水管管径的基础参数，是最小深度。

地漏的选择应符合下列要求：①应优先采用具有防涸功能的地漏；②在无安静要求和无须设置环形通气管、器具通气管的场所，可采用多通道地漏；③食堂、厨房和公共浴室等排水宜设置网框式地漏。根据《关于请组织开展〈建筑给水排水设计规范〉等三项国家标准局部修订的函》（建标标函〔2006〕31 号）重点推荐新型地漏的要求，即具有密封防涸功能的地漏。2003 年非典暴发，地漏（存水弯水封蒸发干涸）是传播非典病毒途径之一，目前研发的防涸地漏中，以磁性密封较为新颖实用，地面有水时能利用水的重力打开排水，排完积水后能利用永磁铁磁性自动恢复密封，且防涸性能好。

卫生器具排水使地漏水封不断得到补充水，水封避免干涸，但卫生器具排水时在多通道地漏处产生排水噪声，因此这类地漏适合设置在对安静度要求不高的场所。

按《建筑给水排水设计标准》GB 50015—2019 的 4.3.11 条规定，严禁采用钟式地漏。美国规范也早已禁用钟式地漏。钟式地漏具有水力条件差、易淤积堵塞等弊端，为清通淤积泥沙垃圾，钟罩（扣碗）移位，水封干涸，下水道有害气体进入室内，污染环境，损害健康。

淋浴间内地漏的排水负荷，可按表 5-1 确定。当用排水沟排水时，8 个淋浴器可设置一个直径为 100mm 的地漏。

淋浴间地漏管径 表 5-1

淋浴器数量（个）	地漏管径（mm）
1~2	50
3	75
4~5	100

5.2 给水排水阀门及附属构筑物

5.2.1 管网阀门及附件

（1）给水管道上使用的各类阀门的材质，应耐腐蚀和耐压。根据管径大小和所承受压力的等级及使用温度，可采用全铜、全不锈钢、铁壳铜芯和全塑阀门等。给水管道上的阀门的工作压力等级，应等于或大于其所在管段的管道工作压力。阀门的材质必须耐腐蚀，经久耐用。镀铜的铁杆、铁芯阀门不应使用。

（2）给水管道上使用的阀门，应根据使用要求按下列原则选型：①需调节流量、水压时，宜采用调节阀、截止阀；②要求水流阻力小的部位宜采用闸板阀、球阀、半球阀；③安装空间小的场所，宜采用蝶阀、球阀；④水流需双向流动的管段上，不得使用截止阀；⑤口径较大的水泵，出水管上宜采用多功能阀。

调节阀是专门用于调节流量和压力的阀门，常用在需调节流量或水压的配水管段上。蝶阀，尤其是小口径的蝶阀，其阀瓣占据流道截面的比例较大，故水流阻力较大，且易挂积杂物和纤维。水泵吸水管的阻力大小对水泵的出水流量影响较大，故宜采用闸板阀。球阀和半球阀的过水断面为全口径，阻力最小。多功能阀兼有闸阀和止回阀的功能，故一般装在口径较大的水泵的出水管上。截止阀内的阀芯，有控制并截断水流的功能，故不能安装在双向流动的管段上。

（3）止回阀只是引导水流单向流动的阀门，不是防止倒流污染的有效装置。这是选用止回阀还是选用管道倒流防止器的原则。管道倒流防止器具有止回阀的功能，而止回阀则不具备管道倒流防止器的功能，所以设有管道倒流防止器后，就不需再设止回阀。

止回阀的阀瓣或阀芯，在水流停止流动时，应能在重力或弹簧力作用下，自行关闭，也就是说重力或弹簧力的作用方向与阀瓣或阀芯的关闭运动方向要一致，才能使阀瓣或阀芯关闭。一般来说卧式升降式止回阀和阻尼缓闭止回阀及多功能阀只能安装在水平管上，立式升降式止回阀不能安装在水平管上，其他的止回阀均可安装在水平管上或水流方向自下而上的立管上。水流方向自上而下的立管，不应安装止回阀，因其阀瓣不能自行关闭，起不到止回作用。止回阀在使用中应满足在管网最小压力或水箱最低水位时应能自动开启。

（4）倒流防止器设置位置应满足以下要求：①不应装在有腐蚀性和污染的环境；②排水口不得直接接至排水管，应采用间接排水；③应安装在便于维护的地方，不得安装在可能结冰或被水淹没的场所。

（5）真空破坏器设置位置应满足下列要求：①不应装在有腐蚀性和污染的环境；②应直接安装于配水支管的最高点，其位置高出最高用水点或最高溢流水位的垂直高度，压力型不得小于300mm，大气型不得小于150mm；③真空破坏器的进气口应向下。

（6）给水管网的压力高于配水点允许的最高使用压力时，应设置减压阀，减压阀的配置应符合下列要求：①比例式减压阀的减压比不宜大于3∶1；当采用减压比大于3∶1时，应避开气蚀区。可调式减压阀阀前与阀后的最大压差不宜大于0.4MPa，要求环境安静的场所不应大于0.3MPa；当最大压差超过规定值时，宜串联设置。②阀后配水件处的最大压力应按减压阀失效情况下进行校核，其压力不应大于配水件的产品标准规定的水压试验压力。

（7）当给水管网存在短时超压工况，且短时超压会引起使用不安全时，应设置泄压阀。泄压阀的设置应符合下列要求：①泄压阀前应设置阀门；②泄压阀的泄水口应连接管道，泄压水宜排入非生活用水水池，当直接排放时，可排入集水井或排水沟。

泄压阀的泄流量大。给水管网超压是因管网的用水量太少，使向管网供水的水泵的工作点上移而引起的。泄压阀的泄压动作压力比供水水泵的最高供水压力小，泄压时水泵仍不断将水供入管网，所以泄压阀动作时是要连续泄水，直到管网用水量等于泄水量时才停止泄水复位。泄压阀的泄水流量要按水泵 H-Q 特性曲线上泄压压力对应的流量确定。

生活给水管网出现超压的情况，只有在管网采用额定转速水泵直接供水时（尤其是直接串联供水时）出现。泄压水排入非生活用水水池，既可利用水池存水消能，也可避免水的浪费；如直接排入雨水道，要有消能措施，防止冲坏连接管和检查井。

（8）安全阀阀前不得设置阀门，泄压口应连接管道将泄压水（汽）引至安全地点排放。安全阀的泄流量很小，适用于压力容器因超温引起的超压泄压，容器的进水压力小于安全阀的泄压动作压力，故在泄压时没有补充水进入容器，所以安全阀只要泄走少量的水，容器内的压力即可下降恢复正常。泄压口接管将泄压水（汽）引至安全地点排放，是为了防止高温水（汽）烫伤人。

（9）给水管道的下列部位应设置排气装置：①间歇性使用的给水管网，其管网末端和最高点应设置自动排气阀；②给水管网有明显起伏积聚空气的管段，宜在该段的峰点设自动排气阀或手动阀门排气；③气压给水装置，当采用自动补气式气压水罐时，其配水管网的最高点应设自动排气阀。

5.2.2 管网附属构筑物

1. 阀门井

管网中的附件（阀门、排气阀、地下式消火栓和设在地下管道上的流量计等）一般应安装在阀门井内。阀门井多用砖砌，也可用石砌或钢筋混凝土建造。阀门井的平面尺寸，取决于水管直径以及附件的种类和数量。但应满足阀门操作和安装拆卸各种附件所需要的最小尺寸。阀门井的深度由水管埋设深度确定。

2. 检查井

为便于对管渠系统进行定期检查和清通，必须设置检查井。当检查井内衔接的上下游管渠的管底标高落差大于 1m 时，为消减水流速度，防止冲刷，在检查井内应有消能措施，这种检查井称跌水井。当检查井内具有水封设施时，可隔绝易爆、易燃气体进入排水管渠，使排水管渠在进入可能遇火的场地时不致引起爆炸或火灾，这样的检查井称为水封井，后两种检查井属于特殊形式的检查井，或称为特种检查井。

检查井通常设在管道交会处、转弯处、管径或坡度改变处、跌水处，以及直线管段上每相隔一定距离处。检查井在直线管段上的最大间距应根据疏通方法等具体情况确定。在压力管道上应设置压力检查井，在高流速排水管道坡度突然变化的第一座检查井宜采用高流槽排水检查井，并采取增强井筒抗冲击和冲刷能力的措施，井盖宜采用排气井盖。

检查井一般为圆形，由井底（包括基础）、井身和井盖（包括盖底）三部分组成。污水管、雨水管和合流污水管的检查井井盖应有标识。

检查井宜采用成品井，污水和合流污水检查井应进行闭水试验。为防止渗漏、提高工程质量、加快建设进度，制定本条规定。条件许可时，检查井宜采用钢筋混凝土成品井或塑料成品井，不应使用实心黏土砖砌检查井。污水和合流污水检查井应进行闭水试验，防止污水外渗。

检查井在直线管段的最大间距应根据疏通方法等具体情况确定，一般宜按表 5-2 的规定取值。

检查井最大间距　　　　　　　　　　　　　　表 5-2

管径或暗渠净高(mm)	最大间距(m)	
	污水管道	雨水(合流管道)
200～400	40	50
500～700	60	70
800～1000	80	90
1100～1500	100	120
1600～2000	120	120

检查井各部尺寸，应符合下列要求：

（1）井口、井筒和井室的尺寸应便于养护和检修，爬梯和脚窝的尺寸、位置应便于检修和上下安全。

（2）检修室高度在管道埋深许可时宜为 1.8m，污水检查井由流槽顶算起，雨水（合流）检查井由管底算起。

（3）在我国北方及中部地区，冬季检修时，因工人操作时多穿棉衣，井口、井筒小于 700mm 时，出入不便，对需要经常检修的井，井口、井筒大于 800mm 为宜；以往爬梯发生事故较多，爬梯设计应牢固、防腐蚀，便于上下操作。砖砌检查井内不宜设钢筋爬梯；井内检修室高度，是根据一般工人可直立操作而规定的。

（4）检查井井底宜设流槽。污水检查井流槽顶可与 0.85 倍大管管径处相平，雨水（合流）检查井流槽顶可与 0.5 倍大管管径处相平。流槽顶部宽度宜满足检修要求。总结各地经验，为创造良好的水流条件，宜在检查井内设置流槽。流槽顶部宽度应便于在井内养护操作，一般为 0.15～0.20m，随管径、井深增加，宽度还需加大。

（5）为避免在检查井盖损坏或缺失时发生行人坠落检查井的事故，规定污水、雨水和合流污水检查井应安装防坠落装置。防坠落装置应牢固可靠，具有一定的承重能力（≥100kg），并具备较大的过水能力，避免暴雨期间雨水从井底涌出时被冲走。目前国内已使用的检查井防坠落装置包括防坠落网、防坠落井箅等。检查井井底材料一般采用低强度混凝土，基础采用碎石、卵石、碎砖夯实或低强度混凝土。

3. 跌水井

跌水井是设有消能设施的检查井，当管道跌水水头为 1.0～2.0m 时，宜设跌水井；跌水水头大于 2.0m 时，应设跌水井。管道转弯处不宜设跌水井。

据各地调查，支管接入跌水井水头为 1.0m 左右时，一般不设跌水井。化工部某设计院一般在跌水水头大于 2.0m 时才设跌水井；沈阳某设计院亦有类似建议。上海某设计院反映，上海未用过跌水井。

跌水井的进水管管径不大于 200mm 时，一次跌水水头高度不得大于 6m；管径为 300～600mm 时，一次跌水水头高度不宜大于 4m。跌水方式可采用竖管或矩形竖槽。管径大于 600mm 时，其一次跌水水头高度及跌水方式应按水力计算确定。

当跌水水头大于 2.0m 时，应设跌水井；管道转弯处不宜设跌水井。目前常用的跌水井有两种形式：竖管式（或矩形竖槽式）和溢流堰式。前者适用于直径等于或小于

400mm 的管道，后者适用于 400mm 以上的管道。当管径大于 600mm 时，其一次跌水水头高度及跌水方式应按水力计算确定。当上、下游管底标高落差小于 1m 时，一般只将检查井底部做成斜坡，不采取专门的跌水措施。

4. 水封井

当工业废水能产生引起爆炸或火灾的气体时，其管道系统中必须设置水封井。水封井的位置应设在产生上述废水的生产装置、储罐区、原料贮运场地、成品仓库、容器洗涤车间等的废水排出口处及其干管上每隔适当距离处。

水封井是一旦废水中产生的气体发生爆炸或火灾时，防止通过管道蔓延的重要安全装置。国内石油化工厂、油品库和油品转运站等含有易燃易爆的工业废水管渠系统中均设置水封井。当其他管道必须与输送易燃易爆废水的管道连接时，其连接处也应设置水封井。

水封深度不应小于 0.25m，井上宜设通风设施，井底应设沉泥槽。水封深度与管径、流量和废水含易燃易爆物质的浓度有关。水封井设置通风管可将井内有害气体及时排出，其直径不得小于 100mm。设置时应注意：

（1）避开锅炉房或其他明火装置。

（2）不得靠近操作台或通风机进口。

（3）通风管有足够的高度，使有害气体在大气中充分扩散。

（4）通风管处设立标志，避免工作人员靠近。

水封井井底设置沉泥槽，是为了养护方便，其深度一般采用 0.3~0.5m。水封井以及同一管道系统中的其他检查井，均不应设在车行道和行人众多的地段，并应适当远离产生明火的场地。水封井位置应考虑一旦管道内发生爆炸时造成的影响最小，故不应设在车行道和行人众多的地段。

5. 换气井

污水中的有机物常在管渠中沉积而厌氧发酵，发酵分解产生的甲烷、硫化氢等气体，如与一定体积的空气混合，在点火条件下将产生爆炸，甚至引起火灾。为防止此类偶然事故发生，同时也为保证在检修排水管渠时工作人员能较安全地进行操作，有时在排水管的检查井上设置通风管，使此类有害气体在竖管的抽风作用下，随同空气沿庭院管道、出户管及竖管排入大气中。这种设有通风管的检查井称为换气井。

6. 截流井

在截流式合流制管渠系统中，通常在合流管渠与截流干管的交会处设置截流井。截流井的位置应根据污水截流干管位置、合流管渠位置、溢流管下游水位高程和周围环境等因素确定。截流井宜采用槽式，也可采用堰式或槽堰结合式。管渠高程允许时应采用槽式，当选用堰式或模堰结合式时，堰高和堰长应进行水力计算。截流井的溢流水位应设在设计洪水位或受纳管道设计水位以上，当不能满足要求时，应设置闸门等防倒灌设施。截流井宜设置流量控制设施。

在截流系统的设计中，截流井的设计至关重要。它既要使截流的污水进入截污系统，达到整治水环境的目的，又要保证在大雨时不让超过截流量的雨水进入截污系统，以防止下游截污管道的实际流量超过设计流量，避免发生污水反冒和给污水处理厂带来冲击。截流井一般设在合流管渠的入河口前，也有设在城区内，将旧有合流支线接入新建分流制系统。溢流管出口的下游水位包括受纳水体的水位或受纳管渠的水位。国内常用的截流井形式是槽式和堰式。槽堰式截流井兼有槽式和堰式的优点，也可选用。

截流井的位置应根据污水截流干管位置、合流管渠位置、溢流管下游水位高程和周转环境等因素确定。

（1）跳跃式截流井

跳跃式截流井是一种主要的截流井形式，但它的使用受到一定的条件限制，即其下游排水管道应为新敷设管道。对于已有的合流制管道，不宜采用跳跃式截流井（只有在能降低下游管道标高的条件下方可采用）。该种井的中间固定堰高度可根据手册提供的公式计算得到。由于设计周期较长，而合流管道的旱季污水量在工程竣工之前会有所变化，故可将固定堰的上部改为砖彻，且不砌至设计标高，当投入使用后再根据实际水量进行调节。

（2）截流槽式截流井

截流槽式截流井的截流效果好，不影响合流管渠排水能力，当管渠高程允许时应选用。设置这种截流井无须改变下游管道，甚至可由已有合流制管道上的检查井直接改造而成（一般只用于现状河流污水管道）。由于截流量难以控制，在雨季时会有大量的雨水进入截流管，从而给污水处理厂的运行带来困难，所以原则上少采用。截流槽式截流井在使用中受到限制，因为它必须满足溢流排水管的管内底标高高于排入水体的水位标高，否则水体水会倒灌入管网。

（3）侧堰式截流井

无论是截流槽式还是跳跃式截流井，在大雨期间均不能较好地控制进入截污管道的流量。在合流制截污系统中用得较成熟的各种侧堰式截流井，可以在暴雨期间使进入截污管道的流量控制在一定的范围内。

1）固定堰截流井

它通过堰高控制截流井的水位，保证旱季最大流量时无溢流和雨季时进入截污管道的流量得到控制。同跳跃式截流井一样，固定堰的堰顶标高也可以在竣工之后确定。

2）可调折板堰截流井

折板堰是德国使用较多的一种截流方式。折板堰的高度可以调节，使之与实际情况相吻合，以保证下游管网运行稳定。但是折板堰也存在着需维护、易积存杂物等问题。其在我国的应用还很少，主要原因是技术性强、维修困难、虹吸部分易损坏。

3）虹吸堰截流井

虹吸堰截流井通过空气调节虹吸，使多余流量通过虹吸井溢流，以限制雨季的截污量。其在我国的应用还很少，主要原因是技术性强、维修困难、虹吸部分易损坏。

4）旋流阀截流井

这是一种新型的截流井，它仅仅依靠水流就能达到控制流量的目的（旋流阀进、出水口的压差是其动力来源）。在截流井内的截污管道上安装旋流阀能准确控制雨季截污流量，其精确度可达 0.1L/s。这样，在现场测得旱季污水量之后，就可以依据水量及截流倍数确定截污管的大小。可以精确控制流量使得这种截流方式有别于所有其他的截流方式，这是它的独到之处。但是为了便于维护，一般需要单独设置流量控制井。

7. 倒虹管

排水管渠遇到地下构筑物等障碍物时，不能按原有的坡度埋设，而是按下凹的折线方式从障碍物下通过，这种管道称为倒虹管。倒虹管由进水井、下行管、平行管、上行管和出水井等组成。

确定倒虹管的路线时，应尽可能与障碍物正交通过，以缩短倒虹管的长度，通过障碍物的倒虹管，应符合与该障碍物相交的有关规定。由于倒虹管的清通比一般管道困难得多，必须采取各种措施来防止倒虹管内污泥的淤积。在设计运行中，可采取以下措施：

（1）管内设计流速应大于 0.9m/s，并应大于进水管内的流速，当管内流速达不到 0.9m/s 时，应增加定期冲洗措施，冲洗流速不应小于 1.2m/s。合流管道的倒虹管应按旱流污水量校核流速。

（2）最小管径宜为 200mm。

（3）在进水井设置可利用河水冲洗的设施。

（4）在进水井或靠近进水井的上游管渠的检查井中，在取得当地卫生主管部门同意的条件下，设置事故排出口。当需要检修倒虹管时，可以让上游污水通过事故排出口直接泄入河道。

（5）倒虹管进水井的前一检查井，应设置沉泥槽。

（6）倒虹管的上下行管与水平线夹角应不大于 30°。

（7）为了调节流量和便于检修，在进水井中应设置闸槽或闸门，有时也用溢流堰来代替。进水井、出水井应设置井口和井盖。倒虹管进水井、出水井的检修室净高宜高于 2m，进水井、出水井较深时，井内应设检修台，其宽度应满足检修要求。当倒虹管为复线时，井盖的中心应设在各条管道的中心线上。

（8）在倒虹管内设置防沉装置。例如德国汉堡等城市，有一种新式的所谓空气垫式倒虹管，是在倒虹管中借助一个体积可以变化的空气垫，使其在流量小的条件下达到必要的流速，以避免在倒虹吸管中产生沉淀。

污水在倒虹管内的流动是依靠上下游管道中的水面高差（进水井、出水井水面高差）进行的，该高差用以克服污水通过倒虹管时的阻力损失。进口、出口及转弯处的局部阻力损失值应分项进行计算。初步估算时，一般可按沿程阻力损失值的 5%～10%考虑，当倒虹管长度大于 60m 时，采用 5%；等于或小于 60m 时，采用 10%。

8. 冲洗井

当污水管内的流速不能保证自清时，为防止淤塞，可设置冲洗井。冲洗井有两种做法：自动冲洗和人工冲洗。自动冲洗井一般采用虹吸式，其构造复杂，造价很高，目前已很少采用。人工冲洗井的构造比较简单，是一个具有一定容积的普通检查井。冲洗井出流管道上设有闸门，井内设有溢流管以防止井中水深过大。冲洗水可利用上游来的污水或自来水。用自来水时，供水管的出口必须高于溢流管管顶，以免污染自来水。

冲洗井一般适用于小于 400mm 管径的较小管道上，冲洗管道的长度一般为 250m 左右。

9. 排气和排空装置

重力流管道系统可设排气和排空装置，在倒虹管、长距离直线输送后变化段宜设置排气装置。设计压力管道时，应考虑水锤的影响。在管道的高点以及每隔一定距离处，应设置排气装置。排气装置有排气井、排气阀等，排气井的建筑应与周边环境协调，在管道的低点以及每隔一定距离处，应设排空装置。

10. 出水设施

排水管渠出水口的位置、形式和出口流速，应根据受纳水体的水质要求、水体的流量、水位变化幅度、水流方向、波浪状况、稀释自净能力、地形变迁和气候特征等因素确定。出水口与水体岸边连接处应采取防冲刷、消能、加固等措施，一般用浆砌块石做护墙和铺底，并视需要设置标志。在受冻胀影响地区的出水口，应考虑用耐冻胀材料砌筑，出水口的基础必须设置在冰冻线以下。

为使污水与水体水混合较好，排水管渠出水口一般采用淹没式，其位置除考虑上述因素外，还应取得当地卫生主管部门的同意。

如果需要污水与水体水流充分混合，则出水口可长距离伸入水体分散出口，此时应设置标志，并取得航运管理部门的同意。雨水管渠出水口可以采用非淹没式，其底标高最好在水体最高水位以上，一般在常水位以上，以免水体水倒灌。当出口标高比水体水面高出太多时，应考虑设置单级或多级跌水。

第6章 工业给水排水工程的
管理、运行及维护

6.1 检测与控制

6.1.1 给水系统检测与控制

给水工程检测与控制应根据工程规模、工艺流程特点、净水构筑物组成、生产管理运行要求等确定。

给水工程检测与控制涉及内容很广，原来无此方面的具体要求，后续随着时代发展和经济实力增强，逐步增加了一部分这方面的要求，规定仪表和控制系统的技术标准应符合国家或有关部门的技术规定和标准。主要是规定一些检测与控制的设计原则，有关仪表及控制系统的细则应依据国家或有关部门的技术规定执行。此处所提到的检测均指在线仪表检测。

给水工程检测及控制内容应根据原水水质、采用的工艺流程、处理后的水质，结合当地生产管理运行要求及投资情况确定。有条件时可优先采用集散型控制系统，系统的配置标准可视城市类别、建设规模确定。

自动化仪表及控制系统的设置应提高给水系统的安全、可靠性，便于运行，改善劳动条件和提高科学管理水平。自动化仪表及控制系统的使用应有利于给水工程技术和现代化生产管理水平的提高。自动控制设计应以保证出厂水质、节能、经济、实用、保障安全运行、提高管理水平为原则。自动化控制方案的确定，应通过调查研究，经过技术经济比较确定。

地表水取水时，应检测水位、压力、流量，并根据需要检测原水水质参数。水质一般检测浊度、pH，根据原水水质可增加一些必要的检测参数。

药剂投加系统应根据投加和控制方式确定所需检测项目，包括混凝剂、助凝剂及消毒剂投加的检测。加药系统应根据投加方式及控制方式确定所需要的检测项目。消毒还应视所采用的消毒方法确定安全生产运行及控制操作所需要的检测项目。

泵站应检测吸水井水位及水泵进水、出水压力和电机工作的相关参数，并应有检测水泵流量的措施；真空启动时还应检测真空装置的真空度。水泵电机应检测相关的电气参数，中压电机应检测绕组温度。为了分析水泵的工作性能，应有检测水泵流量的措施，可以采用每台水泵设置流量仪，也可采用便携式流量仪在需要时检测。

机电设备的工作状况与工作时间、故障次数及原因对控制及运行管理非常重要，随着给水工程自动化水平的提高，应对机电设备的状态进行检测。

配水管网应检测特征点的流量、压力，并视具体情况检测余氯、浊度等相关水质参数。管网内设有增压泵站、调蓄泵站或高位水池等设施时，还应检测水位、压力、流量及

相关参数。

小型水厂主要生产工艺单元（沉淀池排泥、滤池反冲洗、投药、加氯等）可采用可编程序控制器实现自动控制。

6.1.2 排水系统检测与控制

排水系统检测和控制内容很广，原来无此方面的具体要求，后续随着时代发展和经济实力增强，逐步增加了一部分这方面的要求。仪表和控制系统应符合国家或有关部门的技术规定和标准。建设规模在 1 万 m^3/d 以下的可视具体情况决定。

检测和控制内容应根据原水水质、采用的工艺、处理后的水质，并结合当地生产运行管理要求和投资情况确定。有条件时，可优先采用综合控制管理系统，系统的配置标准可视建设规模、水处理级别、经济条件等因素合理确定。

自动化仪表和控制系统应保证排水系统的安全和可靠，便于运行，改善劳动条件，提高科学管理水平。自动化仪表和控制系统的使用应有利于工程技术和生产管理水平的提高；自动化仪表和控制设计应以保证出厂水质、节能、经济、实用、保障安全运行、科学管理为原则；自动化仪表和控制方案的确定，应通过调查研究，经过技术经济比较后确定。

进水应检测水压（水位）、流量、温度、pH 和悬浮固体量（SS），可根据进水水质增加一些必要的检测仪表。BOD_5 等分析仪表价格较高，应慎重选用。

污水处理厂出水应检测流量、pH、悬浮固体量（SS）及其他相关水质参数。BOD_5、总磷、总氮仪表价格较高，应慎重选用。

下列各处应设置相关监测仪表和报警装置：①排水泵站，硫化氢（H_2S）浓度。②消化池，污泥气（含 CH_4）浓度。③加氯间：氯气（Cl_2）浓度。

排水泵站内必须配置 H_2S 监测仪，供监测可能产生的有害气体，并采取防范措施。泵站的格栅井下部，水泵间底部等易积聚 H_2S 的地方，可采用移动式 H_2S 监测仪监测，也可安装在线式 H_2S 监测仪及报警装置。消化池控制室必须设置污泥气泄漏浓度监测及报警装置，并采取相应防范措施。加氯间必须设置氯气泄漏浓度监测及报警装置，并采取相应防范措施。

加药和消毒：加药系统应根据投加方式及控制方式确定所需要的检测项目。消毒应视所采用的消毒方法确定安全生产运行及控制操作所需要的检测项目。

污泥处理应视其处理工艺确定检测项目。据调查，运行和管理部门都认为消化池需设置必要的检测仪表，以便及时掌握运行工况，否则会给运行管理带来许多困难，难于保证运行效果，同时，有利于积累原始运行资料。近年来随着大量引进国外先进技术，污水污泥测控技术和设备不断完善，提高了污泥厌氧消化工艺控制的自动化水平。采用重力浓缩和污泥厌氧消化时，可按表 6-1 确定检测项目。

污泥重力浓缩和消化工艺检测项目

表 6-1

污泥处理构筑物	检测项目	备注
浓缩池	泥位、污泥浓度	

污泥处理构筑物		检测项目	备注
消化池	消化池	污泥气压力(正压、负压)、污泥气量、污泥温度、液位、pH	压力报警、污泥气泄漏报警
	污泥投配和循环系统	压力、污泥流量	
	污泥加热单元	热媒和污泥进出口温度	
储气罐		压力(正压、负压)	

机电设备的工作状况与工作时间、故障次数与原因对控制及运行管理非常重要，在工程自动化水平提高的背景下，应尽可能检测机电设备的状态。

泵站宜按集水池的液位变化自动控制运行，宜建立遥测、遥信和遥控系统。排水管网关键节点流量的监控宜采用自动控制系统。泵站的运行管理应在保证运行安全的条件下实现自动控制。为便于生产调度管理，宜建立遥测、遥信和遥控系统。

6.2　运行维护

1. 管道敷设

各种材料的水管多数埋在道路下。水管管顶以上的覆土深度，在不冰冻地区由外部荷载、水管强度以及与其他管线交叉情况等决定，金属管道的管顶覆土深度通常不小于0.7m。非金属管的管顶覆土深度应大于1~1.2m，覆土必须夯实，以免受到动荷载的作用而影响水管强度。冰冻地区的覆土深度应考虑土壤的冰冻线深度。

在土壤耐压力较高和地下水位较低处，水管可直接埋在管沟中未扰动的天然地基上。一般情况下，铸铁管、钢管、承插式钢筋混凝土管可以不设基础。在岩石或半岩石地基处，管底应垫砂铺平夯实，砂垫层厚度，金属管和塑料管至少为100mm，非金属管道不小于150~200mm。在土壤松软的地基处，管底应有一定强度的混凝土基础。如遇流沙或通过软基地带，承载能力达不到设计要求时，需进行基础处理，根据一些地区的施工经验，可采用各种桩基础。

2. 管道防腐

腐蚀是金属管道的变质现象，其表现方式有生锈、坑蚀、结瘤、开裂或脆化等。给水管道内壁的腐蚀、结垢使管道的输水能力下降，对饮用水系统来说还会出现水质下降的现象，对人的健康造成威胁。按照腐蚀分类，可分为没有电流产生的化学腐蚀，以及形成原电池而产生电流的电化学腐蚀（氧化还原反应）。给水管网在水中和土壤中的腐蚀，以及杂散电流引起的腐蚀，都是电化学腐蚀；一般情况下，水中含氧量越高，腐蚀越严重，但对钢管来说，此时可能会在内壁产生氧化膜，从而减轻腐蚀；水的pH明显影响金属管道的腐蚀速度，pH越低腐蚀越快，中等pH时不影响腐蚀速度，高pH时因金属管道表面形成保护膜，腐蚀速度减慢。水的含盐量越高则腐蚀速度越快，海水对金属管道的腐蚀远大于淡水。水流速度越大，腐蚀越快。

防止管道腐蚀的方法有：

（1）采用非金属管材，如预应力或自应力钢筋混凝土管、玻璃钢管、塑料管等。

（2）金属管内外表面上涂油漆、沥青等，以防止金属和水接触而产生腐蚀。例如可将明设钢管表面打磨干净后，先刷1～2遍红丹漆，干后再刷两遍热沥青或防锈漆，埋地钢管可根据周围土壤的腐蚀性，分别选用各种厚度的防腐层。

涂料需要满足以下要求：①不溶解于水，不得使自来水产生臭、味，并且无毒；②涂刷涂料前，内外壁应清洁无锈；③管体预热后浸入涂液，涂层厚薄均匀，内外壁光滑，黏附牢固，并不因气温变化而发生异常。

（3）小口径钢管可采用钢管内外热浸镀锌法进行防腐。

（4）为了防止给水管道（铸铁管或钢管）内壁锈蚀与结垢，可在管内涂衬防腐涂料（又称内衬、搪管），内衬的材料一般为水泥砂浆，也可采用聚合物水泥砂浆。

（5）阴极保护。阴极保护是保护水管的外壁免受土壤腐蚀的方法。根据腐蚀电池的原理，两个电极中只有阳极金属发生腐蚀，所以阴极保护的原理就是使金属管成为阴极，以防止腐蚀。

阴极保护有两种方法。一种是使用消耗性的阳极材料，如铝、镁、锌等，隔一定距离用导线连接到管线（阴极）上，在土壤中形成电路，结果是阳极腐蚀，管线得到保护。这种方法常在缺少电源、土壤电阻率低和水管保护涂层良好的情况下使用。另一种是通入直流电的阴极保护法，将废铁埋在管线附近，与直流电源的阳极连接，电源的阴极接到管线上，可防止腐蚀，在土壤电阻率高（约25000Ω·cm）或金属管外露时使用较宜。

3. 排水管渠系统的管理和养护

工业区内经常受有害物质污染的场地雨水，应经预处理达到相应标准后才能排入排水管渠。工业区内经常受有害物质污染的露天场地，下雨时，地面径流水夹带有害物质，若直接泄入水体，势必造成水体的污染，故应经过预处理后，达到排入城镇下水道标准，才能排入排水管渠。

排水管渠在建成通水后，为保证其正常工作，必须经常进行管理和养护。排水管渠内常见的故障有：污物淤塞管道，过重的外荷载、地基不均匀沉陷或污水的侵蚀作用使管渠损坏、裂缝或腐蚀等。管理养护的主要任务是：验收排水管渠，监督排水管渠使用规则的执行；经常检查、冲洗或清通排水管渠，以维持其通水能力；修理管渠及其构筑物，并处理意外事故等。

在实际工作中，管渠系统的管理养护应实行岗位责任制，分片包干，以充分发挥养护人员的积极性。同时，可根据管渠中沉积污物的可能性，划分成若干养护等级，以便对其中水力条件较差，排入管渠的脏物较多，易于淤塞的管渠段，给予重点养护。实践证明，这样可大大提高养护工作的效率，是保证排水管渠系统全线正常工作的行之有效的办法。

4. 排水管渠系统的疏通

在排水管渠中，由于水量不足，坡度较小，污水中污物较多或施工质量不良等原因而发生沉淀、淤积，淤积过多将影响管渠的通水能力，甚至使管渠堵塞，必须定期清通。

清通是管渠系统管理养护经常性的工作。清通的方法主要有人工清掏、水力清通和机械清通。

（1）人工清掏是在淤积污物可靠人力清除时所采用的清掏方法。清掏作业的工作量很大，通常要占整个养护工作的60%～70%。

（2）水力清通有两种方式：射水疏通和水力清通。

射水清通是指采用高压射水清通管道的疏通方法。因其效率高、清通质量好，近20年来在我国许多地方已逐步被采用。

水力清通是采用提高管渠上下游水位差，加大流速来疏通管渠的一种方法，可以利用管道内污水自冲，也可利用自来水或河水。用管道内污水自冲时，管道本身必须具有一定的流量，同时管内淤泥不宜过多（20％左右）。用自来水冲洗时，通常从消防龙头或厂区给水栓取水，或用水车将水送到冲洗现场。一般厂区内的污水支管，每冲洗一次需水2000～3000L。

水力清通方法操作简便，工效较高，工作人员操作条件较好，目前已得到广泛采用。

当管渠淤塞严重，淤泥已粘结密实，水力清通的效果不好时，首先用竹片穿过需要清通的管渠段，竹片一端系上钢丝绳，用绳系住清通工具的一端。在待清通管渠段两端检查井上各设一架绞车，当竹片穿过管渠段后将钢丝绳系在一架绞车上，清通工具的另一端通过钢丝绳系在另一架绞车上，然后利用绞车往复绞动钢丝绳，带动清通工具将淤泥刮至下游检查井内，使管渠得以清通。绞车的动力可以是手动，也可以是机动，例如以汽车引擎为动力。

（3）机械清通工具的种类繁多，按其作用分有耙松淤泥的骨筋形松土器；有清除树根及破布等沉淀物的弹簧刀和锚式清通工具；有用于刮泥的清通工具，如胶皮刷、铁箕箕、钢丝刷、铁牛等。清通工具的大小应与管道管径相适应。当淤泥量较大时，可先用小号清通工具，待淤泥清除到一定程度后再用与管径相适应的清通工具。清通大管道时，由于检查井井口尺寸的限制，清通工具可分成数块，在检查井内拼合后再使用。

近年来，国外开始采用气动式通沟机与钻杆通沟机清通管渠。气动式通沟机借压缩空气把清泥器从一个检查井送到另一个检查井，然后用绞车通过该机尾部的钢丝绳向后拉，清泥器的翼片即时张开，把管内淤泥刮到检查井底部。钻杆通沟机是通过汽油机或汽车引擎带动机头旋转，把带有钻头的钻杆通过机头中心由检查井通入管道内，机头带动钻杆转动，使钻头向前钻进，同时将管内的淤积物清扫到另一个检查井中。淤泥被刮到下游检查井后，通常也可采用吸泥车吸出。吸泥车分为：装有隔膜泵的吸泥车、装有真空泵的真空吸泥车和装有射流泵的射流泵式吸泥车。因为污泥含水率非常高，实际上是一种含泥水，为了回收其中的水用于下游管段的清通，同时减少污泥的运输量，我国一些城市已采用泥水分离吸泥车。

近年来，随着环境意识的提高，有关雨水口异臭的投诉日渐增多。综合国内外的做法，防臭技术可分为两类：

（1）挡板式，即在雨水算下面安装一个由门框和活门组成的挡板，平时靠弹簧或平衡块使活门保持关闭状态，下雨时活门自动开启。目前，这类被称为防蚊闸的兼有防蚊蝇、防老鼠、防蟑螂、防臭等多种功能的装置已经投入实际应用，防蚊网的材料大多由尼龙制成，少数采用不锈钢。挡板式的优点是不需要改造原有雨水口，价格便宜、安装方便且兼有防蚊蝇、防老鼠等多种功能，缺点是活门有时会被杂物卡住而导致失灵。

（2）水封式防臭装置，一种工厂预制的混凝土雨水口，管口处有一道混凝土挡板，雨水需从挡板下面以倒虹吸的方式进入管道。其缺点是在久旱无雨的季节里，水封式雨水口会因缺水而导致水封失效。

系统地检查管渠的淤塞及损坏情况，有计划地安排管渠的修理，是养护工作的重要内容之一。当发现管渠系统有损坏时，应及时修理，以防损坏处扩大而造成事故。

5. 排水管渠系统养护中的安全注意事项

排水管渠的养护工作必须注意安全。管渠中的污水通常能析出 H_2S、CH_4、CO_2 等气体，某些生产污水能析出石油、汽油或苯等气体，这些气体与空气中的氮混合能形成爆炸性气体。煤气管道失修、渗漏也能导致煤气进入排水管渠中造成危险。如果养护人员要下井，除应有必要的劳保用具外，下井前必须先将安全灯放入井内：如有有害气体，由于缺氧，灯将熄灭；如有爆炸性气体，灯在熄灭前会发出闪光。在发现管渠中存在有害气体时，必须采取有效措施排除，例如将相邻两检查井的井盖打开一段时间，或者用抽风机吸出气体。排气后要进行复查。即使确认有害气体已被排除，养护人员下井时仍应有适当的预防措施，例如在井内不得携带有明火的灯，不得点火或抽烟，必要时可戴上附有气带的防毒面具，穿上系有绳子的防护腰带，井上留人，以备随时给予井下人员以必要的援助。

当进行检查井的改建、添建或整段管渠翻修时，常常需要断绝污水的流通，应采取措施将污水引开，例如安装临时水泵，将污水从上游检查井抽送到下游检查井，或者临时将污水引入雨水管渠中。修理项目应尽可能在短时间内完成，如能在夜间进行更好。若用时较长，应设置路障，夜间应挂红灯。

参考文献

[1] 姜虎生，李长波．工业水处理技术［M］．北京：中国石化出版社，2019．

[2] 罗仙平，陈云嫩，严群，等．中低浓度氨氮工业废水处理技术［M］．北京：科学出版社，2017．

[3] 张自杰，王有志，郭春明．实用注册环保工程师手册［M］．北京：化学工业出版社，2017．

[4] 李本高，王建军，傅晓萍．工业水处理技术［M］．北京：中国石化出版社，2016．

[5] 杨荣和．工业锅炉水处理技术教程［M］．北京：气象出版社，2015．

[6] 李杰．工业水处理［M］．北京：化学工业出版社，2014．

[7] 余淦申，郭茂新，黄进勇，等．工业废水处理及再生利用［M］．北京：化学工业出版社，2013．

[8] 李圭白，张杰．水质工程学：上册．第2版［M］．北京：中国建筑工业出版社，2013．

[9] 李圭白，张杰．水质工程学：下册．第2版［M］．北京：中国建筑工业出版社，2013．

[10] 张玉先．全国勘察设计注册公用设备工程师给水排水专业考试复习教材　第1册：给水工程．第3版［M］．北京：中国建筑工业出版社，2011．

[11] 龙腾锐，何强．全国勘察设计注册公用设备工程师给水排水专业执业资格考试教材　第2册：排水工程．第3版［M］．北京：中国建筑工业出版社，2011．

[12] 王兆才．全国勘察设计注册公用设备工程师给水排水专业执业资格考试教材　第4册：常用资料．第3版［M］．北京：中国建筑工业出版社，2011．

[13] 中国建筑设计研究院．建筑给水排水设计手册．第2版［M］．北京：中国建筑工业出版社，2008．

[14] 姜乃昌．泵与泵站．第5版［M］．北京：中国建筑工业出版社，2007．

[15] 张自杰．废水处理理论与设计［M］．北京：中国建筑工业出版社，2003．

[16] 王增长．建筑给水排水工程．第5版［M］．北京：中国建筑工业出版社，2005．

[17] 高明远，岳秀萍．建筑给水排水工程学［M］．北京：中国建筑工业出版社，2002．

[18] 许保玖，龙腾锐．当代给水与废水处理原理．第2版［M］．北京：高等教育出版社，2000．